纺织服装高等教育"十四五"部委级规划教材

NONWOVEN MATERIAL AND PERFORMANCE TESTING

非织造材料及性能检测

◎ 张得昆　主　编
◎ 张　星　副主编

东华大学出版社
·上海·

内 容 简 介

本书介绍了非织造材料的性能、测试指标及测试方法,主要包括非织造材料的分类、用途和基本加工原理,非织造材料的结构参数及其测试方法、力学性能及其测试方法、通透性能及其测试方法、功能性与其他性能的测试方法,以及常见非织造材料的性能要求和测试指标等内容。

本书可作为高等院校非织造材料与工程专业的教材,也可以供从事非织造产品开发、生产、检验等相关领域的工程技术人员参考。

图书在版编目(CIP)数据

非织造材料及性能检测/张得昆主编.—上海:东华
大学出版社,2021.2
ISBN 978-7-5669-1693-8

Ⅰ.①非… Ⅱ.①张… Ⅲ.①非织造织物—性能检
测 Ⅳ.①TS177

中国版本图书馆 CIP 数据核字(2021)第 012877 号

责任编辑　张　静
封面设计　魏依东

出　　　版:东华大学出版社(上海市延安西路 1882 号,200051)
出版社网址:http://dhupress.dhu.edu.cn
天猫旗舰店:http://dhdx.tmall.com
出版社邮箱:dhupress@dhu.edu.cn
营 销 中 心:021-62193056　62373056　62379558
印　　　刷:句容市排印厂
开　　　本:787 mm×1092 mm　1/16
印　　　张:16.5
字　　　数:412 千字
版　　　次:2021 年 2 月第 1 版
印　　　次:2021 年 2 月第 1 次印刷
书　　　号:ISBN 978-7-5669-1693-8
定　　　价:69.00 元

前　言

我国正在推进的工程教育专业认证对工程实践能力的培养有较高的要求。工程教育专业认证相关标准中指出培养的学生应能够针对复杂工程问题，选择与使用恰当的技术、资源、现代工程工具，应熟悉相关的技术标准，能够运用现代测试仪器，完成复杂工程问题的测试、计算与特性分析。"非织造材料及性能检测"课程在非织造材料与工程专业实践能力培养方面有重要的作用。

本书共九章。第一、二章由张星编写，第三、四、五、六、七章由张得昆编写，第八、九章由张得昆、张星共同编写。全书由张得昆策划、组织、统稿并定稿。英国利兹大学的毛宁涛教授对本书的编写提出了宝贵意见，广州检验检测认证集团的刘造芳工程师对书稿内容进行了校订并提了宝贵建议，奥美医疗用品公司的贾芳工程师对本书编写也提供了宝贵建议，李艳、徐自超、王璐参加了书稿的校对工作。本书在编写过程中参考了大量的相关专业书籍和国家标准，同时也听取了行业内专家和学者的建议。书稿的主要内容在非织造材料专业的本科生教学中已经使用多年，根据反馈情况进行了补充和完善。

非常感谢在本书编写过程中提供帮助和支持的单位及人士。由于各种原因，书中难免存在错误或不准确之处，衷心希望业内专家及读者批评指正。

编　者

目　　录

第1章 绪 论

1.1 非织造材料的定义、分类及发展

1.1.1 非织造材料的定义

非织造材料又称非织造布、无纺布、非织布、不织布、非织造物。国家标准 GB/T 5709—1997 对其的定义：定向或随机排列的纤维通过摩擦、抱合或黏合或者这些方法相互结合制成的片状物、纤网或絮垫，不包括纸、机织物、针织物、簇绒织物、带有缝编纱线的缝编织物以及湿法缩绒的毡制品。所用纤维可以是天然纤维或化学纤维，也可以是短纤维、长丝或当场形成的纤维状物。

为了区别湿法非织造材料和纸，还规定了在其纤维成分中长径比大于 300 的纤维占全部质量的 50% 以上，或长径比大于 300 的纤维虽只占全部质量的 30% 以上，但其密度小于 0.4 g/cm³ 的，属于非织造材料，反之则为纸。

国际标准 ISO9092：2019（E）对于非织造材料的定义：Engineered fibrous assembly, primarily planar, which has been given a designed level of structural integrity by physical and/or chemical means, excluding weaving, knitting or papermaking.

非织造材料的真正内涵是不经纺纱和织造而制成的材料，从结构上看非织造材料中纤维呈单纤维（定向或随机）分布状态，通过纤维间摩擦力或黏合力等方式加固形成的区别于传统纺织品和纸类的新型纤维制品。

1.1.2 非织造材料的分类

非织造材料种类繁多，根据不同的分类标准，可以分成多种类型，常用的分类方法有以下几种。图 1-1 为非织造材料制备的成网方法与固网方法。

1) 按成网加工方法分类

按成网加工方法，非织造材料通常可分为三大类，即干法非织造材料、湿法非织造材料和聚合物直接成网法非织造材料。干法非织造材料是利用机械开松梳理纤维成网或气流成网，然后再加固而制成的非织造材料；湿法非织造材料是采用水为介质，其中均匀分散纤维，通过脱水成网，再把纤网加固而制成的非织造材料；聚合物直接成网法非织造材料是采用高聚合物切片作为原料，通过熔融纺丝或溶液纺丝直接成网，然后再把纤网加固而制成的非织造材料。

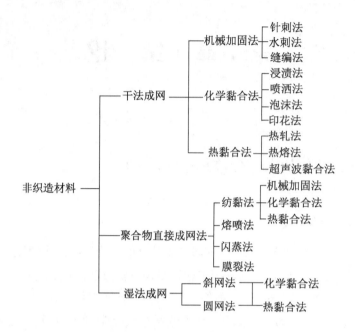

图 1-1　非织造材料制备的成网方法与固网方法

2）按固网加工方法分类

固网指把通过成网加工后形成的纤网进行固结或加固。按固网加工方法，非织造材料可分为机械加固、热黏合加固和化学黏合加固。其中：机械加固包括针刺法加固、水刺法加固、缝编法加固；热黏合加固包括热轧黏合加固、热熔黏合加固、超声波黏合加固；化学黏合加固包括浸渍法加固、喷洒法加固、泡沫浸渍法加固、印花法加固。

3）按应用领域分

（1）服饰用非织造材料。

（2）家用非织造材料。

（3）医疗与卫生用非织造材料。

（4）土木工程用非织造材料。

（5）建筑用非织造材料。

（6）汽车用非织造材料。

（7）过滤用非织造材料。

（8）农业与园艺用非织造材料。

（9）电子电器用非织造材料。

（10）包装用非织造材料。

（11）航空航天及军用非织造材料。

（12）其他非织造材料。

除了以上的分类方法，还可按产品厚度分为薄型非织造材料和厚型非织造材料，也可按产品使用时间分为耐久型非织造材料和用即弃非织造材料。

1.1.3　非织造材料的发展

1) 非织造材料起源与发展

非织造材料的历史可追溯到几千年前比机织、针织出现的更早的毡制品。在古代，一些游牧民族在长期的实践中发现可以利用羊毛、驼毛等动物纤维的缩绒性能，经过加入一些乳液、水等通过棍棒击打、脚踏等机械作用，使纤维毡缩制成各种毡制品，这种布状材料可称为最早的非织造材料，现代针刺法非织造材料即为古代毡制品的延续和发展。

经考古证明，我们的祖先在 7 000 年前就能养蚕抽丝成锦，以制作服装和服饰。宋代曾记载过"万茧同结"，即蚕在一平板上吐丝结网成平板茧。清代文献《西吴蚕略》详细介绍了平板茧的制作。这就是利用吐丝直接成网制成的丝质非织造材料，从原理上讲类似于现代的长丝成网法非织造材料。

公元前 2 世纪，我国古代人民受漂絮的启发，发明了大麻造纸。这种方法在原理和方法上与现代湿法非织造材料都非常接近。

现代非织造技术开始于 19 世纪 70 年代，英国一家公司设计制造了一台针刺机。1942 年美国一家公司生产出了化学黏合型非织造材料，称为 Nonwoven Fabric。1951 年美国研制出熔喷法非织造材料。1959 年，美国和欧洲研制出纺丝成网法非织造材料。在 20 世纪 50 年代末，试制了湿法非织造布机，开始湿法非织造材料生产。20 世纪 70 年代开发出水刺法非织造材料。20 世纪 90 年代初开发出闪蒸法非织造材料。

从 20 世纪 60 年代末至今，非织造材料产量持续增长，新技术与新设备发展迅速，非织造工业规模急剧扩大，生产能力得到大幅提升，产品应用领域不断扩大，消费市场巨大，为非织造材料工业的高速发展奠定了坚实的基础。

2) 非织造工业发展概况

近年来不断创新和多元化发展的非织造加工技术促进了非织造终端产品市场的发展，反过来非织造产品的巨大市场需求又促进了非织造加工技术的不断创新和进步，随着非织造产业的高速发展，其已具备能提供高、中、低档各类产品的能力，有些产品还可应用于高新技术领域。

根据国际相关机构的统计和预测，全球非织造市场仍处于强劲增长的势头。2013—2018 年，全球非织造市场的年均复合增长率为 7.6%。其中，一次性（用即弃）非织造材料市场年均复合增长率为 7.7%，销售额由 125 亿美元增长至 183 亿美元；耐用型非织造材料市场年均复合增长率约为 7.4%，销售额从 206 亿美元增长至 295 亿美元。2019 年，欧洲的非织造材料产量达到 278.3 万 t；在亚洲地区，日本的非织造材料产量为 32.1 万 t，韩国 23.9 万 t，印度 53.6 万 t，印度尼西亚 10.6 万 t。

我国非织造材料的研究起步于 1958 年，20 世纪 80 年代开始有了较大的发展，2000 年后进入了迅速发展的阶段。2019 年，我国的非织造材料产量为 621.3 万 t，同比增长4.73%；规模以上非织造企业的营业收入为 1 104.04 亿元，同比增长 2.94%。非织造行业的投资也继续保持非常旺盛的状态，纺黏线、水刺线和针刺线的投资尤为活跃，2019 年国内新增纺黏线 90 条、水刺线 63 条、针刺线 175 条。非织造材料及相关制品的出口额也保持了较高的增长速度,非织造卷材出口 31.1 亿美元,同比增长 5.36%;一次性卫生用品出口 20.86 亿美元,同比增长 16%。

1.2 非织造材料的用途

非织造材料可单独制备或与其他材料复合制备各种消费品和工业产品,通过选择原材料、成网方式、固网方式及后整理工艺,得到不同定量及性能的产品。其已经应用于人们日常生活的各个层面,成为生活中不可或缺的产品。现今,非织造材料的主要应用领域与产品类型如下:

1.2.1 服饰用非织造材料

非织造材料是服饰材料的理想材料。过去几十年,非织造材料主要用于服装辅料如粘合衬、保暖絮片。如今,非织造材料作为一种可提供与传统的机织和针织服装产品不同风格的多功能性材料,在时尚、运动和户外表演服装中具有很好的应用前景。

主要产品包括服装粘合衬、衬里、领底衬、垫肩、针刺棉、喷胶棉、太空棉、内衣裤、睡衣、浴衣、胸罩、围裙、斗篷、戏装、仿真皮外衣、仿毛皮、运动服、童装,手套和手套衬垫、医疗和外科服装、防护服,鞋内衬、鞋垫、鞋中底,合成革鞋面、旅游鞋用材料。

1.2.2 家用非织造材料

非织造材料广泛应用于家居领域,为现代生活创造了实用、舒适、卫生、安全、美感的体验。

主要产品包括弹簧用包覆布、被套、枕套、被胎、枕芯、毯子、床罩、沙发布、垫子、防尘罩、拖布、桌布、百叶帘、地毯、浴垫、墙布、湿巾(家庭护理、地板护理、清洁、宠物护理等)、真空清洁袋、洗涤剂袋、干巾、防尘布、擦布等。

1.2.3 医疗与卫生用非织造材料

非织造材料由于具有良好的透气性、吸湿性和耐磨性、不易起毛掉毛及通过辐射或蒸汽灭菌后具有较好的稳定性等特点,广泛应用于医疗卫生领域。

主要产品包括手术衣帽、面罩、鞋套、帘子、外科口罩、污染控制服、检查服、包扎材料、绷带、纱布、敷料、组织支架、隔离服、底垫、造口袋衬垫、培养箱床垫、灭菌包装、伤口护理、药物贴片、病人服、裹尸布、床单、床罩,婴儿尿布、护理垫、幼儿训练裤、擦拭湿巾、卫生巾、老年失禁产品。

1.2.4 土木工程用非织造材料

由于非织造材料超强的强度和耐用性、抗撕裂和穿刺、耐化学品、耐细菌和真菌、质量轻、耐温度波动等性能可用于土木工程领域起到分离、排水、加固和过滤作用。

主要产品包括公路、铁路、机场、运动场地用土工布,人造草坪、温室遮阳,排水渠、塘等水利工程材料,污水管道、排水管、垃圾填埋用材料,杂草防治、根部屏障、路面覆盖层材料等。

1.2.5 建筑用非织造材料

由于非织造材料能够将良好的机械强度与高伸长率相结合,非织造材料在现有建筑和房屋的新建和翻新中发挥着巨大作用。

主要产品包括建筑包装材料、屋顶防水材料,屋面衬垫层、平屋顶膜的自粘布、瓦片下面的透气材料、防冷凝水滴非织造材料、石膏板饰面、管道包裹、混凝土浇筑层、地基和地基加固、垂直排水、地板基材、屋顶纤维网、吸音天花板、墙壁和天花板隔断、地板基材、隔热和隔声材料。

1.2.6 汽车用非织造材料

非织造材料有助于减轻汽车质量,提高舒适性和美观性,并能提供较好的绝缘性、阻燃性和耐水性、耐燃油性、耐极端温度和耐磨性能。其有助于使汽车更安全、更舒适,更具吸引力,也更具成本效益及更可持续发展。

主要产品包括汽车顶篷衬里、主地毯、后备箱、衣帽架、覆盖材料、行李箱地板罩、后备箱地毯、座椅外套、垫材、门板饰件、座舱空气过滤器、安全气囊、轮罩、发动机罩隔热层、变速箱油过滤器、隔热板、保温夹层、保护罩。

1.2.7 过滤用非织造材料

非织造材料以其高孔隙率、独特的三维曲径式结构,在过滤领域起着举足轻重的作用,可以通过结构设计,满足空气过滤和液体过滤等领域的性能要求。

主要产品包括用于工业和家用空调、吸尘器、抽油烟机、个人电脑、洁净室、医用过滤器、工业高温过滤中的滤材,食品和饮料如牛奶、葡萄酒、茶等的滤材,制药、医疗、水、血液过虑用材料,汽车发动机机油、燃料及车内空气过滤用材料。

1.2.8 农业与园艺用非织造材料

非织造材料可形成一个控制热量和湿度的微气候环境,用于种植、覆盖、无土栽培等,以加速植物的生长,免受恶劣天气和害虫的侵袭,提高产量和改善质量。

主要产品包括种子毯、地膜、除草织物、根控袋,可生物降解植物盆栽,遮光、防病虫害、无土栽培用非织造材料。

1.2.9 电子电器用非织造材料

非织造材料具有的高孔隙率、孔径可控性、合适的强度和弹性、耐老化等特性,使其在电子工业、电缆包装、电池工业中广泛应用。

主要产品包括电力电缆、通信电缆、工业电缆、电路板、燃料电池、电池分离器、电池隔膜、电缆缠绕绝缘带。

1.2.10　包装用非织造材料

非织造材料由于质量轻、坚固、可重复使用,成为各种包装的理想材料,可用于信封、文件夹、麻袋、打包机、洗衣和干洗产品、吸尘器袋、金属包装、工业用袋、精细产品包装(电子产品、汽车保险杠、皮革制品、医药用品、化妆品)、散装产品包装(钢材、木材、玻璃)、饮料包装、糖果包装、鲜花包装、茶和咖啡袋、食品垫、水果衬垫、肉类包装托盘、医用无菌包装、分隔片、蔬菜包装托盘、袋子和香包、保温袋、数据包、工业袋等。

1.2.11　航空航天与军用非织造材料

特种纤维制备的非织造材料具有质轻、耐高温、抗氧化、化学稳定性好、使用寿命长等特点,近年来在航空航天、军事领域得到了较广泛的应用。主要产品包括航天及船舶用材料、耐烧蚀材料、发动机隔热材料、隔声材料、军用地图、防护服、火箭及导弹结构件的增韧材料、蜂窝板、刹车材料、降落伞、防弹衣等。

1.2.12　其他非织造材料

主要产品包括抛光材料、缓冲垫、油箱密封垫、吸油材料、工业运输带及增强材料、合成纸、油画布、印钞纸、香烟滤嘴、标签、人造花等。

1.3　非织造材料的结构与特点

1.3.1　非织造材料与传统纺织品的结构差异

1) 传统纺织品(机织物和针织物)结构特征

(1) 以纱线或者长丝为主体材料,通过交织或编织形成规则的几何结构。

(2) 机织物通过经纱与纬纱交织、挤压,以抵抗受外力作用时织物的变形,因此织物结构一般较稳定,但弹性差。

(3) 针织物通过纱线形成的圈状结构相互联结,由于织物受到外力作用时,组成线圈的纱线相互间有一定程度的移动,因此针织物具有较好的弹性。

2) 非织造材料结构特征

(1) 以呈单纤维分布状态的纤维作为主体材料。

(2) 定向或随机排列的纤维组成的网络状结构。

(3) 纤网结构必须通过机械、热黏合、化学黏合等加固方法保持稳定。

1.3.2　非织造材料的几种典型结构

非织造材料根据不同的加固方式形成的结构不同,典型结构有以下三种形式:

1) 纤网由内部部分纤维得到加固的结构

纤网通过机械加固中的针刺法、水刺法加固,形成了纤维之间互相缠结加固纤网的结构;采用机械加固中的纤网-无纱线型缝编法加固后形成的从纤网中勾取部分纤维形成线圈加固纤网的结构。

2) 纤网由外加纱线得到加固的结构

采用机械加固中的纤网-缝编纱型缝编法加固,形成的由喂入缝编机的纱线或长丝所形成的线圈加固纤网的结构,这种非织造材料结构中包含纱线组分。

3) 纤网由黏合作用得到加固的结构

纤网黏合加固包括化学黏合法、热黏合法。化学黏合法加固根据化学黏合剂类型不同、施加方法不同,会形成点黏合结构、片状黏合结构、团状黏合结构以及局部黏合结构;热黏合加固根据工艺不同也可形成点黏合结构、团状黏合结构、局部黏合结构,但一般不形成片状黏合结构,这是因为热熔纤维在熔融态时流动性比液态的化学黏合剂的流动性小。

(1) 点黏合结构指在纤维的交叉点处黏合加固,这种情况下使用的化学黏合剂较少,纤维黏合效果和非织造材料的机械性能较好;双组分的纤维在热黏合加固中可以得到点黏合结构,其制备的热黏合非织造材料具有较好的蓬松度和压缩回弹性能。

(2) 团状黏合结构指纤网中形成不均匀的团块状黏合结构,这时黏合剂以团状分布在纤网中,没有充分发挥黏合剂的作用;普通热熔纤维在热黏合过程中会出现这种结构,其制备的非织造材料在强力、手感方面不如由双组分纤维得到的点黏合结构的产品。

(3) 局部黏合结构指通过控制黏合区域而形成的规则形黏合结构,采用印花黏合法施加化学黏合剂、或对纤网局部区域加热、加压会形成局部黏合结构,局部黏合区域可以是点状、线状或各种几何图案。这种结构的非织造材料蓬松度较好,强力与局部黏合区域占纤网总面积的比例有关。

(4) 由于黏合剂的高流动性,化学黏合法还会在纤维相交处或相邻处形成片状黏合结构,黏合区常常占纤网表面积的一半以上。

1.3.3　纤维在非织造材料中的存在形式

1) 纤维构成非织造材料的基本结构

在各种非织造材料中,纤维以网状构成非织造材料的主体结构,纤维在这些非织造材料中的比重从 50％至 100％。

2) 纤维作为非织造材料的固结成分

在机械加固非织造材料中,如针刺法与水刺法,其部分纤维缠结形成定向或无规的纤维缠结结构以加固纤网;纤网-无纱线缝编法非织造材料中,纤维以线圈结构存在,起着加固纤网的作用;在大多数热黏合非织造材料中,热熔纤维在热黏合时全部或部分熔融,形成纤网中的热熔黏合加固成分。

3) 纤维既作为非织造材料的主体成分,同时作为非织造材料的黏合成分

由双组分热熔纤维构成的热黏合非织造材料中,双组分纤维中熔点高的组分构成非织造材料的主体结构,熔点低的组分在纤维交叉处熔融黏结,因此双组分纤维既是非织造材

料的主体,又是非织造材料的黏合成分。

1.3.4 非织造材料的特点

1)非织造材料属于纺织、塑料、造纸、皮革工业的学科交叉产品,种类繁多

(1)有些产品接近传统纺织品,如缝编法非织造材料,水刺非织造材料。

(2)有些产品接近塑料,如膜裂法非织造材料。

(3)有些产品接近纸,如湿法非织造材料。

(4)有些产品接近皮革,如合造革,人造麂皮。

2)非织造材料产品外观、结构多样化

(1)从外观上看,有薄型产品,也有中厚型产品;有柔软蓬松的絮片类产品,也有密实的毡布类产品;有强力较低的产品,也有高强力的产品。

(2)从结构上看,纤网中的纤维有呈二维排列的,有呈三维排列的,也有由单层薄网结构叠合、层压复合而形成的具有一定梯度的结构。

3)非织造材料性能和用途多样性

非织造材料使用的原料来源广泛,几乎所有的纤维原料都可以使用,特别是一些传统纺织无法加工的原料其也可以使用。非织造材料有多种加工方式,一些新的加工方式也不断出现,由于原料选择的多样性与加工工艺的多样性,因此制备出来的非织造材料性能和用途也呈现出多样性。

1.4 非织造材料用纤维

1.4.1 纤维原料与非织造材料性能的关系

非织造材料是由纤维组成网状结构并经过一定的加固方式形成的,通常纤维在非织造材料中所占比重从一半以上到百分之百。纤维是生产非织造材料最基本的原料,因此纤维的特性对其制成的非织造产品的性质有着直接而重要的影响。了解纤维在非织造材料中的作用,掌握纤维的基本性能,以及能根据纤维特性配合选用不同的加工工艺,才能生产出满足使用性能要求、性价比高的非织造产品。

表1-1分析了影响非织造材料性能及加工性的主要纤维性能。

表1-1 纤维性能对非织造材料性能的影响

项目	对非织造材料的影响	说明
长度	通常,随着纤维长度增大,非织造材料强度提高	纤网中纤维的缠结程度、黏合点数目增多使得纤维之间的抱合力增加。但纤维长度依据不同成网方式各有一定的范围

项目	对非织造材料的影响	说明
细度	随着纤维细度减小,非织造材料强度提高 若同时要求产品弹性好则考虑采用较粗的纤维;过滤用非织造材料,采用具有一定的纤度梯度分布的纤维以提高过滤效果	同样定量条件下,纤维细度减小,纤维根数会增加,继而增加纤维之间的接触点或接触面积,使得纤维间的滑移阻力或黏合面积增加,因而非织造材料的强度增加
卷曲度	对非织造材料成网的均匀性与强度有影响 卷曲度小,制成的产品手感和弹性较差,但过高的卷曲度亦会使成网困难	卷曲度不足的纤维之间抱合力差,因此成网困难,纤网均匀度不好,制成的产品手感和弹性差。卷曲度较大的纤维之间的抱合力增大,成网均匀度较好,纤维之间的滑移阻力也会增加,因而可提高成品的强度。但卷曲度过高的纤维间缠结困难,亦会影响成网质量
截面形状	纤维截面形状的改变会使纤维的光泽、表面积、相互缠绕能力、强度不同,进而影响非织造材料的硬挺度、弹性、黏合性、光泽等	某些具有良好弯曲刚度的异形截面纤维,可以用来增加非织造材料的弹性回复性、毛圈挺立度等;不同截面形状同样纤度纤维的表面积不一样,比表面积大可增加纤维黏合面积,吸附的能力亦增加;异形截面能达到产品中某种光学效应,例如闪光、暗灰等
表面的摩擦因数	影响非织造材料强度及加工工艺性能	机械加固如针刺法、水刺法、缝编法,如果纤维表面的摩擦因数大,可增加非织造材料的强度。但在加工中若纤维表面的摩擦因数过大,则会增加纤维穿插阻力,造成加工困难,同时增加了静电积聚,影响成网质量
弹性模量	影响非织造材料的手感、强度、耐磨性和抗皱性。通常来说,弹性模量小时,手感较好	弹性模量反映了纤维的刚性,纤维的弹性模量大,则非织造产品硬挺,变形回复能力强,尺寸稳定性好。纤维种类不同,其弹性模量也不同,但各有一定的范围
断裂强度与伸长	与非织造材料的强度与伸长有一定的联系,影响其强度和尺寸稳定性	由于非织造材料属于网状结构,在非织造材料的强度中,纤维强度和伸长对产品有一定的贡献率,伸长值较大的非织造材料尺寸稳定性较差
耐磨性	对非织造材料的耐磨性有一定的影响	同时还受非织造材料本身的结构、黏合方式、黏合剂种类的影响。如果在湿态环境中加工,还要考虑纤维在潮湿条件下的表现
吸湿性	影响非织造材料的加工工艺和产品性能	纤维种类不同吸湿后强度变化不同,如棉、麻纤维会提高而黏胶纤维会下降;针刺法中如纤维回潮率过低,则纤维易于折断并易产生静电,反之如纤维回潮率过高,则纤维容易缠绕机件。在水刺法、化学黏合法中,吸湿性好的纤维易于加工
热学性质	影响非织造材料的软化点、熔点、热收缩性、耐热性等	在加工中要受热,例如经过热黏合及一些后整理工艺,软化点较低的纤维可用作热熔性纤维,而熔点高的纤维适于加工耐热性较强的产品

1.4.2　纤维选用的原则

在非织造材料实际生产中,如何选用纤维原料的问题涉及到多方面的因素,需要进行综合考虑,主要应遵循以下三个基本原则。

1) 按照最终产品的用途来选择纤维

根据产品最终使用性能来合理选择纤维原料。例如对用作服装衬里的非织造纤维原料,主要考虑其弹性、吸湿性、与主料的贴服性等性能;用作过滤材料的非织造纤维原料,主要考虑其过滤效率、透气性、尺寸稳定性、耐温性、耐化学性、耐湿性等性能;用作地毯的纤维原料,要求耐磨性好、回弹性好、吸湿性低等;用作土工布的非织造纤维原料,则要求强度高、透水性好、耐腐蚀耐霉变、耐老化等性能。

2) 按照加工工艺和设备的要求来选择纤维

非织造材料的加工工艺与设备形式多样,因此对纤维原料性能的要求也是不同的。对纤维性能的要求主要包括纤维的长度、细度、卷曲度、截面的形状、表面的摩擦因数、物理机械性能、吸湿性、热学性质等。例如纤维长度,机械梳理长度范围通常为 10~150 mm,气流成网长度范围通常为 4~60 mm,湿法成网长度范围通常为 5~30 mm;纤维含湿率太低容易在加工中产生静电,影响成网、固网质量,需添加抗静电剂或与吸湿性强的纤维混合以减少静电产生。

3) 按照产品成本的要求来选择纤维

在满足前两项的要求下,降低产品的成本,选用性价比高并易于购买的纤维原料。同时综合考量多种因素,最好采用能满足可循环回收利用的绿色环保纤维,以利于保护环境,促进可持续发展。

1.4.3　非织造材料常用纤维原料

非织造加工原料来源十分广泛,几乎包含现有的所有纤维,包括天然纤维、化学纤维、无机纤维甚至纺织工业的各种下脚原料、再生料等。

1) 天然纤维

(1) 棉纤维。棉纤维属于种子纤维,其依品种主要有细绒棉、长绒棉、粗绒棉、草棉、木本种。成熟棉纤维截面为腰圆形,中腔呈干瘪状,有天然的扭转,呈扭转的扁平带状外观。棉纤维通常是白色的,近年来,随着人们对生态环境日益关注及生物技术的发展,可培养种植出彩色棉花、转基因棉等。彩色棉具有棕、黄、绿、红、蓝等颜色,无需染色加工就可获得有色产品。转基因棉将外源基因转入棉花受体,例如角蛋白转基因棉、抗棉铃虫棉,从而具有抗病性强、环保卫生等特点,产生具有新性能的棉纤维或提高棉纤维原有性能。

棉纤维在非织造领域主要用于生产医疗卫生产品、化妆棉、面膜等。在实际生产中,常需要经过煮练、漂白等前处理工艺,以达到产品要求。彩色棉和转基因棉是加工绿色环保产品的重要原料,在生态和环保型方面有很大的优势。

(2) 木棉纤维。木棉纤维是单细胞纤维,由木棉蒴果壳体内壁细胞发育、生长而成。纤维长 8~34 mm,直径约 20~45 μm。纵向呈薄壁圆柱形,表面有凸痕,无转曲。纤维终端较粗,根端钝圆,梢端较细,两端封闭。横向截面为圆形或椭圆形,纤维中空度达 94%~95%,胞壁极薄,是天然生态纤维中最轻、中空度最高、最保暖的纤维。纤维表面有较多蜡质,纤维光滑、不吸水、不易缠结,具有驱螨虫效果,纤维集合体浮力好。

木棉纤维目前应用于非织造中主要生产保暖絮片、枕芯、靠垫等的填充料、救生衣及其他浮水物的填充材料、隔热和吸声材料、吸油材料、面膜等。但木棉纤维的长度短,强力低,梳理成网性差,一般与其他纤维混合使用。

(3)麻纤维。麻纤维是一年或多年生草本双子叶植物的茎秆纤维和单子叶植物的叶纤维的总称。麻的种类很多,常用的麻纤维主要有苎麻、亚麻、黄麻、汉麻、罗布麻等。各种麻单纤维的外形、长短、截面和化学成分等存在一定差异,苎麻为中国独特的麻纤维,又称为"中国草",也称白苎、紫麻、线麻等。苎麻纤维横截面为椭圆形,且有椭圆形或腰圆形中腔,胞壁厚度均匀,有辐射状裂纹,纵向为圆筒形或扁平形,没有转曲,纤维外表面有的光滑,有的有明显的条纹,纤维长度较长。亚麻分为纤用、油用、油纤两用三类,均为一年生草本植物。亚麻纤维横截面呈有中腔的多角形,纵向有竹状横节。亚麻单纤维长度较短,整齐度极差,所以由 30~50 根单纤维集结在一起,由胶质粘连成纤维束状态存在。黄麻单纤维很短,需要靠胶使其粘连成纤维束状进行加工,纤维横截面为五角形或六角形,中腔为圆形或椭圆形,纵向光滑,无转曲,富有光泽。汉麻纤维横截面呈不规则椭圆形和多角形,中腔呈椭圆形,纵向呈圆管形,表面有龟裂条痕和微孔,无扭曲。罗布麻纤维细长而有光泽,聚集为较松散的纤维束,可采用单纤维与其他纤维混合加工。

麻纤维断裂强度较高,断裂伸长率和弹性恢复率都较小,吸湿和放湿性能好,抗菌防霉,制得的非织造材料包括可生物降解农用地膜、人工草坪基质、无土栽培基质、过滤材料、吸音材料、麻纤维非织造复合板材、汽车内饰材料、鞋用衬垫材料、地毯底布、弹簧床垫及吸液垫材等。罗布麻制品还具有医疗保健作用如改善高血压症状、控制气管类等作用。

(4)竹纤维。天然竹纤维又称竹原纤维,竹原纤维是采用物理、化学相结合的方法从竹子中制取的。竹原纤维为束纤维,单纤维纵向有横节,纤维表面有许多微细凹槽,无天然卷曲。横截面为不规则的椭圆形,内有中腔,边缘有裂纹。

由于竹纤维具有优良的吸湿透气性、耐磨性、染色性,同时具有天然的抗菌功能,制成的非织造产品可用于口罩、医用纱布、手术服、卫生护垫等医用与卫生材料,以及毛巾、浴巾、床单、被套、睡衣等床上用品。

(5)毛纤维。毛纤维属于天然蛋白质纤维,其种类很多,主要有绵羊毛、山羊绒、马海毛、骆驼绒、兔毛、牦牛绒等。

羊毛一般指绵羊毛,其弹性好、吸湿性强、保暖性好、不易沾污、光泽柔和。羊毛的这些性能使得其产品具有质地丰厚、手感丰满、弹性好、光泽自然的特殊风格。山羊绒是山羊的绒毛,又称开司米。山羊绒颜色有白、紫、青色。山羊绒无髓质,鳞片边缘光滑,覆盖间距比绵羊毛大,强伸性、弹性都优于相同细度的绵羊毛。马海毛是土耳其安哥拉山羊毛的音译商品名称,南非、土耳其和美国为马海毛的三大产地。马海毛是异质毛,夹杂一定数量的有髓毛和死毛,马海毛的特点是直、长、有丝光,强度高,具有良好的弹性,不易收缩,也难毡缩。骆驼身上的外层毛粗而坚韧,称为驼毛,在外层粗毛之下有细短柔软的绒毛,称为骆驼绒。骆驼绒鳞片少,平贴不连续,鳞片边缘光滑。用于纺织的兔毛主要为安哥拉兔毛,其表面光滑、少卷曲,所以光泽强,但鳞片重叠数少,鳞片尖边倾斜,故摩擦因数小、抱合力差、易落毛。牦牛绒大多为黑色、褐色,少量为白色,鳞片呈环形,边缘整齐,紧贴于毛干上,弹性好,具有无规则卷曲,缩绒性与抱合力较小,不易掉毛,有身骨,手感蓬松、柔软,光泽柔和。

毛纤维在非织造生产中可作为制备造纸毛毯、高档保暖絮片和中高档地毯的原料,但由于其价格昂贵,有一定的局限性。

(6)蚕丝纤维。蚕丝是由蚕结茧时分泌的黏液凝固形成的天然蛋白质纤维。其光泽优良,触感舒适,吸湿保暖性良好,是一种贵重的纺织原料。蚕丝分为桑蚕丝和野蚕丝两大类。野蚕丝包括柞蚕丝、天蚕丝、蓖麻蚕丝、木薯蚕丝等。

近年来,由蚕丝纤维开发出许多新型功能性非织造材料,例如在医疗领域治疗烧伤或其他皮外伤的创面保护膜、丝蛋白人工皮肤;美容保健领域如蚕丝面膜等。

2)化学纤维

(1)再生纤维。指以天然高分子化合物为原料,经过化学处理和机械加工而制成的纤维。主要包含再生纤维素纤维、再生蛋白质纤维。

再生纤维素纤维是以自然界中广泛存在的纤维素物质(如棉短绒、木材、竹、芦苇、麻杆芯、甘蔗渣等)提取纤维素制成浆粕为原料,通过适当的化学处理和机械加工而制成的。该类纤维原料来源广泛,因此成本低廉。代表产品为黏胶纤维和铜氨纤维。黏胶纤维具有棉的本质,丝的品质。铜氨纤维比黏胶纤维更细,手感柔软,光泽适宜,极具悬垂感。

再生蛋白质纤维指用大豆、酪素、花生、牛奶、胶原等天然蛋白质为原料经纺丝制成的纤维。如大豆蛋白纤维、酪素纤维、蚕蛹蛋白纤维等,其手感柔软,光泽柔和,吸湿和导湿性好,穿着舒适。

再生纤维素纤维如黏胶纤维在非织造产品生产中大量应用于卫生、擦拭领域,如湿巾、干巾、面膜等产品。再生蛋白质纤维非织造产品多用于内衣、浴巾、绷带、纱布、卫生护垫等功能性产品。

(2)常规合成纤维。合成纤维是由低分子物质经化学合成的高分子聚合物,再经纺丝加工而成的纤维。

a.聚丙烯纤维。以丙烯聚合得到的等规聚丙烯为原料纺制而成的合成纤维,在我国的商品名为丙纶。品种有长丝、短纤维、膜裂纤维、鬃丝和扁丝等。聚丙烯密度仅为 0.91 g/cm³,是目前所有合成纤维中最轻的纤维。其强度较高,具有较好的耐化学腐蚀性,主链中没有活性基团,不易被细菌、霉菌侵蚀,与人体皮肤接触无刺激、无毒性,但耐老化性较差。

由于聚丙烯纤维的特点,其制备的非织造材料广泛应用于工业、生活的各个领域,如车用填料、絮片、地毯等保温材料及吸音和隔热材料、铅蓄电池隔膜、过滤材料,并可大量生产一次性防污服、手术服、被单枕套、垫褥、口罩、婴儿和成人尿布等医疗卫生用品、农业用布、家具用布、制鞋业的衬里等。

b.涤纶纤维。我国将聚对苯二甲酸乙二酯含量大于85%以上的纤维简称为涤纶。涤纶的断裂强度和弹性模量高,回弹性好,当伸长5％时,去负荷后几乎完全可以恢复,热稳定性好,具有优异的抗皱性和保形性,化学稳定性较高,耐微生物作用、耐虫蛀。

涤纶常应用于生产土工布、过滤材料、防水材料基布、汽车内饰材料、保暖絮片与填充物、人造皮革、医用卫生等非织造材料。

c. 聚酰胺纤维。在我国,聚酰胺纤维的商品名为锦纶,其具有良好的综合性能,最突出的优点是耐磨性好,强度高,回弹性好,耐疲劳性优良,具有中等的吸湿性。

聚酰胺非织造材料主要用于制备耐磨产品如地毯、摩擦材料、工业用布、传送带、帐篷、军用材料等。

d. 聚丙烯腈纤维。聚丙烯腈纤维是指丙烯腈含量大于85％的丙烯腈共聚物或均聚物纤维,它的主要特点是外观、手感、弹性、保暖性等方面类似羊毛,所以有"合成羊毛"之称,在我国简称腈纶。腈纶具有许多优良性能,如手感柔软,弹性好,尤其是耐日晒和耐气候性居于所有天然纤维及化学纤维中的首位。适于加工腈纶毛毯、人造毛皮、室外用品、冬季轻便保暖服装絮片等非织造材料。

e. 聚氯乙烯纤维。氯纶是聚氯乙烯纤维的中国商品名。由于氯纶的分子中含有大量的氯原子,所以具有难燃性。保暖性比棉、羊毛好,抗无机化学试剂的稳定性好,耐热性较差。适用于加工阻燃工业滤布、工作服和防护用品、毛毯、沙发布、滤布、帐篷及保温絮片材料等。

f. 聚氨酯纤维。我国简称氨纶,国外商品名有Lycra(美国杜邦)等,又称弹性纤维。氨纶弹性优异,断裂伸长率可达500％～800％,瞬时弹性回复率在90％以上,强度为橡胶丝的2～4倍,耐热性、吸湿性优于橡胶丝,因此广泛用来制作弹性用品,如卫生产品、家具罩、医疗用品、绷带、弹性布等。

(3) 高性能纤维。高性能纤维是指具有特殊的物理化学结构、性能和用途,具有高强度、高模量、耐高温、耐腐蚀、耐辐射等性能的新一代合成纤维,主要应用于航空、航天、交通运输、环境保护、医疗卫生产业等领域。

a. 芳香族聚酰胺纤维。芳香族聚酰胺纤维简称芳纶,主要品种有聚对苯二甲酰对苯二胺纤维(芳纶1414))和聚间苯二甲酰间苯二胺纤维(芳纶1313)。该类纤维强度、耐热性及绝缘性能很好,且化学性能稳定,对于弱酸,弱碱及大部分有机溶剂有很好的抵抗性。

芳纶纤维常用于制备防弹服、头盔、防火服、航空航天材料、体育用品、过滤材料、绝缘材料、高强绳索等材料,或作为增强材料用于高压软管、输送带、顶篷材料、高压容器、火箭发动机外壳和雷达天线罩。

b. 聚对亚苯基苯并二噁唑纤维。简称PBO纤维,具有超高强度、超高模量、超高耐热性、超阻燃性能,综合性能十分优异。其拉伸强度、初始模量、极限氧指数和裂解温度等性能指标,目前均位居有机纤维之首。化学稳定性也很好,在几乎所有的有机溶剂及碱中都很稳定,耐磨性优良,耐冲击性好。

PBO纤维及其制品可用于制备轮胎、运输带、摩擦材料等的增强材料;高温过滤材料、耐热缓冲垫、热防护皮带;防弹背心、防弹头盔;网球拍、赛艇等体育材料;消防服、安全手套、绝缘材料等。

c. 超高相对分子质量聚乙烯纤维。超高相对分子质量聚乙烯纤维的相对分子质量在100万以上。纤维密度低,为 0.97 g/cm^3,可浮于水面,耐化学腐蚀,比拉伸强度高,比能量吸收高,耐冲击性优于碳纤维和芳纶。耐磨性好,具有较长的挠曲寿命,但耐热性较差。

采用非织造、编织等形式可以将超高相对分子质量聚乙烯纤维制成各种制品,大量应用于防弹衣、防弹头盔、军用设施和设备的防弹材料等军事领域及海洋工程中的各类缆绳。

d. 聚苯硫醚纤维。简称PPS纤维,具有优异的热稳定性和阻燃性,力学性能优良,有较好的纺织加工性能,耐化学性好。聚苯硫醚纤维制备的非织造材料可长期在高温环境中使用,用该纤维制成针刺毡用于高温烟气和特殊热介质的过滤、造纸工业的干燥带,是较为理想的耐热和耐腐蚀材料。还可制备成高温和腐蚀性环境下的各种防护布、耐热服装、电绝缘材料、电池隔膜,也可用来做填充和增强材料。

e. 聚四氟乙烯纤维。聚四氟乙烯纤维多采用膜裂纺丝法制备,简称PTFE纤维。其化学稳定性好,几乎不溶于所有的化学试剂,具有优异的耐老化及抗辐射性能,阻燃性好,长时间使用温度在 $-190 \sim 260 \text{ ℃}$,摩擦因数很低,具有高润滑性,无毒,生物适应性好。

主要用途是作为垃圾焚烧炉和煤锅炉用的排气净化滤材、非金属轴承、减低摩擦用的材料等,其中由PTFE纤维制作的高温针刺尘滤袋已作为都市垃圾焚烧炉的滤袋而被广泛使用。

3) 无机高性能纤维

(1) 碳纤维。碳纤维是指纤维化学组成中碳元素占总质量90%以上的纤维,其具有高强度、高模量,耐高温(居所有合成纤维之首)、热膨胀系数小、耐摩擦、导电、导热及耐腐蚀等特性,同时柔软,可方便加工成各种柔性产品。

碳纤维非织造材料可作为预成型体用于制造复合材料,广泛应用于在高强度、高刚度、耐高温、耐腐蚀等环境下工作的航空航天、国防军工、汽车、高速列车、造船工业、体育器材、造纸等产业材料。

(2) 玄武岩纤维。玄武岩纤维是以天然玄武岩矿石在 $1\,450 \sim 1\,500 \text{ ℃}$ 高温下熔融后拉丝制成的连续纤维,具有高强度、高模量、电绝缘性好、耐腐蚀、耐高温及耐低温、抗电磁屏蔽等多种优异性能,而且性价比高。玄武岩纤维制备的产品废弃后可直接在环境中降解,无任何危害,因此属于无机环保绿色高性能纤维材料。

玄武岩纤维在复合材料、摩擦材料、造船材料、耐高温隔热保温材料、汽车材料、高温过滤材料及防护材料等多个领域得到了广泛的应用。

(3) 玻璃纤维。玻璃纤维的基本组成是硅酸盐或硼硅酸盐,主要成分为二氧化硅、氧化铝等,由熔体纺丝法制成。玻璃纤维的耐热性好,难燃,绝缘性佳,耐老化、耐化学性能好,价格便宜,但脆性大,耐磨性较差,吸湿性也差。

玻璃纤维非织造产品常用于电绝缘材料、绝热保温材料、过滤材料、复合材料中的增强材料、电路基板、蓄电池隔板等。

(4) 金属纤维。金属纤维是指金属含量较高,而且金属材料呈连续分布,横向尺寸在微米级的纤维形材料。金属纤维具有良好的力学性能,可耐弯折,韧性良好;具有很好的导电性能,能防静电、防电磁辐射,是导电及电信号传输的重要材料;耐高温,耐化学腐蚀,在空气中不易氧化。

混入一定量的金属纤维所制成的非织造产品可用于抗静电材料、抗电磁屏蔽材料、防爆高温粉尘过滤材料、高强耐磨及导电运输带、导电纸等。

1.5 纺织品质量检验及标准化体系

1.5.1 纺织品质量检验

纺织品质量检验是质量体系中的一个重要要素,在现代企业管理中起着十分重要的作用。在生产过程中由于受人员、机器、原料、工艺、方法、环境等因素的影响,产品质量发生波动是必然的,因此在生产过程的各个环节和工序都要进行质量检测,上道工序完成的产品只有经过检验验证,才能确定产品的质量状态。做好半成品、成品的检验工作,可以防止不合格的半成品进入下一道工序或不合格的成品流入市场。产品质量检测在解决企业产品质量问题、产品开发、生产和营销过程中发挥着重要的作用,是产品生产过程中必要和正常的工序。

1) 纺织品质量特性的内容

纺织品质量特性一般包括三个方面。

(1) 内在特性:结构性能、物理性能、化学成分、可靠性、安全性等。

(2) 外在特性:外观、形状、手感、气味、口感、味道、包装等。

(3) 经济性:成本、价格、全寿命费用等。

2) 纺织品质量检验的分类

(1) 按加工过程阶段分:进货检验(原材料、外协件等检验)、过程检验(加工过程的半成品检验)、最终检验(成检,产品入库前的检验)。

(2) 按检验对象与样本的关系分:抽样检验、全样检验、首件检验。

(3) 按检验性质分:非破坏性检验和破坏性检验。

(4) 按检验方法分:感官检验(视觉、听觉、嗅觉、触觉、检验法)、理化检验(物理检验、化学检验、生物检验)、试验性使用鉴定。

1.5.2 纺织品标准化体系

1) 中国纺织标准化体系

我国纺织标准分为国家标准(GB)、纺织行业标准(FZ)、纺织部标准(FJ)、专业标准(ZBW),以及其他行业标准(SN)、地方标准(DB)、团体标准、企业标准(QB)等。还可分为基础标准、通用试验标准、各类产品试验标准、产品标准、商检标准、纺织机械与附件、相关和通用标准等。台湾省标准(CNS)分为基础方法标准、检验方法标准和原料成品标准等。

标准又分为推荐性标准和强制性标准。推荐性国家标准、行业标准、地方标准、团体标准、企业标准等的技术要求不得低于强制性国家标准的相关技术要求。

国家标准：指对全国经济技术发展有重大意义,需要在全国范围内统一的技术要求所制定的标准。国家标准在全国范围内适用,其他各级标准不得与之相抵触。国家标准是标准体系中的主体。

行业标准：指对没有国家标准而又需要在全国某个行业范围内统一的技术要求所制定的标准。行业标准是对国家标准的补充,是专业性、技术性较强的标准。行业标准的制定不得与国家标准相抵触,国家标准公布实施后,相应的行业标准即行废止。

地方标准：指对没有国家标准和行业标准而又需要在省、自治区、直辖市范围内统一产品的技术、安全、卫生要求所制定的标准。地方标准在本行政区域内适用,不得与国家标准和行业标准相抵触。国家标准、行业标准公布实施后,相应的地方标准即行废止。

团体标准：指由团体按照自己(团体)确立的制定程序,自主制定、发布、采纳,并由社会自愿采用的标准。团体标准制定主体是社会团体,主要包括：学会、协会、商会、联合会、产业技术联盟等社会团体。

企业标准：指企业所制定的产品标准和在企业内需要协调、统一的技术要求和管理、工作要求所制定的标准。企业标准是企业组织生产,经营活动的依据。

强制性标准：指国家通过法律的形式明确要求对于一些标准所规定的技术内容和要求必须执行,不允许以任何理由或方式违反、变更的标准,包括强制性的国家标准、行业标准和地方标准。如有违反,国家将依法追究当事者的法律责任。

推荐性标准：指国家鼓励自愿采用的具有指导作用而又不宜强制执行的标准,即标准所规定的技术内容和要求具有普遍的指导作用,允许使用单位结合自己的实际情况,灵活加以选用。

2) **国外标准**

国际标准：指国际标准化组织 ISO 和国际电工委员会 IEC 所制定的标准,以及国际标准化组织已列入《国际标准题内关键词索引》中的国际组织制定的标准和公认具有国际先进水平的其他国际组织制定的某些标准。

主要的国外标准：国际标准化组织标准(ISO)；美国试验与材料协会标准(ASTM)；美国染化工作者协会标准(AATCC)；英国国家标准(BS)；德国国家标准(DIN)；法国国家标准(NF)；日本国家标准(JIS)；韩国国家标准(KS)；欧洲联盟标准(CEN)；欧洲标准(EN)；国际羊毛局标准(IWS)；国际化学纤维标准化局标准(BISFA)；国际生态纺织品协会标准(Oko-Tex)；美国非织造布工业协会试验方法标准(INDA)；欧洲用即弃材料及非织造布协会标准(EDANA)。

3) **标准名称的构成**

标准名称由几个尽可能短的独立要素(肩标题)、主体要素(主标题)和补充要素(副标题)等三个要素构成,是按从一般到具体(或者说是从宏观到微观)排列的。各要素间既相互独立和补充,而内容又不重复和交叉。

如：GB/T 5709—1997《纺织品　非织造布　术语》

其中,"GB/T 5709"为标准代号,"1997"为标准发布年代号,"纺织品"为引导要素(肩标题),"非织造布"为主体要素(主标题),"术语"为补充要素(副标题)。

标准代号开头的几个字母一般代表该标准的发布机构。如：中国强制性国家标准代号以 GB 开头，中国强制性纺织行业标准代号以 FZ 开头，相应的推荐性标准代号以 GB/T、FZ/T 开头。

1.6　取样及调湿处理

1.6.1　样品及取样要求

样品是指从整批产品中抽取出来作为产品质量检测所需要的一部分材料，它是能够代表商品品质的少量实物，用于测试试样的裁取。样品的裁取必须符合相关的规定。

抽取样品时，可以按相关标准要求取样，也可以按双方商定的方式取样，不同的产品和不同的测试项目对取样可能有不同的要求。取样的基本要求：随机取样；所选取的样品应无破损，不应该有污渍、折痕；卷装产品不应在开头两层取样，尽量全幅宽取样；取样要有足够的长度，能满足试样数量的要求；样品上应做必要的标记，如样品名称、代号、生产商、取样日期、正反面、纵横向方向等。

1.6.2　试样及制备要求

试样是指按试验目的将样品经过加工制成可供试验的一部分材料。试样的制备必须符合相关的规定。

非织造材料试样制备基本要求：不同测试项目、不同的实验仪器设备所需要的试样形状和大小不同，可根据相关的标准要求或双方商定的方式裁取试样。从样品上裁取试样有一定要求，试样一般应在距离样品布边 100 mm 以上的部位裁取，沿样品纵向和横向分别取样，可以按平行法裁取试样，也可按梯形法裁取试样。发生争议或仲裁性试样采用梯形法裁取试样。图 1-2 是条形试样平行法裁取试样的示意图，图 1-3 是条形试样梯形法裁取试样的示意图。

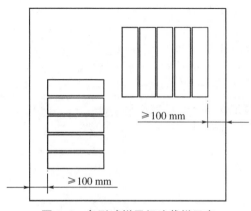

图 1-2　条形试样平行法裁样示意

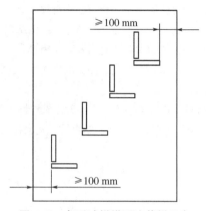

图 1-3　条形试样梯形法裁样示意

1.6.3　调湿

纺织品在性能检测前应将其放在标准大气环境下进行调湿处理,特殊情况下也可以在可选标准大气条件下进行调湿处理。调湿期间,应使空气能畅通地流过该纺织品,纺织品在大气环境中放置所需要的时间,直至平衡。除非另有规定,纺织品的质量递变量不超过0.25%时,方可认为达到平衡状态。在标准大气环境的实验室调湿时,纺织品连续称量间隔为 2 h;当采用快速调湿时,纺织品连续称量的间隔为 2～10 min。

1) 标准大气

温度 20.0 ℃,相对湿度 65%。

2) 可选标准大气

a. 特定标准大气:温度 23.0 ℃,相对湿度 50%。

b. 热带标准大气:温度 27.0 ℃,相对湿度 65%。

3) 标准大气和可选标准大气的容差范围

温度±2 ℃,相对湿度±4%。

纺织品调湿前可能要进行预调湿。将样品放置在温度不超过 50 ℃、相对湿度为10%～25%的大气环境中,使之接近平衡,然后再放在标准大气环境下(恒温恒湿室内)进行调湿处理。一般非织造材料需要调湿处理 24 h,特殊情况另有规定。纺织品性能检测一般应在标准大气环境下进行。

参考文献

［1］郭秉臣.非织造材料与工程学[M].北京:中国纺织出版社,2010.

［2］柯勤飞,靳向煜.非织造学[M].3 版.上海:东华大学出版社,2016.

［3］ISO9092:2019(E),Nonwovens-Vocabulary[S].

［4］张哲,常丽,明津法.全球非织造布市场的发展现状及趋势展望[J].纺织导报,2019(6):96-99.

［5］产业用纺织品和非织造材料将成新的增长极[J].国际非织造工业商情,2020(6):37-39.

［6］葛传兵.关于非织造布的应用和发展的探讨[J].天津纺织科技,2015(2):1-3.

［7］郭秉臣.非织造布的性能与测试[M].北京:中国纺织出版社,1998.

［8］谢晓英编译.非织造布在建筑领域应用前景巨大[J].纺织导报,2016(6):98.

［9］姚穆.纺织材料学[M].北京:中国纺织出版社,2015.

［10］董卫国.新型纤维材料及其应用[M].北京:中国纺织出版社,2018.

［11］程鉴冰.国内外纺织品标准化体系及发展战略研究[J].东华大学学报(社会科学版),2007(3):226-231＋234.

［12］GB/T 13760—2009:土工合成材料　取样和试样准备[S].

［13］GB/T 6529—2008:纺织品　调湿和试验用标准大气[S].

第 2 章　非织造材料加工原理

非织造材料从原料到成品制备加工工艺流程主要包含原料选择、成网、纤网加固、后整理加工技术。采用不同的加工工艺得到的产品性能各不相同,具有其各自的特点。

2.1　干法成网加工技术

非织造干法成网是指采用短纤维原料在干态条件下利用机械、气流等方式形成网络状结构纤网的工艺,是非织造材料重要的加工方法之一。根据产品要求的不同,有的产品需要纤网中纤维呈定向排列(纤维平行或以一定角度分布),有的产品需要纤维呈杂乱排列,有的产品对使用时间的要求不同。不同的产品对纤网定量、幅宽、厚薄等要求不同,因此根据各类产品的具体要求选择不同的成网加工过程与工艺。

纤网中纤维的排列方向,一般以纤维定向性(度)来表示。纤维按机器输出方向排列的称为纵向排列,与机器输出方向垂直排列的称为横向排列。如果各个方向均有纤维排列,则称之为非定向或杂乱排列。典型纤网中纤维的排列情况如图 2-1 所示。我们把纤网中呈单向排列的纤维量多少的程度称为定向性(度)。可以采用纤网或成品的纵、横向强度的比值来鉴别纤维排列的定向性(度)特征。不同成网方法制得的纤网,其纤维排列是不同的,用它制得的非织造材料的纵、横向强度比值也不同。若纤网中的纤维以纵向排列为主,则形成的非织造材料在纵向的强度最大;若纤网中的纤维以横向排列为主,则形成的非织造材料在横向强度最大;若纤网中的纤维杂乱排列,则形成的非织造材料的纵、横向强度接近。

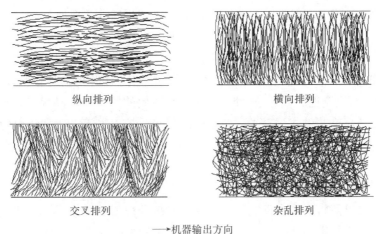

纵向排列　　　　　　　　横向排列

交叉排列　　　　　　　　杂乱排列

→机器输出方向

图 2-1　纤维在纤网中的排列

通常干法成网技术包括成网前准备、纤维梳理和成网与铺网三个过程。

2.1.1　成网前准备

对纤网生产来说，良好的准备工序是保证纤网质量的必要条件。干法纤网生产的准备工序，主要包括纤维的选配、混合开松及施加必要的油剂等。

1）配料成分的计算

在生产实践中，为了保证非织造布产品性能长期稳定，扩大原料来源或具有一定的特殊性能，需对不同纤维原料进行选用、搭配、混合。配料成分可用下式计算：

$$某种纤维质量(kg)＝混料纤维总质量(kg)×某种纤维配料成分占比(\%)$$

2）施加油剂

在纤维混合原料中加入一定量的油剂和水，使纤维具有一定的回潮率，以减小纤维摩擦因数，防止纤维产生静电，从而减少纤维在加工中的损伤，使纤维润滑柔和同时又具有良好抱合性，利于生产过程的顺利进行。施加油水的方法一般是在开松前喷洒在散纤维上。为了使油水施加均匀，最好以雾点状均匀喷洒在纤维原料上。一般加油剂后要闷放 24h 以上，其目的是使纤维更好地吸水、浸油，使纤维柔软光滑，保持一定的回潮率。在这种情况下进行开松梳理加工，可以取得较好的效果。加的油水多少要根据所在地区、气候、温度与相对湿度的大小来调节。回潮率太小，纤维原料在开松梳理过程中易产生静电，影响加工的顺利进行，还会增加消耗；回潮率过大，纤维易缠罗拉、锡林等部件，对针布也不利。油剂一般由滑润剂、柔软剂、抗静电剂和乳化剂等成分组成。

3）混合与开松

混合与开松是准备工程的重要工序，是梳理的基础。由于干法成网加工采用的纤维原料通过选配工序后是由多种成分或多批次原料组成，由于其各类、各批、各包之间存在差异，通过混合加工可将组成混料的不同组分、纤度、长度、颜色等纤维组分混合均匀，以达到后道工序的加工要求，获得不同性能、不同颜色的产品。而开松的目的是使原料中的纤维块、纤维团离解，逐渐解除纤维之间以及纤维和杂质之间的联系，使大纤维块变成小块或小束，既要保证开松充分，又要减少纤维损伤，以利于进一步纤维梳理加工。

早期的非织造工业开松混合加工大多采用棉纺、毛纺的工艺及设备，常见开松、混合设备如 FA106 型豪猪式开棉机、B261 型和毛机、FA022 多仓混棉机、Unimix 多仓混棉机等。近年来，根据非织造加工的特点，采用称重式混棉帘子开棉机、非织造专用开松机等设备，开发了多种专用的短流程混合开松生产线，以满足高效的非织造产品生产。产品的质量要求是确定开松混合工艺的主要依据，根据产品要求确定开松程度、混合均匀度及混合方法等。

2.1.2　纤维梳理

开松混合后的原料，下一步要进行梳理加工。梳理加工是干法成网生产过程中的关键工序，其工艺质量直接影响非织造产品的质量。梳理加工的主要任务是：①使小块状、小束状纤维分离成单纤维状态；②将纤维原料进一步混合均匀，清除杂质和疵点；③使纤维初步定向和伸直;④通过非织造专用的梳理设备,如双道夫梳理机能起到将双层纤网叠加使出机纤网更为均匀的作用;带有杂乱机构的梳理机能使出机纤网中纤维呈杂乱排列,改变纤网的纵横向强度比值,满足后续产品的要求。

1) 梳理原理

梳理机的罗拉、锡林、工作辊、剥取辊、道夫等多个机件,通过包覆的针布起到梳理作用。包覆好针布的各机件彼此之间相对接近时便形成了作用区。在保证两个针齿面具有较小隔距的前提下,利用两个针面间的相互作用来完成其分梳和转移纤维等作用。两个针齿面相互作用的性质主要取决于下列条件:两针齿面针齿的倾斜方向、两针齿面的相对速度和运动方向。由此可分为分梳、剥取、提升三种作用。

（1）分梳作用。分梳作用(图 2-2)需满足的条件为两针面上的针齿呈平行配置;两针面彼此以本身的针尖迎着对方的针尖相对运动。如锡林与盖板(或工作罗拉)、锡林与道夫之间的作用。通过分梳可以使纤维平行伸直,分解为单纤维。当隔距较小时,针齿能较深地刺入纤维层,使纤维受到的梳理力增加,增加了两针面抓取纤维的机会,使纤维在两针面间反复转移的数量增多,梳理较充分。

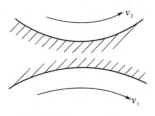

图 2-2　分梳作用($v_2 < v_1$)

（2）剥取作用。剥取作用(图 2-3)需满足的条件为两针面上的针齿交叉配置;两针面的运动方向为一针面的针尖从另一针面的针背上越过。如盖板梳理机上锡林与刺辊间、剥棉罗拉与道夫间,罗拉梳理机上剥取辊与工作辊、锡林与剥取辊等。剥取的主要作用是在工艺部件之间转移纤维层。

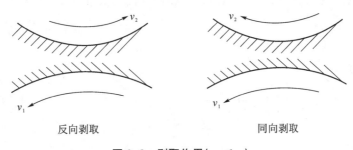

反向剥取　　　　　　　　　同向剥取

图 2-3　剥取作用($v_2 < v_1$)

（3）提升作用。提升作用(图 2-4)需满足的条件为两针面上的针齿平行配置,且两针面彼此以本身的针背向对方的针背作相对运动。如罗拉式梳理机上,提升辊与锡林之间的作用。提升作用应适当,随着提升辊与锡林间速比增大,起出作用增强,但过大对纤维层有破坏作用。

2) 梳理机

目前用于非织造生产的梳理机主要包括三种:沿用棉纺用的盖板梳理机,适用于梳理棉纤维、棉型化纤等原

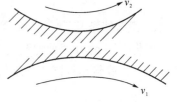

图 2-4　提升作用($v_2 > v_1$)

料;毛纺用罗拉式梳理机,适用于长度在 50～100 mm 的短纤维原料;非织造新型专用梳理机。由于非织造加工的常用原料长度较长,因此非织造专用梳理机选用罗拉式结构,同时适应非织造工业的发展,采用多锡林、多道夫、添加杂乱机件的新型梳理机不断涌现,以满足非织造加工提高产品质量与达到高产量的要求。

(1) 单锡林(双锡林)双道夫。在锡林前配置两只道夫,可转移出两层纤网,达到增产目的,同时有利于提高成网均匀度。单锡林双道夫是通过提高锡林转速,在锡林表面单位面积纤维负荷量不增加情况下,增加单位时间内纤维量,即在保证纤维梳理质量前提下提高产量。双锡林双道夫配置,在原单锡林双道夫基础上再增加一个锡林,使梳理工作区面积扩大了一倍,即在单锡林表面单位面积纤维负荷量不变情况下,增加面积来提高产量,与单锡林双道夫相比同样取得增产效果,但梳理质量更容易控制。

(2) 带杂乱机件的杂乱成网。普通梳理机输出纤网属于纵向的定向纤网,即纤网中的纤维皆沿纵向(机器输出方向)排列。为满足非织造产品最终不同的结构与要求,缩小纵横向力学性能差异,可采用带有杂乱机构的梳理机,其能使出机纤网中纤维呈杂乱排列,改变产品纵横向强度比值。

a. 利用速比变化的凝聚杂乱。如图 2-5 所示,在普通梳理机道夫前添加一对杂乱辊 2、2′,其中道夫速度是杂乱辊 2 的 2～3 倍,而杂乱辊 2 速度是杂乱辊 2′ 的 1.5 倍,由于道夫、杂乱辊 2、杂乱辊 2′ 的速度越来越慢,纤维在此转移过程中产生凝聚,挤压调头实现杂乱。其纤网纵横向强度比通常为 3∶1～6∶1。

b. 利用高速杂乱辊的杂乱。在锡林和道夫间增加一个高速杂乱辊,如图 2-6 所示。其中,锡林、杂乱辊高速回转,且转向相反,在锡林、杂乱辊和挡风轮之间的气流三角区形成紊流,纤维在此区域产生变向而杂乱。其纤网纵横向强度比通常为 3∶1～4∶1。

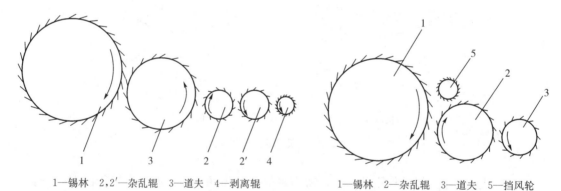

1—锡林　2,2′—杂乱辊　3—道夫　4—剥离辊　　　　1—锡林　2—杂乱辊　3—道夫　5—挡风轮

图 2-5　凝聚杂乱辊成网示意　　　　　　　　　　图 2-6　高速杂乱辊成网示意

c. 组合式杂乱

可将上述 a,b 两种配置组合,组成一种既有凝聚杂乱,又有高速杂乱的杂乱梳理,有利于进一步提高输出纤网中纤维排列的杂乱度。

2.1.3　铺网

经过梳理后,纤维呈单根状态。依据最终非织造产品用途的不同,其对纤网的定量、厚度、幅宽、纤维在纤网中的定向度的要求不同,因此需要将单网通过铺网以满足一定的要求,再进行后加工。

1) 机械铺网

采用铺网机,将梳理机出机定量较轻的单网铺叠成所需状态,主要有以下几种方法:

(1) 平行式铺网。

a. 串联式铺网。串联式铺网采用多台梳理机直线串接排列,各台梳理机上的单网重叠后铺在成网帘上形成最终纤网,重叠层数由串联的梳理机台数决定,通过这种方式,使纤网定量与厚度增加,同时提高其均匀度。图 2-7 为三台梳理机串联式铺网示意图。

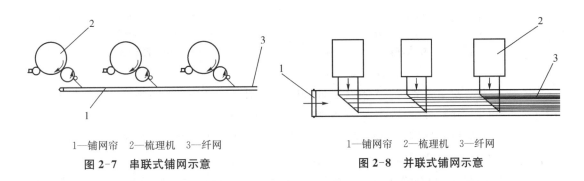

1—铺网帘　2—梳理机　3—纤网

图 2-7　串联式铺网示意

1—铺网帘　2—梳理机　3—纤网

图 2-8　并联式铺网示意

b. 并联式铺网。并联式铺网采用多台梳理机并列排列,纤网以 90° 翻转后再重叠铺在成网帘上形成最终纤网,铺叠层数由并联的梳理机台数决定。图 2-8 为三台梳理机并联式铺网示意图。

采用以上两种形式的平行式铺网所制得的纤网中,纤维呈纵向排列,其纵横向强度比随梳理机台数的增多而增大,幅宽受梳理机幅宽的限制。由于厚度受梳理机台数的限制,因此若铺叠层数较多时需配备多台梳理机,这会导致梳理机的利用效率降低。优点是纤网外观好,均匀度高。在实际生产中,由纵横向强度差异大的纤网所制成的产品常用于医用卫生材料、电器绝缘材料等。

(2) 交叉式铺网。针对平行式铺网存在的问题,交叉式铺网只需一台梳理机加一台铺网机对梳理机出机纤网进行交叉铺叠,达到所需的定量和幅宽等要求。交叉式铺网主要有以下几种形式:

a. 立式铺网。立式铺网工作原理如图 2-9 所示。梳理机出机纤网经过斜帘、横帘,输送到一对夹持帘中,随夹持帘往复摆动,在成网帘上形成一定定量与厚度的纤网,其幅宽由往复摆动的幅度决定,是可以调节改变的。

b. 四帘式铺网。四帘式铺叠成网工作原理如图 2-10 所示。梳理机出机纤网经回转帘、补偿帘到铺网帘,铺网帘回转的同时还往复移动,移动的幅度决定了最终铺覆在成网帘上纤网的幅宽,而成网帘与铺网帘的相对速度决定了最终纤网的定量。

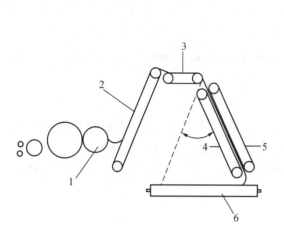

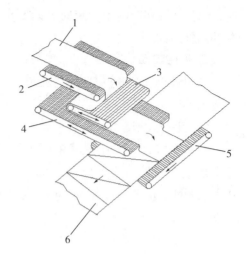

1—梳理机　2—斜帘　3—横帘
4,5—立式夹持帘　6—成网帘

图 2-9　立式铺网

1—单层纤网　2—回转帘　3—补偿帘
4—铺网帘　5—成网帘　6—纤网

图 2-10　四帘式铺网机

c. 双帘夹持式交叉铺网。为避免高速铺网时气流干扰引起的纤网飘动及意外伸长,采用如图 2-11 所示的双帘夹持式交叉铺网机。纤网被两个网帘夹持向前,交叉折叠铺网。

采用以上的交叉铺网得到的纤网中纤维呈交叉排列,纵横向强度差异减小,产品的横向强度大于纵向强度,幅宽可调,表面有折痕。

（3）组合铺网。组合式铺网机是将平行铺网机形成的纤网与交叉铺网机折叠形成的纤网铺叠在一起形成最终的纤网,其中纤维呈纵向或交叉排列。因交叉折叠后的纤网表面留有折叠痕迹,如在交叉折叠纤网的上、下两面都铺上一层平行铺叠网,可改善纤网外观。若各层纤网选择不同颜色,则可得到多层颜色的纤网。这种铺网方法纤网受平行铺网的幅宽限制,占地面积大,现在较少采用。

（4）垂直铺网。由捷克技术人员发明,机构原理如图 2-12 所示。梳理机出机纤网输出

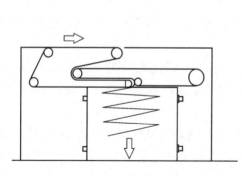

图 2-11　双帘夹持式交叉铺网机

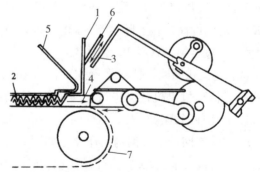

1—梳理机出机纤网　2—垂直铺网成纤网
3—成形梳　4—压板　5—钢丝栅
6—导板　7—输送帘

图 2-12　垂直铺网机

后,经钢丝栅 5、导板 6 随成形梳 3 的摆动进行折叠,由压板 4 推进压紧形成垂直折叠直立状态,这种铺网方式形成的纤网其产品特性表现为刚度好、抗压性好、回弹性好,能够替代海绵类产品,适于做床垫、汽车座椅、内衣衬垫等材料。

2) 机械牵伸辊杂乱

机械牵伸辊杂乱是将交叉铺叠后的纤网利用多对牵伸罗拉牵伸使纤网中横向排列的部分纤维向纵向移动来实现杂乱,使得牵伸后的纤网纵横向强度差异减小。

2.1.4　气流成网

纤维经过开松混合后喂入梳理机,进一步梳理成单纤维状态,在锡林或道夫的离心力和气流的共同作用下,纤维从针布锯齿上脱落,由气流输送并凝聚在成网帘(或尘笼)上,形成纤维呈三维杂乱排列的纤网,其纵横向强度差异小,最终产品力学性能基本为各向同性。

气流成网中良好的单纤维状态及其在气流中均匀分布是获得优质纤网的先决条件。气流成网可有效地处理长度短、无卷曲的纤维原料,如黄麻纤维、椰壳纤维、金属纤维、布开花纤维、鸭绒等,这些纤维采用气流成网比采用机械梳理成网更适宜。

2.1.5　浆粕气流成网

浆粕气流成网技术是以木浆纤维为主要原料,通过气流成网及不同固结方法生产非织造材料的一种新方法,其工艺过程是首先将浆粕和纤维开松,通过成型头气流成网,再加固纤网。这种方法由于使用的纤维接近造纸所用的纤维,又可称为无水造纸或干法造纸。

浆粕气流成网使用的木浆纤维原料极短,可为几个毫米,是用木材一类的纤维制成的浆粕纤维,此外茶叶、竹纤维、豆腐渣、废纸、皮革纤维、烟叶纤维等也可作为其原料。目前,浆粕气流成网加固方法主要有三种:(1)在木浆纤维中加入一定的热熔纤维,气流成网后热黏合加固得到非织造材料;(2)木浆纤维中气流成网后喷洒黏合剂烘燥得到非织造材料;(3)木浆纤维铺放在常规纤维网上经水刺复合加固得到非织造材料。由于浆粕气流成网非织造材料的主要原料是木浆纤维,因此具有吸水性和柔软性好、蓬松度高及原料成本低的特点。此外,在加工中还可加入高吸收树脂或纤维,可以得到吸湿与保湿能力更高的材料。其产品主要应用于婴儿纸尿裤、失禁垫、超薄型卫生巾、手术服、医用敷料、过滤材料、包装材料、桌布和擦布等方面。

2.2　湿法成网加工技术

湿法非织造材料是以水为介质,纤维在水中分散形成均匀的悬浮液,其中还包含一些非纤维性的物质,在专门的成形器中脱水而制成的纤维网状物,再经物理或化学处理及后加工而获得的非织造材料。

2.2.1　湿法非织造材料与纸的区别

湿法非织造材料起源于造纸技术,采用了许多造纸的工艺和制造设备,但湿法非织造材料并不是纸,其与传统造纸相比,在纤维原料长度、纤维间增强方式及最终产品性能特点方面,有着明显的区别。

（1）造纸的木浆纤维长度一般为1～3 mm,而湿法非织造材料所用纤维长度一般是5～10 mm,最长的纤维可达30 mm。

（2）纸张依靠纤维间氢键作用提供纸的抗张强度,湿法非织造材料中纤维加固主要依靠黏合剂、热熔纤维或其他加固方法完成。

（3）湿法非织造材料的强力（特别是湿强）、柔软性、悬垂性、耐水性优于纸,性能更接近传统的纺织品。

2.2.2　湿法非织造加工工艺流程

1）原料准备

主要包括打浆与碎浆、净化与筛选、输送与储存、添加化学助剂等工艺过程。湿法非织造材料加工选取的原料除植物纤维以外,还可选用羊毛纤维、黏胶纤维、维纶纤维、涤纶纤维、聚丙烯纤维及芳纶纤维、玄武岩纤维、PBO纤维、碳纤维、金属纤维、玻璃纤维等。将原料（纤维和分散剂、黏合剂等化学助剂）以水为介质,利用机械力或流体剪切力的摩擦作用,对纤维进行疏解、压溃、帚化与纵向分丝,使纤维在水中分散制成均匀的悬浮液,然后送入供浆系统进行储存、筛选、净化、除杂脱泡等处理,再将物料稳定地、连续不断地送到下一工序。

2）湿法成网

湿法成网过程是纤维悬浮液在成形网面上脱水和沉积的过程,纤维由于成形网的机械拦阻而沉积在网面上,水和一些细小的物质则会通过成形网的网眼流过。纤维悬浮液中的纤维因脱水和沉积到成形网上的过程是一随机过程,因此湿法成形的纤网中纤维呈杂乱排列。如果纤维悬浮液中混合的纤维品种和长度、细度不同,则在沉积过程中会发生自然选分和定向现象,使得纤网形成一定的密度梯度,会出现较为明显的两面性。

湿法成网方式有两种:斜网式与圆网式。主要是成型器的形状不同,前者为有一定倾斜角的平网,后者为圆形网,主要作用是形成均匀的纤网,并脱去纤维悬浮液中绝大部分水。

3）加固

对已成形的纤网采用黏合剂、热黏合或其他方法如水刺法加固。在生产中添加黏合剂的常用方法有两种:一种是在纤维成网之前加入,另一种方法是在纤维成网之后进行。前者黏合剂分布比较均匀,后者黏合剂使用量比较节省。

4）后处理

主要包括烘燥。采用的设备有接触式普通烘筒干燥设备、热风穿透式干燥设备、红外线辐射干燥设备。

2.2.3 湿法非织造材料应用领域

主要应用领域包括食品工业、家电工业、内燃机及建材工业、医疗卫生行业。可用于制备茶叶过滤袋、咖啡过滤袋、人造肠衣、干燥剂的包装、电池隔膜、空调过滤材料、各种内燃机的空气、燃油和机油过滤、手术服、生物检测、医用胶带基材、吸尘器过滤袋、服装行业用的水洗标签等。

2.3 聚合物直接成网加工技术

聚合物直接成网法是近年发展很快的一类非织造成网加工技术,不同于干法、湿法非织造材料采用的原料为短纤维,其是采用高聚物为原料,利用化学纤维纺丝原理,纺丝成形后直接成网,然后纤网经机械、化学或热黏合加固得到的非织造材料;或利用薄膜生产原理制成薄膜后分裂成纤维状物再加工得到的非织造材料。目前,聚合物直接成网非织造材料已商业化的加工技术主要包括纺黏法、熔喷法、闪蒸法、膜裂法。近年来,静电纺非织造材料的研究开发也取得了较大的进展。

2.3.1 纺黏法非织造材料

纺黏法是聚合物直接成网法中技术最成熟、产品应用最广泛、生产量最大的非织造材料生产方法。纺黏法是将化学纤维技术与非织造技术两者合二为一,采用的原料是高聚物切片,通过熔融纺丝形成连续长丝铺置成网,纤网经机械、化学或热黏合加固而成。其产品的结构特点是由连续长丝随机排列组成纤网,具有很好的力学性能。

1) 纺黏法工艺原理

高聚物切片干燥后经螺杆挤压机熔融挤出、熔体过滤器过滤、计量泵计量后,由喷丝孔喷出,长丝丝束经气流冷却拉伸,分丝后均匀铺放在成网帘上,形成的长丝纤网经机械、化学黏合或热黏合加固后成为纺黏法非织造材料。

2) 纺黏法生产工艺流程

(1) 切片干燥。目前,占据市场的纺黏法非织造材料的原料基本采用聚丙烯、聚酯、聚酰胺及一些功能性原料如聚乳酸等。这些原料中除聚丙烯外都需要进行切片干燥工序,以去除水分,提高切片的含水均匀性,提高切片的结晶度和软化点,除去切片粉末和粘连粒子,保证纺丝稳定。采用的切片干燥设备有适合小批量、多品种的真空转鼓干燥机及适合大型化与连续化生产的联合式切片干燥设备等。

(2) 熔融纺丝。

a. 将高聚物切片与功能母粒(赋予产品功能性)、着色母粒(赋予产品颜色)按比例混合均匀喂入螺杆挤压机,经挤压、排气、熔融、混合均化后在恒定的温度和压力下定量输出高聚物熔体。

b. 高聚物熔体过滤进入计量泵,通过计量泵精确计量、连续输送,并产生预定的压力,以保证纺丝熔体能克服纺丝组件或阻力,从喷丝孔喷出。

c. 计量泵送来的熔体进入纺丝组件,其由熔体过滤器、熔体分配板、喷丝板、组装套的结合件与密封件等组成。在这里,熔体进行过滤,混合均匀后分配到每一个喷丝孔中,喷出形成均匀的熔体细流,在侧吹风冷却系统作用下形成固态的丝条。不同于化纤生产,纺黏法非织造材料生产一般选用矩形喷丝板,并可根据纤网宽度要求多块拼接,图 2-13 为熔体细流挤出成形示意图。

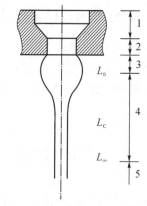

1—入口区 2—微孔区 3—膨化区
4—形变区 5—稳定区

图 2-13 熔体细流挤出成形示意图

如图 2-13 所示,入口区指熔体经过的喷丝孔的喇叭口部分。熔体从较大的空间进入直径逐渐变小的空间内,流速增大所损失的能量以弹性能形式储存在体系中,这种特征称为入口效应。微孔区指熔体在喷丝孔的微孔中流动的区域。在此区域,熔体有两个特点:一是靠近孔壁处流速小,孔中心流速高,存在径向速度梯度;二是入口效应产生的高弹形变大部分保留。膨化区指熔体细流离开喷丝板至丝条直径最大处的区域。由于储存的弹性能释放,熔体出喷丝孔后会出现挤出胀大现象。形变区是纺丝成形过程中最重要的区域,当熔体细流在 $L_0 \sim L_c$ 之间,即在离喷丝板面约 $10 \sim 15$ cm 的距离内,丝条温度仍然很高,这时流动性较好,熔体拉伸细化速度较快;当到达 L_c 以下部分时,温度下降造成熔体细流粘度增大,细化的速度越来越慢,到 L_∞ 时,熔体细度变化基本停止,熔体细流变成了固态纤维,L_∞ 称为凝固点。稳定区内熔体细流固化成为纤维,直径稳定。

(3)气流拉伸。由于通过纺丝形成的初生纤维,其强度低,伸长大,结构不稳定,物理力学性能达不到使用要求,必须经过拉伸,纤维才能具有一定的物理力学性能和稳定的结构,具有优良的使用性能。经过拉伸后纤维大分子沿纤维轴向取向度提高,同时伴有密度、结晶度等其他结构方面的变化,从而使纤维的断裂强度显著提高、延伸度下降,耐磨性和耐疲劳性也明显增加。目前纺黏法通常采用气流拉伸方式,主要包括管式拉伸、宽狭缝式拉伸、窄狭缝式拉伸三种气流拉伸方式。通过高速气流对丝条进行拉伸,拉伸效果主要受拉伸机构,拉伸风风温、风压、风速,冷却条件,高聚物质量,高聚物灰分杂质含量,喷丝板的清洗质量等因素影响。

(4)成网。成网就是将聚合物经熔融纺丝、冷却拉伸后形成的连续长丝分散并铺置在成网帘上,形成均匀的纤网。

a. 分丝工艺。为防止纺丝形成的连续长丝纤维相互粘连或缠结,保证成网的均匀性和蓬松性,需采用一定的方法,使长丝彼此分开。常用的分丝方法有静电分丝法包括强制带电法与摩擦带电法、机械分丝法、气流分丝法。

b. 铺网。铺网就是将经过分丝后的长丝均匀地铺放在成网帘上,形成均匀的纤网,同时保证已铺好的纤网不因外界因素而产生波动或丝束产生飘动,成网帘前进时不会受外界气流影响而产生翻网现象,并消除长丝纤维从前面工序带来的静电。铺网方式可分为四种,即排笔式铺网、打散式铺网、喷射式铺网、流道式铺网,其中排笔式铺网易产生并丝,打散式铺网易出现云斑,而后两种方法铺出的网由于无并丝和云斑,柔软性良好,延伸度高,属于目前应用较多的方法。

(5) 固网。长丝经过成网后得到的纤网还需进行加固才能制成产品。目前纺黏法常用的加固方法为热黏合加固、针刺加固、水刺加固及复合加固。

3) 纺黏法非织造材料的应用领域

由于纺黏法非织造产品由长丝形成的纤网加固而成,且纤维在纤网中随机排列,因此其产品具有良好的力学性能,强度高,各向同性好。目前,纺黏非织造材料广泛应用于:土木水利工程领域,如土工布用于高速铁路、公路、海堤、机场、水库水坝等工程;建筑工程领域,如屋顶防水材料基材、隔热隔声等材料;医疗卫生领域,如手术衣、手术盖布、消毒绷带、尿不湿面料等;以及农业丰收布、工业防护服、过滤材料、家具用布、包装材料、汽车内饰材料、窗帘、墙布等方面。

2.3.2 熔喷法非织造材料

熔喷法非织造材料是将螺杆挤压机挤出的高聚物熔体通过高速高温气流喷吹,使高聚物熔体细流受到极度的拉伸而形成超细短纤维,然后凝集到多孔滚筒或成网帘上形成纤网,最后经自黏合作用或热黏合加固而制成的非织造材料。熔喷法工艺原理如图 2-14 所示。

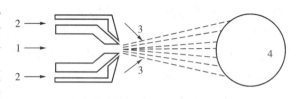

1—高聚物熔体　2—热空气　3—冷却空气　4—收集装置

图 2-14　熔喷法工艺原理示意

1) 熔喷法特点

熔喷法工艺流程比纺黏法还要短,生产效率高;生产出的纤维为超细纤维,纤网均匀度好,手感柔软,适用于制造过滤材料、吸液材料。但纤网强度低,尺寸不稳定因此常与其他材料复合制备产品;熔喷法能耗较大。

2) 熔喷法生产工艺流程

(1) 根据产品要求将高聚物切片(原料以聚丙烯为主)与功能母粒(如稳定剂、增白剂)及着色母粒按比例混合后输入螺杆挤压机。

(2) 螺杆挤压机将喂入的原料熔融成为熔体,过滤后由计量泵将熔体送入熔喷模头组件。根据熔喷工艺原理,其原料的熔融指数比纺黏法高。熔融指数(MFI)指在一定的温度和压力下,熔体在 10 min 内流过标准毛细管的质量,单位为 g/(10 min)。熔喷法聚丙烯切片原料的 MFI 通常为 400～1 600 g/(10 min),而纺黏法聚丙烯切片原料 MFI 通常为 30～40 g/(10 min)。熔融指数不仅反映了高聚物本身的流动性能,而且与其制成的纤维的物理力学性能密切相关。如熔融指数高的聚丙烯切片具有良好的流动性,在其他工艺条件相同的情况下,熔喷法采用高 MFI 的聚丙烯切片,可大幅度降低能耗。

(3) 熔体在熔喷模头组件中经过分配系统,再均匀送入模头,并使每个喷丝孔的挤出量一致。熔喷法的喷丝模头与纺黏法不同,典型的模头结构为喷丝孔排成一直线,上下两侧开有高速气流的喷出孔,如图 2-15 所示。熔体挤出时热空气喷吹并极度拉伸熔体,同时在

029

喷丝板的两侧有大量的室温空气与含有熔体细流的热空气流相混,冷却固化形成超细纤维。

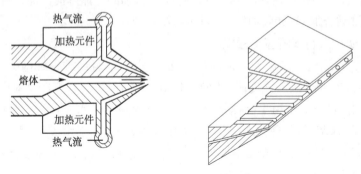

图 2-15　熔喷模头结构示意

在相同的温度、螺杆转速和接收距离等条件下,热气流速度增大能降低纤维直径,使熔喷非织造材料手感由硬变软,纤网密实,强度有所增加,但若气流速度过大,易出现飞花,会严重影响熔喷布表面外观。而两侧喷吹热气流的夹角即热空气喷射角会影响纤网中纤维的分布,当喷射角小时,容易形成平行纤维束,角度增大接近 90°时,纤维在成网帘上成随机分布,纤网的各向同性较好。

在温度不变的情况下,熔喷非织造材料随挤出量增大其强度增大,当挤出量过大时,熔喷非织造材料的强度反而下降,尤其是 MFI 大于 1 000 g/(10 min)时更明显。原因是因为挤出量过高时,热空气拉伸丝条不充分,并丝严重,导致布面黏结纤维减少,从而使强度下降。

(4) 在熔喷法生产中,熔喷模头可以水平放置,也可以垂直放置。如果水平放置,冷却固化形成的超细纤维在一个多孔收集滚筒上成网;如果垂直放置,冷却固化形成的超细纤维在水平移动的成网帘上成网。随熔喷接收距离增大,熔喷非织造材料强度下降,手感变得蓬松、柔软,过滤效率和过滤阻力下降。

(5) 熔喷法纤网的加固根据产品要求,如要求纤网有较蓬松的结构、良好的空气保有率或空隙率等,通过自身黏合作用加固;如只采用自身黏合加固不能达到产品要求则需采用热轧黏合、超声波黏合或其他加固手段。

3) 熔喷非织造材料的应用领域

熔喷非织造材料具有超细纤维结构,其比表面积大,孔隙率大,过滤效率高,过滤阻力低,因此熔喷非织造材料最大的应用领域是过滤材料领域,用于气体过滤、液体过滤、油水分离等方面。医用卫生材料,如外科手术衣及口罩的阻隔层、手术室帷幕、消毒包扎布、尿布、卫生巾等,是目前熔喷非织造产品的另一项主要应用领域,此外,还应用于吸油材料、服装保暖材料、防护服、擦布、电池隔膜材料等方面。

4) 熔喷非织造材料驻极化

熔喷非织造材料由于其本身结构与特点是一种性能优良的过滤材料。一般认为纤维过滤材料的过滤机理是拦截效应、惯性效应、扩散效应、重力效应和静电效应共同作用的结果,由于普通熔喷非织造材料作为过滤材料时与固体粒子之间静电吸附作用较弱,若只考虑前 4 种效应,要提高过滤效率,必须通过减小纤维直径或增加熔喷非织造材料密度的方式,但这会导致其过滤阻力的增大。但若能增加静电效应,则可无需改变原先材料的参数即可获得显著提升的过滤效率,且过滤阻力不变。因此通过对熔喷非织造材料进行驻极化处理,使熔喷材料带上电荷,形成驻极体,如在熔喷工艺中可采用纺丝线上的发射电极,使熔喷纤维带有持久的静电荷。在静电效应的作用下,可以得到过滤阻力不增加,但对亚微米级固体粒子的过滤效率提升很大的驻极熔喷非织造过滤材料。

5) 纺黏熔喷复合非织造材料

由于熔喷非织造材料本身强度很低,单独应用效果不好,常与其他材料复合制备产品。熔喷非织造材料可与各类非织造材料复合,也可与其他材料经过复合加工,制成多功能多层非织造复合材料。在这些非织造复合加工中,纺黏-熔喷非织造复合材料占有很大的比重,即通常所说的 SMS 复合非织造材料(S 代表纺黏非织造材料,M 代表熔喷非织造材料)。纺黏法非织造材料的纤维为连续长丝结构,纤度范围大,与同定量的其他非织造产品相比强度大,各向同性好,而熔喷法非织造材料为超细纤维结构,比表面积大,纤网孔隙小,过滤效率高,蓬松、柔软,过滤与屏蔽性能好,但强度低、耐磨性较差。因此将纺黏与熔喷非织造材料复合,可优势互补,得到的复合材料具有强度高,耐磨性好,同时又具有优异的过滤和屏蔽等性能。目前,纺黏-熔喷复合非织造材料的主要品种有 SMS(纺黏-熔喷-纺黏三层复合),除此以外根据产品使用要求还可生产多层纺黏-熔喷复合非织造材料,如 SMMS、SMSMS 等。

由于纺黏法和熔喷法两种加工技术在原理上非常接近,生产设备也很相似,因此 SMS 复合非织造材料可以分为在线复合、离线复合和一步半法复合三种加工工艺。

(1) 在线复合:将纺黏、熔喷生产线合在一起,安装纺黏-熔喷-纺黏三个喷丝头,成网后直接叠加复合加固,亦称一步法 SMS。

(2) 离线复合:采用纺黏、熔喷两种技术分别制得非织造材料的卷材后,再将卷材分别退卷,以纺黏非织造材料-熔喷非织造材料-纺黏非织造材料的排列形式铺叠放置在复合设备上进行复合加固,亦称二步法 SMS。

(3) 一步半法复合:将一层纺黏非织造材料退卷随网帘送到熔喷区,在线喷出熔喷非织造材料后,再叠加一层纺黏非织造材料,最后通过复合加固工艺制备而成。其综合解决了一步法 SMS 设备投资大的问题及二步法 SMS 不能生产低克重产品的问题。

SMS 复合非织造产品主要应用于医疗卫生领域,如外科手术服、隔离服、外科口罩、手术包布、杀菌绷带、伤口帖、卫生护垫、婴儿尿裤、成人失禁尿裤等;也适合于工业领域,如工作服、防护服及各种气体和液体的高效过滤材料、吸油材料等。

2.3.3　闪蒸法非织造材料

闪蒸法非织造材料是通过高聚物溶液干法纺丝技术,将高聚物溶解在溶剂中制成纺丝液,从喷丝孔中喷出,丝条中的溶剂挥发后固化形成超细纤维,采取静电分丝铺网,经热轧加固后形成的非织造材料。

1) 闪蒸法加工工艺流程

(1) 目前采用的高聚物原料主要是线性聚乙烯,主溶剂通常为二氯甲烷,将高聚物在高温高压的条件下溶于溶剂中形成纺丝液,浓度在 12%～13%,纺丝液经过滤去除杂质。

(2) 在高压下呈均相的纺丝液进入纺丝组件,进入低压室内,溶液发生一定的相分离,形成两液相溶液,从喷丝孔喷出后压力降为常压,溶剂转化为蒸气,与高聚物产生相分离,在喷丝口处迅速膨胀,形成超音速流,高速拉伸高聚物,溶剂快速挥发(经冷凝回收),冷却形成高度取向的超细纤维丛丝。

(3) 通过高压静电场分丝,再通过热轧黏合加固,制成闪蒸超细纤维非织造材料。

2) 闪蒸法非织造材料特点与应用

闪蒸法非织造材料的纤维为超细纤维,线密度一般为 0.1～0.3 dtex,手感柔软,具有优良的防水透气性;产品强度高,与同定量的聚酯或聚丙烯纺黏非织造材料相比,前者的强度分别是后面强度的 1.2 倍和 2～3 倍,而且具有很好的抗撕裂、抗穿刺性能;外观均匀,表面光滑,尺寸稳定性好,不透明度高,可用于印刷。其广泛应用于医用防护材料、包装材料、各种书籍纸、航海图、航空图、户外标语、海报、汽车覆盖布、农用薄膜、温室栽培材料等。

2.3.4 膜裂法非织造材料

膜裂法非织造材料是指高聚物经熔融挤压成膜后,通过机械作用(针裂、开缝或轧纹等),使薄膜形成网状结构或原纤化得到的极薄的非织造材料。其原料多为聚丙烯和聚乙烯,产品厚度一般仅为 0.05～0.5 mm,强度高,弹性好。主要用于叠层加工或热熔黏合中的热熔型黏合介质、医用敷料、垫子面料、包装材料、农用地膜等。

薄膜纤维生产第一步是成形薄膜,一种方法是通过平模熔融挤出形成膜片,随后在冷却辊上或通过水浴冷却;另一种方法是通过环形模头将熔体挤出成型为圆筒状,向它里面吹气,使熔融高聚物的管状薄膜像气球那样膨胀起来而获得拉伸,一直到所要求的薄膜厚度,随后在环状空气帘中冷却,压平,经卷装成形后取下。第二步是在成膜后再进行单轴拉伸,有三种方式:在红外线加热箱、热空气箱或蒸汽加热箱中作长距离拉伸;在热板上作长距离拉伸;在热辊短隙间拉伸。当对薄膜的拉伸超过一定的拉伸比时,薄膜垂直于拉伸方向的横向强度会受损并开始撕裂成相互缠结的细丝。为增大其撕裂或原纤化趋势,开发了无规机械原纤化、受控机械原纤化、聚合物相间原纤化、用发泡剂原纤化的生产工艺。

2.3.5 静电纺非织造材料

静电纺丝技术是目前纳米纤维制造的基本方法之一,通过将几千至几万伏的高压静电场施加在高聚物溶液或熔体上,使其在静电场中流动与变形,经溶剂挥发或熔体冷却而固化得到纳米纤维,在接收装置上形成静电纺非织造材料。

静电纺丝工艺参数主要包括:(1)施加的电场强度,当纺丝机构固定时,它与施加的静电电压成正比;(2)静电纺流体的流动速率,当喷丝头孔径固定时,射流平均速度与其成正比;(3)喷头与收集板之间的距离,收集板可以固定静止或运动(通常为旋转)。

静电纺制备的纤维直径通常达到亚微米级。公开报道称可制出纤维直径为 4 nm 的纳米纤维,纤维直径比常规丝小一两个数量级,比表面积增大几个数量级,纤维比表面积可达 $10\sim20\ \mathrm{m^2/g}$,纤维具有高吸附性。静电纺制成的纳米级纤维非织造材料,可用作生物医用材料、植入器官、组织载体的基础物质。因此,静电纺非织造材料在人造器官、伤口敷料、药物控释、生物化学防护材料、电子纳米器件、传感器感知膜、纤维增强复合材料等方面,都具有很好的发展与应用前景。

2.4　非织造材料加固工艺技术

非织造材料已成形的纤网可通过机械法、热黏合法和化学黏合法进行加固,不同的加固方法对于非织造产品最终的结构有着重要的影响。

2.4.1　机械加固

机械加固指纤网中的纤维在机械外力的作用下通过摩擦、抱合、缠结加固成布,纤维之间柔性缠结,因此具有较好的尺寸稳定性和弹性,机械加固后不影响纤维原有特征。

1) 针刺法加固

(1) 针刺法加固原理。在针刺法加工中,利用三角形截面(或其他截面)的棱边带钩刺的刺针对纤网进行反复穿刺。当刺针穿过纤网时,其上的钩刺将纤网表面和部分里层纤维带入纤网内部,刺针退出纤网时,由于钩刺是顺向的,由刺针带入的纤维束脱离钩刺而留在纤网中,经过反复多次的针刺,相当多的纤维束被刺入纤网,纤维之间互相缠结使原来蓬松的纤网被压缩,形成具有一定强力和厚度的针刺非织造材料。经过刺针的反复穿刺带入的纤维束使纤网形成了成千上万的沿刺针运动方向的纤维簇,像一个个“销钉”贯穿于纤网,与水平纤维缠结形成以纤维簇“销钉”为“节点”的三维网状结构。图 2-16 为刺针示意图。图 2-17 为针刺法的工艺原理示意图。

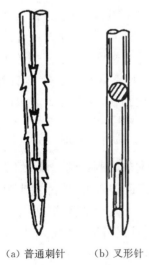

(a) 普通刺针　　(b) 叉形针

图 2-16　刺针示意

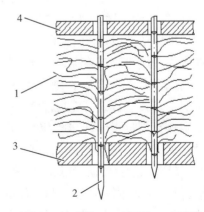

1—纤维网　2—刺针　3—托网板　4—剥网板

图 2-17　针刺法加固的工艺原理示意

(2) 针刺方式。依刺针刺入纤维网的角度,可分为垂直针刺与斜向针刺,如图2-18所示。两者在结构上的区别是垂直针刺的纤维簇"销钉"位于纤网的垂直方向,而斜向针刺的纤维簇"销钉"是斜向插入纤网中,由于斜刺刺针穿过纤网的区域大,纤维缠结的机会更多,因此对于同样厚度的纤网,斜向针刺后纤网的强度更高,断裂伸长较小,尺寸稳定性更好。在实际生产中针刺

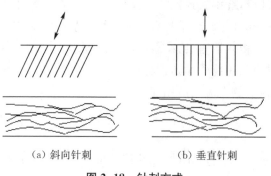

(a) 斜向针刺　　　(b) 垂直针刺

图2-18　针刺方式

方向可以采用向下刺,向上刺或上下对刺,针板可采用单针板、双针板及多针板,以调整产品结构或提高针刺效率。

(3) 针刺主要工艺参数。

a. 针刺密度。针刺密度是指纤网单位面积上受到的针刺数,单位为刺/cm^2,可按式(2-1)计算。

$$D_n = \frac{Nn}{v} \times 10^{-4} \tag{2-1}$$

式中:D_n——针刺密度,刺/cm^2;

　　　N——植针密度,枚/m;

　　　n——针刺频率,刺/min;

　　　v——纤网输出速度,m/min。

植针密度亦称布针密度,指1 m长针板上的植针数,单位为枚/m。植针密度越高,针刺效率越高,对针刺机的材料与机械要求越高。针刺频率指每分钟的针次数,这两个指标是针刺机的重要参数,代表了针刺机的加工与技术水平。

针刺非织造材料的断裂强力、撕裂强力、顶破强力随针刺密度的增加会出现先增大到峰值后再减小的变化趋势,根据纤维原料的不同,其峰值不同。这是因为随着针刺密度增大,纤维间缠结程度增大,针刺非织造材料强力增大;当针刺密度上升到一定值时,由于纤网中的纤维缠结已相当紧密,刺针上的刺钩带动纤维移动就变得十分困难,刺针受力增大,这时既容易造成断针又会发生纤维被大量刺断而发生过度损伤,使得针刺非织造材料强力下降。因此强力高的纤维,针刺密度可大一些,反之则低一些。

b. 针刺深度。针刺深度指针刺时刺针穿刺纤网后突出在纤网外的长度,单位为mm。

纤网在针刺过程中,针刺深度的不同导致作用于纤网内的刺针的钩刺数不同,必须有一定的针刺深度,才能使纤维间滑移达到缠结并获得一定的抱合力,使针刺非织造材料强力增大。针刺深度过浅时,纤维间的缠结不足,达不到产品所要求的强力,但若针刺深度过深,则会损伤纤维,同时增加针刺设备负荷,造成断针。因此随针刺深度的增加针刺非织造材料强力先增大再减小。针刺深度设定应适度,一般针刺深度在3~17 mm。

c. 针刺力。针刺力指刺针穿刺纤网时受到的阻力。针刺力是动态变化的。当刺针开

始刺入纤网时,针刺力增加很缓慢;当刺针逐渐深入纤网时,随着进入纤网的钩刺数增多,针刺力快速增加,直到达到最大值。随着部分纤维断裂及刺针穿出纤网后,针刺力以波动方式逐渐下降。针刺力可间接地反映出针刺过程中刺针对纤维的转移效果和损伤程度,因此,可通过针刺力的测试来进一步研究针刺密度、针刺深度等工艺参数的合理性。

d. 步进量。步进量指针板每刺一刺时纤网前进的量,单位为 cm/刺,可按式(2-2)计算。

$$S = \frac{v \times 100}{n} \qquad (2-2)$$

式中：S——步进量,cm/刺;

　　　v——纤网输出速度,m/min;

　　　n——针刺频率,刺/min。

在植针密度不变的情况下,步进量与针刺密度成反比关系,即步进量增大则针刺密度会减小。在实际生产时应注意这两者的关系,如为保证加工中针刺密度不变,同时又要提高纤网输出速度即增大产量时,必须提高针刺频率加以弥补。

(4) 针刺法加固的非织造材料特点与应用。由于针刺加固的原理是通过纤网中纤维之间产生的抱合力、挤压力、摩擦力等形成产品的强力,纤维缠结后不影响纤维原有特征,而且由于在针刺加工中形成的"纤维销钉"与水平纤维缠结的结构,经过针刺加固的纤网中的纤维呈三维分布,因此生产的产品具有较好的尺寸稳定性和弹性、良好的通透性与过滤性能。针刺产品的风格独特,不仅能生产表面平整的产品,还能生产具有毛圈结构、毛绒结构或几何图案的产品以及管状、环状等立体成型结构的产品。

针刺加固法具有加工流程短,设备简单,投资少,产品应用面广的特点,其主要产品包括家居地毯、汽车内饰材料、土工布、保温材料、过滤材料、造纸毛毯、合成革基布、防水建材基布、隔声材料等。

2) 水刺法加固

(1) 水刺法加固原理。纤网由输网帘送入水刺区,极细的高速高压水流(又可称为高压水针)从正面直接射向纤网,纤维在水力作用下从表面带入网内,纤维之间缠结抱合;当水流穿过纤网射到输网帘上会形成不同方向的反射水流,并作用到纤网反面,又将一部分底层纤维带到上层,纤维进一步缠结。在水针正面冲击和输网帘反弹水流的双重作用下,纤维形成不同方向的无规则的缠结,加固形成得到水刺非织造材料。水刺法加固原理如图 2-19所示。

(2) 影响水刺产品性能的主要因素。

a. 纤维性能。纤维细度越细,长度越长,强度越大,表面光洁度越低,弯曲模量越小,水刺加固得到的非织造产品强度越大。纤维吸湿性有利于水刺加

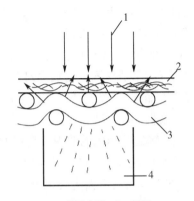

1—高压水针　2—纤网
3—输网帘　4—吸水箱

图 2-19　水刺法加固原理示意

工,扁平截面的纤维比圆截面的纤维在水刺法加工时有更好缠结效果。

b. 水刺工艺参数。水针压力提高,排列密度增大,水刺头数量增多,水刺头与输网帘的距离减小,生产速度降低,会使水刺加固得到的非织造产品的强度增大。当水刺压力与生产速度和产品强度较为匹配时,再提高水刺压力,则产品强度的提高较为困难,而且还会造成产品不匀率的增加。不同输网帘结构会赋予水刺非织造产品不同的外观效果与结构。

(3) 水刺法加固的非织造材料特点。水刺法加固原理与针刺法很类似,水刺中极细的高压水流形成"水针",其作用类似针刺中的刺针。其与针刺法不同的是水刺法加固不会损伤纤维,纤维之间柔性缠结,水刺加固后形成纤维在各个方向无规缠结的三维网状结构。水刺非织造产品在外观上比较接近传统纺织品,具有吸湿、柔软、强度高、悬垂性好、透气性好、低起毛性、外观花样多变的特点。但水刺法加固对水质要求高,需要有专门的水过滤循环处理系统,因此占地面积较大,能耗大,相对比较复杂。

(4) 水刺非织造材料的应用。水刺非织造材料外观效果更接近机织物,即使加工较薄型的产品时,其强度也比同等规格的针刺产品高出数倍,不易掉毛,而且具有优良的柔软性和悬垂性,因此广泛应用于:医疗领域,如外科用罩布、灭菌包布、医用床单、口罩、伤口敷料、手术垫、手术巾、吸液垫等;卫生材料领域,如湿巾、美容面膜、厨房抹布、汽车揩布、干巾、湿厕纸、尿布与卫生巾的表层材料等;服装与装饰领域,如合成革基布、高档服装粘合衬基布、免洗内衣、内裤、袖套、围裙、台布、窗帘布、汽车内饰、床罩等。此外还可应用于屋顶防水材料、蓄电池隔膜、屋内装饰材料、屋顶吸声材料、过滤材料等方面。

3) 缝编法加固

缝编法非织造材料是通过经编线圈结构对纤网进行加固得到的产品。缝编法加固具有工艺流程短、产量高、原料适用范围广,能耗低等特点。其可以在产品上产生花纹效果或形成图案,在外观和织物特性上与传统纺织品非常接近,其强度也较高,单从外观上很难和机织物或针织物加以区别,比其他非织造材料更适合用来制作服装材料和家用装饰材料。

(1) 纤网-缝编纱型缝编。将具有一定厚度的纤网(交叉铺叠纤网或气流成网的杂乱纤网)喂入缝编区,通过缝编机件的相互作用,采用缝编纱形成的线圈结构对纤网进行机械加固而形成非织造材料。由于这种方法只用少量缝编纱,产品的主要材料是纤网,因此成本低,而且纤网采用纤维原料广泛,一些难以用其他方法加固的纤维,如玻璃纤维、石棉纤维等,都可以采用该种方法加固。

(2) 纤网-无纱线型缝编。不用缝编纱,织针直接在喂入的纤网(纤维以横向排列为主)上勾取纤维形成线圈结构加固纤维网形成的非织造材料,这种产品由于没有缝编纱,因此其强力不如纤网-缝编纱型缝编产品,需要通过适当的后整理工艺如涂层、叠层、化学黏合等方法来提高其强力。

(3) 缝编法加固的非织造材料的应用。缝编法加固的非织造材料在服装材料方面主要用于外衣料、童装、保暖材料等,在家用材料方面主要用于台布、窗帘、床罩、毛毯、浴衣和擦布等,在工业材料方面主要用于人造革基布、过滤材料、绝缘材料、包装材料等。

2.4.2 热黏合加固

热塑性高分子材料,当加热到一定温度后软化、熔融,会变成具有一定流动性的黏流体,冷却后又重新固化成固态材料。热黏合加固利用热塑性高分子材料的这一特性,对纤网施加一定热量,使部分纤维熔融流动,纤维间产生黏结,冷却后固化,得到热黏合非织造材料。热黏合加固法制备的非织造产品,由于不用施加化学试剂,有很好的卫生性,非常适于医疗卫生用品的生产和使用。热黏合加固既可单独应用,也可与其他加固方法复合运用以改善产品的性能。热黏合法可分为热轧黏合、热熔黏合、超声波黏合三种工艺。

1) 热轧黏合

热轧黏合是利用一对或两对钢辊或包有其他材料的钢辊对纤网进行加热,同时加上一定的压力,纤网中部分纤维熔融、流动而产生黏结,冷却后加固而成为热轧非织造材料。

热轧黏合是一个非常复杂的工艺过程,在该工艺过程中,发生了一系列的变化,包括热传递过程、形变过程、克莱帕伦效应、流动过程、扩散过程、冷却过程等。

2) 热熔黏合

热熔黏合是指利用烘房对混有热熔介质的纤网进行加热,使纤网中的热熔纤维或热熔粉末受热熔融,熔融的高聚物流动并凝聚在纤维交叉点上,冷却后纤网得到黏合加固而成为热熔非织造材料。

热熔黏合工艺过程包括热传递过程、流动过程、扩散过程、加压和冷却过程。热熔黏合与热轧黏合的主要区别是热熔黏合主要利用热空气或红外辐射对热熔纤维或粉末进行加热,而热轧黏合是利用热轧辊的热传递和辐射传递热量,同时由于轧辊的加压使纤网变形产生形变热,加热加压联合作用。

3) 超声波黏合

超声波黏合是通过换能器将超声波发生器发出 20 kHz 的高频电能转换为高频振动机械能,经过变幅杆振动传递到传振器,将振幅进一步放大到 100 μm 左右。传振器的下方安装有钢滚筒,其表面按照黏合点设计花纹图案,植入许多钢销钉,销钉的直径约为 2 mm,露出滚筒约 2 mm。超声波黏合时,被黏合的纤网或叠层材料喂入传振器和滚筒之间形成的缝隙,纤网或叠层材料在植入销钉的局部区域将受到一定的压力,在该区域内纤网中的纤维材料受到超声波的激励作用,纤维内部微结构之间产生摩擦而产生热量,导致纤维熔融。在压力的作用下,聚合物纤维材料发生流动、扩散,离开超声波作用区后冷却形成超声波黏合非织造材料。

用超声波黏合时,设备上无需加热机件,材料是从里向外熔融,因此能量使用效率高,生产条件大为改善。超声波设备可靠性好,设计简单,易维修,与绗缝机相比,速度快,产量高,黏合缝的强度比较高,洗涤后无缝线收缩的缺陷。

4) 影响热黏合加工的工艺参数

(1) 热轧黏合工艺参数。热轧黏合工艺参数中,黏合温度、轧辊压力和生产速度等对热轧黏合非织造材料的性能有很大影响。

a. 黏合温度。黏合温度的选择主要取决于纤维软化熔融温度。随温度上升,纤维熔融流动黏结增加,热轧黏合非织造材料强度增大,温度继续增高,会使热熔纤维原有结构遭到破坏,导致热轧黏合非织造材料强度下降。黏合温度越高,热轧黏合非织造材料的收缩率越大,刚度增加。

b. 轧辊压力。轧辊压力使纤网变形,增加对纤网的热量传递,促进熔融纤维的流动,有利于形成良好黏合。随压力增大,热轧黏合非织造材料强度增大,压力继续增大,黏合区纤维物理特性破坏,热轧黏合非织造材料强度下降。压力的选择取决于纤网厚度、纤维种类等因素。

c. 纤网定量。纤网定量直接影响黏合温度和黏合压力的选择。一般来说,纤网定量越大,相应的黏合温度和压力也越高。

d. 生产速度。在一定的黏合温度和压力下,热传递时间主要取决于生产速度。随着生产速度的提高,热传递时间缩短,将对黏合效果产生一定影响。

e. 刻花辊轧点尺寸和数目。轧辊的花纹影响热轧黏合产品的强度,轧点的尺寸和数目影响黏合面积。随着黏合面积增加,产品强度也增大。轧点的尺寸还会影响产品的柔软性,轧点增大,产品的柔软性变差。

f. 冷却速率。冷却速率会直接影响纤维微观结构的形成,从而对纤维和产品的性能产生影响。当冷却速率增大时,热轧黏合产品强度增大。冷却速率过大,热轧黏合产品易产生应力,使得强度减小。

g. 黏结纤维含量及性能。随着黏结纤维含量增加,产品强度增大。但如果黏结纤维的强度明显低于主体纤维,那么黏结纤维含量超过某一临界值,产品强度会降低。

(2)热熔黏合工艺参数。

a. 热熔纤维特性。相对于单组分热熔纤维,双组分热熔纤维如 ES 纤维,其热熔黏合温度范围较大,热收缩较小,因此加工中烘房温度控制较方便,制成的产品尺寸变化小,强度高,有利于高速生产。

b. 热风温度、热风穿透速度和加热时间。热风温度设定一般取决于纤网中热熔纤维的熔点。随着热风温度提高,纤网中热熔黏结效果变好,产品强度增大。热风温度过高时,会引起热熔纤维结构的破坏,产品强度下降。

热风穿透速度的设定一般取决于纤网的面密度,穿透速度高,施加到纤网上的热量多,产品强度增大。但过高的穿透速度会破坏纤网结构,使得产品强度下降。

纤网的加热时间与热风温度、热风穿透速度有关。产品强度保持一致的前提下,若热风温度、穿透速度增加,加热时间可相应减少。

c. 冷却速率。由于冷却速率影响纤维微观结构的形成,其对于所制备的产品强度有明显的影响。存在一个优化范围,冷却速率超出此范围制备的产品强度都会减小。

5) 热黏合加固的非织造材料特点及应用

热轧黏合有三种工艺方式,各适用于制备不同种类的产品。

(1)点黏合工艺。指热轧黏合时采用一对钢辊(一根为刻花辊,另一根为光辊)进行热轧,因此热轧后纤网中仅有刻花辊轧点区域被黏合加固,其余区域为未黏合区,纤网仍保持一定的蓬松性,因此产品的手感较好。适用于生产用即弃卫生产品如手术衣帽、婴儿尿布、成人失禁垫等的包覆材料、服装衬布、鞋衬、台布、擦布、地板革基布。

(2)面黏合工艺。指热轧黏合时采用两对钢辊(第一对加热光钢辊在上,棉辊在下,第二对加热光钢辊在下,棉辊在上)进行热轧,分步对其上、下表面进行黏合加固。适用于生产婴儿尿片包覆材料、药膏基布、胶带基布及其他薄型非织造材料。

（3）表面黏合工艺。指针对厚重型非织造材料进行热轧，目的主要对非织造材料的表面进行轧光处理。适用于生产过滤材料、合成革基布、地毯基布和其他厚重型非织造材料。

热熔非织造材料具有蓬松度高、弹性好、手感柔软等特点，适用于生产防寒服、被褥、婴儿睡袋、床垫、沙发垫、过滤材料、隔声材料、减震材料、汽车成型地毯、服装衬里等。

超声波技术适用于生产保暖材料、手术衣、口罩、环保购物袋的缝制及地毯切割等。

2.4.3　化学黏合法加固

化学黏合法非织造材料是将化学黏合剂施加到纤网上，通过黏合剂的黏合作用使纤维之间互相黏结，固化后纤网加固而制成的非织造材料。常用的黏合剂有聚丙烯酸酯、乙烯-醋酸乙烯共聚物、丁苯乳胶、丁腈乳胶、聚氨酯等。化学黏合法生产具有工艺简便、设备简单、成本低、易操作等特点，是非织造生产中应用历史最长、使用范围最广的一种纤网加固方法。但由于某些化学黏合剂对健康及环境有一定的副作用，近年来这种加固方法的应用受到了限制，随着各种绿色环保型化学黏合剂的开发，为化学黏合法非织造材料的发展提供了新的发展机遇与广阔的发展空间。

化学黏合法根据施加黏合剂的不同工艺，可分为浸渍法、喷洒法、泡沫法、印花法。

1）浸渍法

浸渍法是化学黏合法中应用最早的一种方法，也称饱和浸渍法。它是将纤网喂入装有黏合剂的浸渍槽中，浸渍后经过一对轧辊或吸液装置除去多余的黏合剂，再通过烘燥装置使纤网得到固化的方法。

浸渍黏合法产品特点是手感较硬，适宜做衬布、磨料、包装材料。若采用真空吸液代替轧辊挤压，或经真空吸液后用轧辊轻轧，会使产品具有更好的膨松性和弹性，适宜用即弃卫生材料。

2）喷洒法

喷洒法是使用喷头向纤维网喷洒黏合剂，然后进入烘房加固的方法。喷头可采用气压式喷头和液压式喷头。气压式喷头采用空气为传送介质，因为气流会破坏纤网的均匀度，故适用于已经初步加固的纤网。液压式喷头采用静压力控制分散喷出的雾粒，黏合剂喷洒较均匀。喷头的安装和运动方式直接影响黏合剂的均匀分布。喷洒方式主要包括多头往复式、多头固定式、多头旋转式、椭圆轨迹式。

喷洒黏合法主要用于制造高蓬松、多孔性的保暖絮片、过滤材料等产品，其中最典型的产品是喷胶棉。

3）泡沫法

泡沫法采用发泡剂和发泡装置将黏合剂溶液制成泡沫状态，采用涂刮或轧压等方式将泡沫黏合剂施加到纤网上，待泡沫破裂后释放出黏合剂，黏合剂微粒在纤维交叉点成为很小的黏膜状粒子沉积，使纤网黏合加固后形成多孔性结构的非织造材料。这种黏合方式可适当提高黏合剂溶液的浓度，不仅减小了黏合剂在烘燥中泳移的可能性，还能降低烘燥能耗，具有显著的节水、节能、节约化学试剂的特点。

与浸渍法相比,泡沫法中,黏合剂分布均匀,用量少,纤网增重少,不易使纤网变形,产品具有多孔性,比较蓬松、柔软,悬垂性好。

4) 印花黏合法

印花黏合法指采用花纹辊筒或圆网印花滚筒施加黏合剂,再烘干加固的方法。该工艺只用少量黏合剂,就能有规则地分布在纤网上,即使黏合剂的覆盖面小,也能得到一定的成品强度。黏合剂的分布范围在工艺上可由印花辊筒的雕刻图形、雕刻深度、黏合剂浓度来进行调节,若在黏合剂中加入染料,能在黏合加固的同时进行印花。

印花黏合法适宜于制造定量 $20\sim60\ g/m^2$ 的非织造材料,产品手感柔软,透气性好,成本低廉。但与浸渍黏合法产品相比较,产品强度较低,不适合加工厚型产品,产品主要用于医疗卫生用品、揩布,桌布、窗帘等。

2.5 非织造材料后整理

非织造材料后整理是提高非织造产品附加值的一项关键加工过程。纤网经过加固形成非织造材料后,通过后整理可以改善非织造材料手感与外观,提高产品使用性能,赋予产品特殊的功能,有效提高产品的差异化水平和档次。因此研究开发非织造材料后整理技术与工艺,对于提高非织造材料技术水平和附加值,拓展非织造应用领域,促进非织造产业转型升级具有重要意义。

2.5.1 常规整理

1) 热收缩整理

热收缩整理利用非织造材料热收缩时产生的密度增加,提高非织造材料定量、强力及增加紧密度。经常应用于针刺毡、合成革等产品加工中,在合成革产品生产中可用于剖层加工。热收缩整理可分为干态和湿态两种方式。干态热收缩整理用于主要原料为合成纤维的非织造材料,若原料中有高收缩性纤维,则收缩效果更佳。干态热收缩整理可采用平幅烘燥机、圆网烘燥机或短环烘燥机,在烘燥机的进口处应采取超喂方式将非织造材料输入烘燥热处理区。湿态热收缩整理应用于主要原料为天然纤维的非织造材料,当非织造材料通过热水浴进行收缩后进行挤压,然后在松弛状态下进行烘燥。为了节省烘燥能耗,可采用蒸汽进行收缩加工。

2) 柔软整理

由于有些非织造材料的手感粗糙、悬垂性较差,会限制产品在某些方面的用途。为了拓宽产品的应用领域,可采用机械方法或化学方法进行柔软整理,前者通过对非织造材料进行揉搓或压缩,降低产品的刚性使其柔软,后者采用柔软剂的作用来降低纤维间的摩擦因数以获得柔软效果,柔软剂可以采用一种,也可采用两种以上协同作用。

3) 轧光、轧花整理

非织造产品如合成革基布、衬布、过滤材料、鞋衬等,需要表面平整、厚度均匀、材料有一定的紧实度,可通过轧光机进行轧光整理,通过热轧使非织造材料降低蓬松度,表面轧平,厚度均匀。

轧花整理使非织造材料表面获得浮雕状或其他效果的花纹,以改善外观,还能使产品柔软,改善手感。主要适用于装饰材料、墙布、地毯、合成革、床单、台布等。采用一对由刻花辊与棉辊组成的轧辊,根据刻花辊表面的轧纹如细格状、框形、点纹等,通过热轧使产品表面产生相应的凹凸花纹。

4) 剖层、磨绒、烧毛整理

类似于制革工业的牛皮、猪皮等皮革可以进行剖层加工,将一张皮剖成多层薄皮。非织造材料也可进行剖层,主要应用于采用针刺加固并经胶乳浸渍的密实、强度高的产品,可制成鞋内底革、鞋面革、箱包革等。当作为鞋面革用时其表面需要进行涂层上光等整理。

采用在辊子上包有刚玉磨料的磨皮机对合成革剖层进行磨绒。可通过选择粗砂、细砂磨料获得合成革表面所需的效果。加工后的产品,手感柔软,悬垂性好,外观很像麂皮绒。

烧毛用于将非织造材料的表面凸出的纤维去除,主要用于过滤材料的表面处理。通过烧毛整理,非织造材料表面光洁平整,易清灰。

2.5.2 功能性整理

1) 拒水拒油整理

非织造材料由于其结构具有多孔性特点,因而在有压力的水或油液中,很快会被水或油液渗透。为防止非织造材料被水或油液渗透,需进行拒水拒油整理。实现这些功能的基本途径是降低材料表面张力,拒水整理采用浸渍、浸轧或者涂覆的方式,在产品上施加具有特殊分子结构的整理剂,以物理、化学方式与纤维结合,改变纤维表面层的组成,使其临界表面张力降低至不能被水润湿,即小于水的表面张力 72×10^{-3} N/m。若整理后产品的临界表面张力降得更低,其既不被水润湿也不能被常用的油类润湿,则称为拒水拒油整理。而油类表面张力一般为 20×10^{-3} N/m,如要实现拒水拒油性,需要采用整理剂施加到非织造材料上,使整理后的产品临界表面张力小于油的表面张力。常用于非织造材料的拒水整理剂包括石蜡类、烷基乙烯脲类、有机硅类、脂肪酸锆盐、高级脂肪酸衍生物吡啶盐、烷基烯酮二聚物和含氟化合物等。含氟化合物中的—CF_3 基团具有最低的临界表面张力 6×10^{-3} N/m,随着官能团中"F"被"H"取代,其临界表面张力也成倍增加,如—CF_2H 基团的临界表面张力为 15×10^{-3} N/m,—CH_2—CF_3 基团的临界表面张力达 20×10^{-3} N/m。目前只有采用有机氟化合物才能实现防油功能,工业化的含氟聚合物拒水拒油整理剂以含氟烃基的丙烯酸酯,或含甲基丙烯酸酯的乙烯类聚合物等为主。

拒水拒油整理是利用具有低表面张力的整理剂沉积在纤维表面,使非织造材料不会被水及油所润湿,但非织造材料仍保持着大量孔隙,使得其既能具有良好的拒水拒油性,又具有一定的透气性和透湿性,同时手感和风格基本不受影响。如应用于医疗防护的非织造材料,如"三抗"医用材料(抗酒精、抗油和抗血浆)、杀菌绷带、伤口贴,作为防护用品能阻隔细菌、液体渗透,提高医用产品的安全性能。此外在汽车内饰、户外防护用品、家庭装饰领域方面也有广泛的应用。

2）亲水整理

由于在医疗卫生、服装、制鞋、工业用材料、电池隔膜等领域应用的非织造材料,对其吸水性有较高的要求,而非织造材料的原料多为疏水性的合成纤维,因此在加工此类产品时通常需要通过物理或化学方法,将具有亲水功能的整理剂覆盖在纤维表面,使其形成亲水膜,从而改变非织造材料的亲水性能,即亲水整理。亲水整理的实质就是提高非织造材料的表面张力,降低其与水的接触角。

亲水整理常见的整理剂主要有聚酯类、聚酯聚醚类、混合型聚酯类、丙烯酸类、聚胺类、环氧类、聚硅氧烷类和聚氨酯类等。不同的亲水整理剂因其结构特点不同赋予非织造材料不同水平的亲水能力及耐久性。如聚环氧乙烷与聚对苯二甲酸乙二醇酯的嵌段共聚物是适用于涤纶的亲水整理剂,可在涤纶表面形成连续的亲水薄膜,其中聚酯链段在高温下可以和涤纶产生共熔共结晶,获得一定的耐久性。聚醚型聚酯嵌段共聚物也有类似的性质。聚氨酯类亲水整理剂是在使用过程中整理液发生进一步的化学反应,生成物在非织造材料上沉积并交联,形成了表面能较高的薄膜以提高亲水性能。通过增加表面活性剂成分提高亲水整理效果,如采用烷基磷酸酯钾盐等阴离子表面活性剂与聚醚-硅氧烷等多种组分复配,可提高聚丙烯非织造材料的透水速度,改善材料的亲水能力。

3）抗静电整理

合成纤维制备的非织造材料,由于吸湿性和导电性较差,在加工或使用过程中容易积聚静电,造成灰尘吸附、油渍沾污。而且积聚的静电会因放电而产生火花引起火灾等,因此在特定的应用领域需对非织造材料进行抗静电整理,抑制、减少静电产生或加快静电逸散的速度。抗静电功能整理按其效果的持续时间,可分为暂时性和持久性抗静电整理。暂时性抗静电整理的目的主要是提高非织造材料的亲水性,从而改善其抗静电能力。常用的抗静电剂包括烷基磺酸盐、硫酸盐、高级脂肪酸盐、羧酸盐及磷酸酯或有机磺酸酯等。这类化合物能提高非织造材料表面吸湿能力,改变纤维表面的导电能力,实现其抗静电效果,但耐久性差,适合"用即弃"类非织造产品。而持久性抗静电整理主要通过将持久性抗静电整理剂接枝或交联在非织造材料的纤维上,或在加工中混入一定比例的导电纤维的方法,提高其抗静电性能。常用的抗静电剂包括聚丙烯酸酯类、聚胺类等,以达到持久的抗静电能力。抗静电整理主要应用于非织造防尘服、无菌衣、防爆服以及电子仪表等领域的产品。

4）阻燃整理

采用阻燃整理剂整理非织造材料,降低其燃烧性和火焰蔓延的趋向,使非织造材料离开火源后能很快自熄,不再燃烧或阴燃。在装饰类材料、交通工具等领域使用的非织造材料通常对阻燃性能都有较高的要求。可以将阻燃整理剂沉积于非织造材料孔隙中或覆膜于其表面,制得具有阻燃功能的材料。目前使用的阻燃整理剂有暂时性和持久性两类。暂时性整理剂如硼酸盐、硫酸铵等盐类化合物,用于交通工具上的座椅靠垫;持久性整理剂如十溴二苯醚、氧化锑、磷酸酯等则可整理需要持久阻燃性要求的防护服、地毯、墙布等产品。研究表明石墨烯具有稳定的结构和极佳的导热性,将其添加到阻燃整理剂中能很好地加强阻燃效果。阻燃剂种类繁多,常组合使用,起阻燃效果的元素主要有氯、溴、氮、磷、硫、锑、

铋、铝、硼等,纳米无机阻燃剂、高分子溴/磷系阻燃剂、无卤膨胀型阻燃剂是阻燃剂的主要
技术发展方向。

5) 抗菌整理

由于致病微生物繁殖速度快,会给人体健康带来巨大的威胁。抗菌整理可阻止细菌在
非织造材料表面的繁殖,赋予材料卫生、清新,防止产生臭气,控制细菌污物的产生,同时防
止对皮肤造成刺激。评价抗菌整理效果既要考虑抑菌数据,更要评估其对人体安全性的威
胁,尤其是长期潜在的危害。抗菌产品在服饰用产品、家用纺织品以及医疗卫生、宾馆、汽
车用纺织品等各个领域需求量巨大,近年来成为一项非常重要的功能性整理。抗菌整理剂
一般可分为有机、无机、生物抗菌剂以及复合型抗菌剂。有机抗菌剂包括有机酸、脂、醇、酚
类物质,无机抗菌剂包括二氧化钛、氧化锌、沸石、稀土等多孔性物质以及银、铜、锌等金属
及其离子化合物,生物抗菌剂主要是从动植物体内提取或经微生物发酵产生的如黄连素、
四环素等,复合型抗菌剂如壳聚糖-银离子抗菌剂,利用有机抗菌剂与无机抗菌剂的复合功
能增强抗菌性能。由于无机抗菌整理剂的各项性能优异,在抗菌型非织造材料中得到了
广泛应用,近年来制备的纳米掺杂 TiO_2 光催化抗菌剂特点明显,经过其整理后的非织造
材料不但抗菌效果突出,而且耐洗涤,耐热性好,解决了无机抗菌剂与纤维结合力差的
问题。

6) 金属化整理

非织造材料的金属化整理是指采用真空镀、化学镀、电镀、涂层等技术将金属以粉末或
原子、分子、离子状态,集聚于非织造基材表面,赋予基材导电能力的整理工艺。该项整理
使基材不仅能保持原有风格和特性,还能具备多种特殊功能,如抗静电、电磁屏蔽、导电、降
噪、抗菌、反射、吸收紫外线和红外线等。

金属化整理后的非织造材料作为服装面料能产生闪光效应,呈现五彩缤纷的珠光,特
别适用于制作各种舞蹈、表演服装,其具备的多功能性使其可用于各种防护服(如防热辐
射、防金属飞溅等)。在装饰领域,其可用于汽车车罩,具有抗辐射、抗油污、隔热等多种功
能,满足高档型轿车的需求。还可制作功能性窗帘、帷幕、沙发套等,既能提供独特的色彩
风格,还具有防辐射、遮光、降噪、保温等功能。在产业领域,可制作电子设备的电磁屏蔽材
料、微波(雷达波)反射材料、低压电的低温发热材料、食品微波加热包装袋、安全防护材料、
隔热罩、焊工安全屏、管道包扎物、热气球、红外线反射材料、食品输送袋、包装袋、游泳池和
游乐场凉棚、农用遮光罩、压敏胶标签等。用于医疗卫生领域,如镀银非织造材料可用于促
进伤口和骨折的愈合,且具有优良的抗菌性。

7) 微胶囊整理

微胶囊指用一些天然或合成高分子材料作为壁材,将功能性整理剂作为芯材,通过化
学或物理方法将芯材包覆封闭制成直径为 $1\sim500\ \mu m$ 的固体微粒产品,在适当的条件下芯
材可释放出来的胶囊状产品。其优越性在于可以延长整理剂的释放时间,获得持久的功能
性,效果比液体功能整理剂好。该项技术始于 20 世纪 30 年代,随着微胶囊技术的发展,其
在非织造材料上也得到了广泛的应用。如采用相变微胶囊整理,利用芯材的相变蓄热调温
能力改变环境温度,常用于家庭装饰、汽车材料、园艺花卉的调温地板及顶棚材料。可通过

制作各种香味(如茉莉、玫瑰、薰衣草、檀香等)的微胶囊整理剂、防蚊微胶囊整理剂及维生素 A、E 等微胶囊整理剂对非织造基材进行整理,解决了整理剂的高挥发性、易氧化性和难于直接通过普通后整理附着于基材上的问题,具有持久与稳定的应用效果。还可将具有变色特性的材料制备成微胶囊对非织造基材进行整理,得到可根据环境温度或光照变化等实现变色的产品,用于装饰材料、警示材料等。

2.5.3 涂层

涂层加工是在非织造材料的表面均匀地涂上高分子聚合物,该高分子聚合物一般不渗入基材内部,而是在其表面形成连续的薄膜,从而使基材的外观与风格发生改变如制备合成革用于箱包、包装袋、鞋材等,或产生新的功能如防雨、防风、防寒、防污、防火、防辐射、耐热、耐化学药品、杀菌消炎等功能,可用于土工膜、农用地膜、篷盖材料、医用手术服、防病毒隔离服、遮光窗帘等。涂层剂主要包括聚丙烯酸酯、聚氨酯、聚氯乙烯,合成橡胶等。

2.6 非织造材料复合技术

非织造材料复合技术包括非织造材料和非织造材料、非织造材料和传统纺织材料(机织布和针织布)、非织造材料和其他各类材料(如塑料、橡胶、金属膜等)的复合加工。还包括各种非织造材料加工方法间的复合,即将各类非织造加工方法适当组合,包括纤网复合、固网复合、后整理复合等。复合产品多种多样,可根据产品的用途和性能要求进行结构设计,选用适当的组合,开发出具有特色的多种产品。如纤网复合中可以将长丝直接成网与各种短纤成网法包括熔喷成网、梳理成网、湿法成网、浆粕气流成网等制备的纤网在线复合,得到不同特性的复合产品;也可采用各种成网方法制备出的产品进行离线复合,使生产灵活性加强,更适合多品种、小批量的产品加工生产。固网复合是在纤网固网加工阶段以两种以上固网方法复合应用,如针刺、热黏合、化学黏合、水刺进行组合加固,发挥各种加固方法的优势,以取得较好的固网效果。整理复合是在产品整理加工中采用多种产品整理手段的复合加工,以使产品增加功能,性能更加完善,提高非织造产品的性能,扩大非织造材料的应用领域。近年来,通过非织造材料复合技术的发展,使得非织造产品用途越来越广,功能性及种类也越来越多,广泛应用于服装、装饰、产业领域,产品已成为从航天军工到日常生活,从工业到农业不可缺少的材料。

参考文献

[1] 柯勤飞,靳向煜.非织造学[M].3 版.上海:东华大学出版社,2016.
[2] 郭秉臣.非织造材料与工程学[M].北京:中国纺织出版社,2010.
[3] 李慧霞.非织造功能性整理技术及整理剂的发展现状及趋势展望[J].纺织导报,2019(10):92-96.
[4] 郭合信.纺黏法非织造布[M].北京:中国纺织出版社,2003.

［5］刘造芳,张得昆,张星,等.玻璃纤维湿法非织造墙纸的涂层工艺研究[J].西安工程大学学报,2018,32
　　(1)：6-12.

［6］贾芳.玻璃纤维湿法非织造墙纸的研制及性能测试[D].西安：西安工程大学,2017.

［7］焦晓宁,刘建勇.非织造布后整理[M].北京：中国纺织出版社,2008.

［8］刘元新,春育.非织造布后整理工艺及设备的新进展[J].纺织导报,2018(10)：86-91.

［9］张庆.非织造布的功能性整理[J].产业用纺织品,2008(7)：32-36.

第3章　非织造材料的结构参数及测试

非织造材料的物理、化学和机械性能取决于非织造材料的结构及其组成其材料的性能。在保持材料组成不变的情况下,非织造材料的性能变化完全取决于非织造材料结构参数的变化。非织造材料的关键结构参数主要包括非织造材料的厚度、单位面积质量、材料密度、材料的均匀性、孔隙率、孔径及孔径分布、纤维取向分布等。其中,非织造材料的单位面积质量、厚度、均匀度和回潮率有时也被称为非织造材料的特征指标。

3.1　非织造材料单位面积质量及测定

3.1.1　单位面积质量

非织造材料单位面积质量是指 $1\ m^2$ 非织造材料所具有的质量,也称为定量或克重。单位为克每平方米(g/m^2)。

单位面积质量是非织造产品最重要指标之一,它反映了非织造产品的原料用量的多少,对非织造材料性能有直接的影响,单位面积质量的大小跟产品的用途及性能要求紧密相关,有些产品的单位面积质量很小,而有些却很大,它跟产品的厚度、质量、强力、透气性能等直接相关。表 3-1 是常用的非织造材料单位面积质量大致范围。

表 3-1　常用非织造材料定量大致范围

用途		定量/($g\cdot m^{-2}$)	用途		定量/($g\cdot m^{-2}$)
土工布	普通	150~750	擦拭布	揩尘布	100
	铁路用	250~700		地板揩布	15~80
	水利用	100~500		医用揩布	60~80
过滤材料	汽车过滤	140~160	絮片	普通	100~600
	纺织过滤	350~400		针刺棉	80~400
	冷风机	100~150		热熔棉	50~400
	医用过滤	100~350		太空棉	80~260
	过滤毡	800~1 000		无胶软棉	40~100
	超细纤维滤材	10~100	衬布	普通	25~70
包覆用非织造材料	普通	15~25		胸衬	50~120
	地毯底布	90~150		胸罩衬	50~70
	贴墙布	70~90		鞋帽衬	60~80

3.1.2　单位面积质量的测定

1) 原理

测定试样的面积及质量,计算转换为每平方米质量,单位为克每平方米(g/m^2)。

与其他纺织品相比,非织造材料在结构和性能方面都有较大的差异,因此,非织造材料单位面积质量的测量不同于普通纺织品的测量,它需要特定的取样程序、特定的试样尺寸和更高的天平精度。国家标准 GB/T 24218.1 及 GB/T 13762 规定了非织造布和土工布单位面积质量的测定方法。

2) 测试方法

(1) 仪器与用具。样板或划样器或剪刀,钢板尺(分度值 1 mm),天平(感量:误差范围在测量质量的 $\pm 0.1\%$;0.001 g(土工布))。

(2) 取样。样品的裁取位置应距布端 1 m 以上且距布边 100 mm 以上。取样时,同一项试验的样品应避免 2 个或 2 个以上的样品在相同的纵向或相同的横向方向上裁取。切割时应沿着卷装的长度和宽度方向进行,并在长度和宽度方向均匀取样。

一般非织造材料试样采用圆形或矩形,试样面积至少为 50 000 mm^2(250 mm × 200 mm),且每个样品上至少取 3 个试样,若需求变异系数,试样数量至少 5 个。土工布试样一般采用圆形或矩形,试样面积至少为 10 000 mm^2(100 mm × 100 mm),每个样品上取 10 个试样,求出算术平均值和变异系数。试样尺寸精度 0.5 mm。

(3) 基本测试步骤。

a. 调湿。试验前样品应在标准大气(二级标准大气)条件下调湿,直至平衡,即每隔 2 h 样品称重差异不超过 0.25%,然后按要求裁取试样。

b. 称量。在标准大气环境下对每块试样放在天平上称重,记录称重值。

(4) 试验结果计算。计算每块试样的单位面积质量 w_i 及平均值 $\bar{w}$,结果保留 2 位小数。同时还要计算出变异系数即 CV,以反映试样的质量不均匀情况。计算公式如下:

$$w_i = \frac{m_i}{A} \tag{3-1}$$

$$\bar{w} = \frac{\sum w_i}{n} \tag{3-2}$$

$$\sigma = \sqrt{\frac{\sum_{i=1}^{n}(w_i - \bar{w})^2}{n}} \tag{3-3}$$

$$CV = \frac{\sigma}{\bar{w}} \times 100\% \tag{3-4}$$

式中:w_i ——第 i 个试样的单位面积质量,g/m^2;

　　　m_i ——第 i 个试样的质量,g;

　　　A ——样品面积,m^2;

$\bar{w}$ ——试样的平均单位面积质量，g/m²；

n ——试样个数；

σ ——均方差；

CV ——变异系数，%。

3.2 非织造材料的厚度及测定

3.2.1 厚度

非织造材料的厚度是指在承受规定的压力下材料的两表面间的垂直距离，单位为 mm。

厚度是评定非织造材料外观性能的主要指标之一，影响到非织造材料的各种性能。不同类型、不同用途的非织造材料厚度不同，同一种类的非织造材料也有不同的厚度。与机织物厚度测量相比，测量非织造材料厚度需要不同的取样程序，测试普通型、蓬松型、厚型非织造材料需要特定的压力、特定的压脚尺寸，记录压力和读数的时间更短。

按厚度的不同，非织造材料分为厚型或薄型非织造材料两种。最薄的定量可达 2 g/m²，特薄产品的厚度可达 0.06 mm，而厚型的定量可达 1 000 g/m²，厚度达 10 mm，甚至几十毫米。表 3-2 给出了常用非织造材料的厚度。

表 3-2　几种非织造材料的厚度

产品	厚度/mm	产品	厚度/mm
空气净化滤材	10,35,40,45,50	针布毡	3,4,5
纺织滤尘材料	7～8	干电池隔膜布	0.1～0.2
冷风机滤料	2～3	非织造墙布	0.12～0.18
药用滤毡	1.5	土工布	2～6
丰收布	0.13～0.15	鞋帽衬	0.18～0.3
帐篷保温布	5	—	—

3.2.2 厚度的测定

1) 原理

将非织造材料放置在水平基准板上，用与基板平行的压脚对非织造材料施加规定的压力，测试基板与压脚之间的垂直距离试样的厚度。

在不同的测试标准中，定义了普通非织造材料、厚型非织造材料及蓬松型非织造材料的厚度的测量方法，对试样压脚面积、压力、测试读数时间等规定了不同的值，因此，测试非织造材料厚度时，首先要确定它是哪种类型，然后再根据不同类型对应的测试条件和方法进行测试。国家标准 GB/T 24218.2 及 GB/T 13761.1 规定了非织造布和土工布厚度的测定方法。

2）测试方法

厚度测试时,首先要确定非织造材料的类型(蓬松型、常规型、土工布),不同的类型厚度测试方法有所不同。

蓬松型非织造材料:指当非织造材料所受的压强从 0.1 kPa 增加至 0.5 kPa 时,其厚度的变化率达到或者超过 20% 的非织造材料。

常规型非织造材料:除蓬松型以外的非织造材料。

测试厚度时,常规型非织造材料在 0.2 kPa 压强下测试,蓬松型非织造材料在 0.02 kPa 压强下测试,厚度均匀的聚合物土工布、沥青防渗土工膜在 20 kPa 压强下测试,其他土工材料在 2 kPa 压强下测试。对于蓬松型非织造材料厚度测试,还要区分厚度最大是 20 mm 及厚度在 20 mm 以上,厚度最大是 20 mm 的试样建议垂直悬挂试样进行测试,厚度大于 20 mm 的试样建议水平放置试样进行测试。

(1) 仪器。常用的厚度测试仪器是织物厚度仪。图 3-1 是一种常用的织物厚度测试仪,它的基准板直径大于压脚直径 50 mm。可上下移动的压脚导杆连接在一个电子百分表上,用来测试材料的厚度,测试精度 0.01 mm,可以更换不同大小面积的压脚,压脚上可以施加不同质量的砝码,根据测试方法选择规定面积的压脚和压力,按规定进行测试。

图 3-2 是一种手持式厚度测试仪。手持式厚度测试仪便于携带,可在生产现场方便地进行测试,但一般不能调整压脚面积和压力等,难以满足相关测试标准要求。这种厚度测试仪器实际上也使用一个百分表来实现厚度的测量。百分表是利用精密齿条齿轮机构制成的表式通用长度测量工具。

图 3-1　织物厚度测试仪　　　　　　图 3-2　手持式厚度测试仪

(2) 试样。取样 10 块,面积不小于压脚面积,也可不裁样,取较大的一块样品,以不影响操作为前提,测试点均匀分布,测 10 个部位。测试前样品先要在标准大气条件下按规定进行调湿处理。

(3) 基本测试步骤。

a. 调湿。试验前样品应在标准大气条件下调湿,直至平衡。在标准大气环境下进行测试。

b. 仪器准备。清洁厚度测试仪的基本板和压脚,压脚的面积为 2 500 mm²,检查压脚导杆上下移动灵活,进行校零操作,使压脚压到基准板上时厚度指示表读数为0。

c. 预试验。确定非织造材料的类型。试样所受的压强从 0.1 kPa 增加至 0.5 kPa 时,其厚度的变化率达到或者超过 20% 的为蓬松型非织造材料,否则为常规型非织造材料。试样首先在压强为 0.1 kPa,加压 10 s 后,记录试样厚度,测 10 块;然后在压强为 0.5 kPa,加压 10 s 后,记录试样厚度,测 10 块,计算试样厚度变化率。目测可以直接确定非织造材料类型的,则不需要做预试验。

$$厚度变化率 = \frac{A_{0.1} - A_{0.5}}{A_{0.1}} \times 100\% \tag{3-5}$$

式中:$A_{0.1}$——压强为 0.1 kPa 时样品的厚度值,mm;

$A_{0.5}$——压强为 0.5 kPa 时样品的厚度值,mm。

d. 测试。根据预试验测试结果确定的非织造材料类型,按下述条件进行测试:

常规型:压强 0.5 kPa,加压时间 10 s,测 10 块。

蓬松型:压强 0.2 kPa,加压时间 10 s,测 10 块。

土工布:压强 2 kPa,加压时间 30 s,测 10 块。

(4) 结果计算。计算 10 块试样的厚度平均值,并计算样品厚度的 CV 值。

3.3 非织造材料的密度及测定

3.3.1 非织造材料的密度

非织造材料的密度也称为体积密度或容重,是指非织造材料单位体积的质量,单位为 kg/m^3。

非织造材料的密度是一项很重要的性能指标。非织造布的外观、拉伸性能、压缩性能、透气性、隔热、隔声、过滤、液体阻隔性和渗透性、能量吸收、透光性等,都跟它的密度有密切的关系。

3.3.2 密度的测定

1) 原理
测试出非织造材料试样的体积和质量,其密度值等于质量除以体积。

2) 测定方法
非织造材料的单位面积质量和厚度决定了非织造材料的密度,其密度值等于单位面积的实测质量除以织物的实测厚度。

3) 测定基本步骤
(1) 测定非织造材料的单位面积质量 P,kg/m^2。

(2) 测定非织造材料的厚度 H,mm。

(3) 结果计算:

$$\rho_n = \frac{P}{10 \times H} \tag{3-6}$$

式中：ρ_n——非织造材料密度，kg/m^3。

3.4　非织造材料的不匀率及测定

3.4.1　非织造材料的不匀率

非织造材料的均匀度主要指产品各处密度、厚薄均匀，定量稳定的程度，当然材料成分、加工效果等的均匀一致也是产品质量稳定的重要内容。由于非织造材料加工特点，非织造材料一般具有各向异性和不匀率比较大的特点，它的单位面积质量和厚度等在材料平面的不同位置通常是不同的，因此在非织造材料生产和使用过程中需要检测和控制其不匀率。

非织造材料的均匀性是产品的重要指标之一，它直接影响着成品的质量性能。影响非织造材料产品均匀性的因素很多，主要有如下几个方面：

（1）成网前原料混合的均匀性。一般来说，原料混合的均匀性越差，成网后原料成分、单位面积质量、厚度等的均匀性就越差。

（2）原料喂入的均匀性。不管哪种成网方式，原料喂入的均匀性对成网质量的影响很大，原料喂入越均匀，成网质量越均匀。

（3）纺丝、梳理等设备状态及加工参数。良好的设备状态和合理的成网工艺，有利于成网质量均匀稳定。

（4）铺网机工作状态。铺网机是调节铺网层数、控制非织造材料厚度、单位面积质量的关键设置，铺网机工作不正常，工艺参数设计不合理将会严重影响产品的均匀性。

（5）加工车间的温湿度。加工车间合适温湿度，可以使产品加工过程中纤维不容易起静电，减少飞花，纤维不容易缠绕在设备上，使加工顺利进行，有利于提高和稳定产品质量。

3.4.2　不匀率的测定

非织造材料的均匀性可以通过主观和客观两种方式进行评定。在主观评估中，主要靠有经验的专业人员通过肉眼观看定性地对非织造材料的均匀性进行评价，在一定的光照条件下，把非织造材料置于黑板上，会呈现出明暗交错的现象，检测人员根据亮暗情况及程度得出其均匀度情况的主观评定，或通过待测试样与标准试样对比，定性地来评价非织造材料的均匀性。这种方法完全靠人工目测，受主观和外界的影响较大，只能定性而不能定量地进行描述。客观评价包括对非织造材料均匀性的直接和间接测量。通过直接测量法和间接测量法分别测量织物一定范围内质量的变化。

客观评价有许多优势。非织造行业中，非织造材料质量均匀性一般采用的是客观评价方式，通过测量参数的标准差和 CV 值来表征。这些测试参数可以是非织造材料的单位面积质量、厚度、密度、光学性能、对射线的吸收性能、图像的灰度级等。其计算公式如下：

$$CV = \frac{\sigma}{\bar{w}} \times 100\% = \frac{\sqrt{\dfrac{\sum_{i=1}^{n}(w_i - w)^2}{n}}}{\bar{w}} \times 100\% \qquad (3-7)$$

式中：σ——标准差；

$\quad CV$——变异系数；

$\quad n$——测试样本数量；

$\quad \bar{w}$——测量参数的平均值；

$\quad w_i$——第 i 个样本参数的测量值。

不匀率的检测方法有取样称重法、厚度测定法、电容测试法、激光扫描法、计算机图像处理法、射线法等。在实际生产中，最常用的方法是通过测量单位面积质量和厚度来反映其均匀性。这些客观方法比主观方法有许多优势。例如，用普通图像分析方法进行客观测量时，可识别的非织造材料面积从 2 mm² 到 100 mm²。

1）取样称重法

沿非织造材料的纵向和横向分别裁取一定数量的试样，用天平称取每个试样的质量，分别计算试样纵向、横向和总的标准差及变异系数。在实际生产中，每个班次或改换工艺参数或品种后，都需要测定其单位面积质量和不匀率。一般在车间现场使用的试样尺寸为 20×20 cm 及 40×40 cm 两种。

为了及时掌握非织造材料均匀度和定量情况，每卷布下机后都应该称取整卷的质量，然后根据整卷布的长度和宽度计算出布的平均单位面积质量。通过不同整卷质量及平均定量的比较，可以大概反映出非织造材料沿长度方向的长片段不匀和定量差异情况。

2）厚度测定法

通过测试非织造材料厚度的变化可以间接反映出其质量的不匀率。实际生产中，通过在线监测非织造材料的厚度，实时监测产品厚度的变化情况。图 3-3 是该装置的原理示意

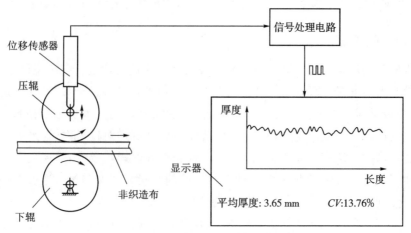

图 3-3　厚度在线监测原理

图。其测试的基本原理是非织造材料通过一对转动的光辊,其中下辊的中心位置是固定不变的,上面压辊的中心位置可以沿非织造材料厚度变化方向移动,随着非织造材料厚度的变化同步地发生变化,这个可移动的辊子连接着位移传感器,位移传感器把上压辊的位移信号转变为电信号,电信号经过处理电路的处理,把信息传送到计算机进行处理,非织造材料厚度的变化情况通过曲线、图像和数据的形式,在显示器上显示出来。

3) 图像处理法

利用取样称重法和厚度测试法来表征非织造材料的均匀性是一种间接表征方式,无法准确、直观地从纤维分布情况上获得非织造材料均匀性情况。随着计算机图像处理技术的发展,计算图像处理技术被利用到非织造材料均匀性检测方面,可弥补传统取样称重法等的不足,直观、准确地描述纤维的缠结状态,从而测定出非织造材料的均匀性。

图像处理法首先要对待测非织材料进行图像采集,图像采集的方式一般通过扫描方式或者工业专用相机进行摄像拍照,采集到的图像包含了大量的颜色信息和背景图像,数据量较大。为了减少数据的处理量,提高图像处理效率,首先要对图像进行预处理,图像预处理的基本过程是从原图中提取目标区域、中值滤波、图像二值化。图像滤波的目的在于尽量保留图像细节特征的条件下对目标图像的噪声进行抑制。图像滤波是图像预处理中不可缺少的操作,其处理效果的好坏将直接影响到后续图像处理和分析的有效性和可靠性。图像二值化是将整幅图像上的灰度值处理成只有 0 或 255,即只有黑色和白色效果的图像。图像二值化在图像处理中占有非常重要的地位,其在有利于图像进一步处理的同时,还能减少图像数据量、凸显目标轮廓,为后续的图像处理打下良好的基础。对预处理后的二值图像,采取适当分块区域划分,分别计算各区域内纤维的覆盖面积,由此可以计算出所有区块平均的纤维覆盖面积率、标准差和 CV 值,由此可反映出非织造材料的质量均匀性。这种方式适合薄型非织造材料均匀性的检测。

4) 光电测试法

利用光电测量法对非织造材料的质量均匀性进行评估也是一种可行方法,它的基本原理是一束均匀的光线照射在非织造材料上,光线透过非织造材料后会形成阴影,不同密度或不同厚度部分形成的阴影的深浅程度不同,可以把阴影的深浅程度定义为不同的灰度级别。这样,非织造材料不同部位透光后,就形成不同级别的阴影灰度值。通过数学统计方法分析所有部位阴影灰度级的分布情况,就可以表征出非织造材料的质量均匀度情况。这种方法一般比较适合薄型非织造材料均匀性的评价。光电测量法也可以与计算机图像分析法相结合来评价非织造材料的均匀性。

5) 射线测试法

射线测试法是一种在线非接触式测试方式,可以利用 α 射线、β 射线、γ 射线(Co-60)、扫描激光和红外线等方式进行测试。其中利用放射性同位素射线进行测试具有结构简单、工作稳定、测试精度高的特点。用放射性同位素射线对被测材料的厚度或单位面积质量进行非破坏性测量,按辐射方式分为穿透式(透射式)和反散射式,其原理是放射性同位素放射出的射线在通过被测物质时,局部被物质吸收或被物质散射,用探头测量透射射线或散射射线的强度,就能计算出物料的厚度或单位面积质量。图 3-4 是同位素射线穿透式测量非织造材料厚度均匀性的原理图。

图 3-4 中同位素射线源可以发射出能量稳定的射线,射线接收器可以探测出接收到的射线的强度,当射线穿过非织造材料时,射线的一部分能量被非织造材料所吸收,射线接收器把接收到的射线强度转换成电信号传送到信号处理电路进行分析。纤网厚度或单位面积质量的变化,使透过纤网的射线强度发生相应变化,相应地在测试分析单元可以显示出非织造材料面密度的变化情况。

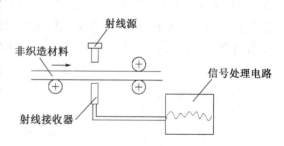

图 3-4　同位素测量厚度原理图

纤维网的密度与透过它的射线强度有如下关系:

$$I = I_0 e^{-C w_m} \tag{3-8}$$

式中:I——透过纤网后的射线强度;

　　　I_0——透过纤网前的射线强度;

　　　C——常数;

　　　w_m——纤网的定量。

3.5　非织造材料的孔隙率、孔径、孔径分布及其测定

非织造材料的孔隙率、孔径及孔径分布是其重要的结构参数,它对材料的过滤性能、通透性能、热学性能、声学性能等有着直接影响。非织造材料的孔结构主要包括孔隙的总体积(孔隙率)、孔径、孔径分布及孔的连通性。

3.5.1　非织造材料的孔隙率

孔隙率反映的是多孔性材料中孔隙占总体积的比例,非织造材料的孔隙率被定义为非织造材料中总的非固体的体积(空隙)占总的非织造材料的体积比,即材料中总孔隙体积占材料总体积之比。非织造材料的孔隙率 $P(\%)$ 可以按式(3-9)计算。

$$P = \frac{V_P}{V_n} \times 100\% \tag{3-9}$$

式中:V_P——非织造材料中孔隙体积总和,cm³;

　　　V_n——非织造材料的体积总和,cm³;

固体材料(纤维)的体积分数 $\phi(\%)$ 被定义为固体材料的体积占总非织造材料的体积比,可以按式(3-10)计算。

$$\phi = \frac{V_f}{V_n} \times 100\% \tag{3-10}$$

式中：V_f ——非织造材料中纤维所占的总体积，cm^3；

　　　V_n ——非织造材料的体积总和，cm^3。

与非织造材料孔隙率有关的参数还有孔隙比 e，它的定义是非织造材料中孔隙的总体积与纤维的总体积之比。

$$e = \frac{V_P}{V_f} \qquad (3-11)$$

式中：V_P ——非织造材料中孔隙体积总和，cm^3；

　　　V_f ——非织造材料中纤维所占的总体积，cm^3；

　　　e ——孔隙比。

在涂层、浸渍、层压等非织造材料中，有一小部分孔隙是不连通的，即这些孔隙没有连通到材料的表面。上述孔隙率计算公式计算出的实际上是所谓的总孔隙率。有效孔隙率（或称开放孔隙率、连通孔隙率）定义为可连通的孔隙的体积与非织造材料总体积之比，它是总孔隙率的一部分。

3.5.2　孔隙率的测试

1) 公式计算法

非织造材料的孔隙率可以根据其定义，通过公式计算而得到。这是一种常用的方式。根据定义，可以把孔隙率的计算公式表示为式(3-12)。只要知道纤维的密度，测量出非织造材料的单位面积质量和厚度，就可以计算出其孔隙率。

$$P = \left(1 - \frac{M}{\rho\delta}\right) \times 100\% \qquad (3-12)$$

式中：M ——非织造材料的单位面积质量，g/m^2；

　　　ρ ——纤维的密度，g/m^3；

　　　δ ——非织造材料的厚度，m。

单独一种纤维构成的非织造材料的孔隙率可用式(3-12)直接计算。如果非织造材料是由几种纤维均匀混合而成的，首先要测试出混合纤维密度，或计算出混合纤维的平均密度，可以按纤维比例加权计算出混合纤维的密度，然后再按式(3-12)计算其孔隙率。但由于实际生产中纤维的混合不完全均匀，不同纤维的损耗率也不完全相同，计算出来的混合纤维密度的误差可能较大，因此计算出来的孔隙率误差也可能较大，只作为参考使用。

2) 仪器测试法

目前材料孔隙率测试方法有氮吸附法(BET)、压汞法、浸液法及质量密度法等。

氮吸附法(BET)的基本原理是粉体表面都有吸附气体分子的能力，在液氮低温下，在含氮气氛中，粉体表面(孔隙)会对氮气产生物理吸附，在回到室温的过程中，吸附的氮气会全部脱附出来，氮气的吸附量与样品质量、样品比表面积、孔径分布及孔隙率等有特定的关系，由此可以测试出样品的比表面积、孔径分布及孔隙率，但它测试的孔径范围在 100 nm以下，更适合测试一些粉体(如活性炭、催化剂)的比表面积和孔隙率，不适用于非织造材料的孔径特征。压汞法是依靠外加压力使汞克服表面张力进入材料的孔隙中,根据汞在孔中的表面张力与外加压力平衡的原理,可以得到孔径和孔隙率的计算方法。由于汞对一般固体不润湿,欲使汞进入孔需施加外压,外压越大,汞能进入的孔半径越小。测量不同外压下进入孔中汞的量即可知相应孔的体积大小。所用压汞仪使用压力最大约 200 MPa,可测孔范围在 0.006 4~950 μm。由于压汞法需要较大的压强,一般在 100 MPa 以上,纤维真实体积易被压缩,测试结果变大,使用小压强时,液态汞又无法进入较小的孔隙,测试结果偏小。

浸液法的基本原理是使用某种合适的液体(如水等)去浸润非织造材料,根据浸润前后试样质量的变化,可以确定非织造材料孔隙的体积,依据非织造材料的体积和孔隙的体积,即可以计算出试样的孔隙率。浸液法使用表面张力较小的液体浸润非织造材料,但由于非织造材料的原料种类较多,且大部分是可溶于有机溶剂或会在有机溶剂中膨胀的,或者是表面能极低的材料,浸润液的选择成为难题。

阿基米德原理-气体膨胀置换法是一种比较适合非织造材料孔隙率测试的方法,其基本原理是利用小分子直径的惰性气体(He 或者 N_2)作为介质,通过理想气体状态方程 $PV=nRT$(P 表示压强,V 表示气体体积,n 表示物质的量,T 表示绝对温度,R 表示气体常数),计算测试腔内样品所排开的气体体积,从而精确测量样品的真实体积(含闭孔)。气体膨胀置换法是以气体取代液体测定样品所排开的体积,此法可避免浸液法中由于样品溶解造成的测试误差,具有不损坏样品的优点。因为气体能渗入样品中极小的孔隙和表面的不规则孔隙,因此测出的样品体积更接近样品的真实体积,从而用来计算样品的开闭孔率。通过测试腔内非织造材料试样所排开的气体体积来精确测定试样中纤维的体积,从而可以计算出孔隙的体积,根据孔隙率的定义即可以计算出样品的孔隙率。气体膨胀置换法不受非织造材料原料、孔径分布的影响,解决了压汞法压强过大、浸液法溶剂适用性不强的难题,可广泛应用于各类非织造材料孔隙率的测定。

其他测量孔隙率的方法包括小角中子、小角 X 射线散射和定量图像分析等。

3.5.3 非织造材料的孔径及其分布测试

非织造材料的孔径及其分布是非织造材料的重要参数,它直接影响着非织造材料的通透性能、过滤性能等,同时孔径及分布在一定程度上也可反映出非织造材料的均匀性。孔径测定方法一般可分为直接法和间接法。直接法包括显微镜观察法、图像法、X 射线小角度散射测量法等。间接法是利用一些与孔径有关的物理现象,通过实验测出有关物理参数,并在孔隙为均匀通直圆孔的假设条件下,计算出孔隙的等效孔径,这类方法主要有泡点法、干筛法、湿筛法、压汞法、气体吸附脱附法等。直接法大多用来测量试样表面孔隙的大小,对于有一定厚度或孔隙深度的多孔材料,则大多采用间接测定的方法。

1) 泡点法孔径及分布测试

(1) 测试原理。泡点法测试多孔性材料的孔径时首先需要把材料用合适的浸润液体充分润湿,由于表面张力的存在,浸润液被束缚在材料的孔隙内,材料的孔隙中充满了液体,然后对材料的一侧施加气体压力,并使气体压力逐渐增大,当气体压强大于某孔中浸润液的表面张力产生的压强时,该孔隙中的浸润液将被气体推出;由于孔径越小,表面张力产生的压强越高,所以要推出其中的浸润液所需施加的气体压强也越高,因此,孔径最大的孔内的浸润液将首先会被推出,使气体透过。随着气体压力的升高,由大到小的孔隙中的浸润液依次被推出,使气体透过,直至材料中全部的孔被打开,达到与材料干态下相同的气体透过率。

在气体通过充分润湿的材料过程中,首先被打开的孔所对应的压力,称为泡点压力,该压力所对应的孔径为最大孔径;在整个过程中,实时记录气体压力和对应的流量,得到压力-流量曲线;气压大小反应了孔径的大小,流量大小反应了某种孔径的孔的多少。最后测试出干态下材料的压力-流量曲线,根据相应的公式计算即可以计算出试样的最大孔径、平均孔径、最小孔径以及孔径分布、透过率等参数。孔径和压力有如下的关系:

$$D = \frac{4\gamma\cos\theta}{p} \tag{3-13}$$

式中:D ——孔隙直径;

γ ——液体的表面张力;

θ ——接触角;

p ——压差,孔径分布的流量百分比。

孔径分布 $f(\eta)$ 与流量有如下关系:

$$f(\eta) = f(WF, DF, p) \tag{3-14}$$

式中:WF——湿试样流量;

DF——干试样流量;

p——压差。

(2)测试仪器。泡点法孔径仪。图 3-5 是 PSM165 孔径测试仪实物照片。

(3)测试过程。

a. 试样准备。圆形试样,直径 30～40 mm,厚度 0～15 mm。适合的孔径范围为 0.5～250 μm。图 3-6 是孔径仪试样夹具和试样。把准备好的试样放入测试夹具中,上下夹具合在一起,压紧试样。然后把带有试样的夹具安装在测试仪器上,紧密固定好。

图 3-5　PSM165 孔径测试仪

图 3-6　孔径仪试样夹具和试样

b. 启动仪器。打开空气压缩机及测试仪,使气压达到规定的值。

c. 参数设置。在电脑上打开测试仪软件系统,对测试条件进行设置,设置项主要有两项,测试所用的液体类型和测试试样夹具通气孔的直径。不同的测试液体表面张力不同,测试时一定要正确选择所使用液体的种类。试样夹具孔径的选择原则为试样孔径小则选取大孔径的试样夹具,反之试样孔径大则选取小孔的试样夹具,如果测试过程不成功可换上更合适的试样夹具测试,每次更换试样夹具后需要重新设置试样夹具对应的类型。

d. 润湿试样。用滴管吸取测试液体,滴在测试试样上,使试样充分润湿,内部空隙充满液体。测试所用液体可以是:水、酒精、石油、专用测试液。

e. 测试。冒泡孔径测试:冒泡孔径即最大孔径。测试前要将试样充分浸润,使试样中所有的空隙中都充满液体,开始测试时,使一个小的恒定的气流通过试样,当试样两侧的压力加速度出现一个明显的偏差时意味着有气流通过试样,即试样发生了冒泡,相应的压力值即为冒泡压力,通过冒泡时对应的压力可计算得到冒泡孔径,即最大孔径。在软件系统界面选择冒泡点测试,单击"启动"按钮即可以自动完成测试,也可手动完成测试;湿流量曲线(湿试样的压力-流量曲线)测试:冒泡点测试完成后,用滴管吸取液体再次滴在试样测试部分,使试样充分润湿,内部空隙充满液体,在软件系统界面选择湿流量曲线测试,单击"启动"按钮即可以自动完成测试;干流量曲线(干试样的压力-流量曲线)测试:湿流量曲线测试完成后,试样已经被完全吹干,在软件系统界面选择湿流量曲线测试,单击"启动"按钮即可以自动完成干流量曲线测试。

f. 试验结果计算。试样的冒泡点、湿试样压力-流量曲线和干试样压力-流量曲线测试完成后,即可以计算出相关孔径数据,主要包括:

孔径分布(Pore Portion):不同大小孔径所占的比例。

平均孔径(Mean Pore Size):材料所有孔径的算数平均值。

中值孔径(Median Pore Size):所有孔径从大到小排序后,处于中间位置那个孔径。

标准差:反映孔径的分布离散程度。

平均流孔径(Mean Flow Pore Size):当湿流量是干流量一半时对应的压力计算出的孔径。

冒泡孔径(Bubble Point):当浸润的试样开始冒泡时对应的压力经过计算可得到最大孔径。

模态孔径(Modal Pore Size):材料中出现频率最高的孔径。

图 3-7 所示为某种材料测试得到的孔径分布情况。

(4) 相关标准。GB/T 1967-1996、ISO 4003-1997、ASTM E 1294-89、ASTM F 316-03。

2) 干筛法

干筛法一般用于土工布的孔径测试。土工布的孔径直接影响土工布的过滤和阻止性能,是土工布水力学特性中的一项重要指标。在土工布的工程应用中,必须根据适用场合来选用合适孔径的土工布产品。

(1) 干筛法基本原理。干筛法的基本原理是将土工布试样作为筛布放置在网筛上面,将已知直径的玻璃珠或标准砂放在土工布上面,然后压紧盖子,开动振动筛使网筛振动一

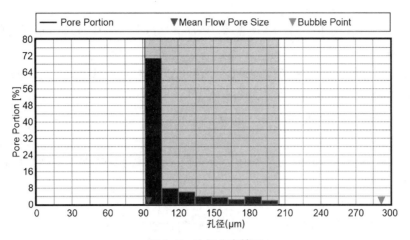

图 3-7　孔径分布情况

定时间后,称量有多少玻璃珠或标准砂通过土工布落了下去,由此可以计算出该直径颗粒物的过筛率,即有百分之多少的颗粒物通过了土工布。调换不同直径玻璃珠或标准砂进行试验,可以得到不同直径颗粒物的过筛率,并绘制出土工布孔径分布曲线。

　　干筛法测试仪器比较简单,操作也比较方便。目前,土工布测试孔径大都采用干筛法。但干筛法试验过程中,玻璃珠或标准砂与土工织物材料的摩擦比较剧烈,易产生静电,使颗粒物粘在土工材料上,造成试验误差较大,甚至无法完成试验。另外,干筛法受温度、湿度的影响较大,试验结果离散性较大。相比较而言,湿筛法不易产生静电,温湿度对测试结果的影响小,也更能模拟工程现场情况。国家标准 GB/T 14799 规定了土工布及其产品有效孔径测试干筛法的测试方法。

　　(2)仪器。干筛法有效孔径测定仪。图 3-8 为干筛法有效孔径测定仪实物照片,图 3-9 为干筛法有效孔径测定仪结构示意图。仪器主要结构包括:

图 3-8　干筛法有效孔径测定仪

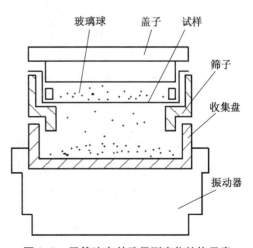

图 3-9　干筛法有效孔径测定仪结构示意

a. 网筛：直径 200 mm。

b. 标准筛振筛机：横向摇动频率 220 次/min，回转半径 12 mm，垂直振动频率 150 次/min，垂直振幅 10 mm。

c. 标准颗粒材料可选用玻璃珠或球形砂粒，标准颗粒物必要时需要洗净烘干，标准颗粒材料分档如下：0.045～0.063，0.063～0.071，0.071～0.090，0.090～0.125，0.125～0.180，0.180～0.250，0.250～0.280，0.280～0.355，0.355～0.500，0.500～0.710(mm)。

（3）试验步骤。

a. 将标准颗粒材料与试样同时放在标准大气下进行调湿处理。试样 $5 \times n$ 块，其中 n 为选取粒径的组数。

b. 将 5 块试样分别平整地放置在各层的支撑网筛上。

c. 称取较细粒径的颗粒物，在每块试样上均匀地撒上 50 g。

d. 将筛框、试样和接收盘夹紧在振筛机上，开动机器，摇筛试样 10 min。

e. 关机后，称量通过试样的标准颗粒材料质量，并记录，然后更换新的试样。

f. 用下一组标准颗粒材料重复上述步骤 c～e，直至取得不少于三级连续分级标准颗粒的过筛率，其中有一组的过筛率低于 5%。

（4）试验结果计算。

土工布孔径：以通过其标准颗粒材料的直径表征的土工布的孔眼尺寸。

有效孔径 O_e：能有效通过土工布的近似最大颗粒直径，例如 O_{90} 表示土工布中有 90% 的孔径低于该值。

a. 过筛率 B。按下式计算：

$$B = \frac{m_1}{m} \times 100\%$$ （3-15）

式中：B——标准颗粒材料通过试样的过筛率，%；

m_1——每块试样同组粒径过筛量的平均数，g；

m——每次试验标准颗粒材料用量，g。

b. 孔径分布图绘制。将每组标准颗粒材料粒径的下限值画在对数坐标纸的横坐标（对数坐标）上，相应的过筛率画在纵坐标上，可求得 90% 标准颗粒材料留在土工布上的孔径（O_{90}），也就是纵坐标上过筛率为 10% 时横坐标上对应的直径值，见图 3-10。

c. 有效孔径确定。

O_{90}：表示 90% 的标准颗粒材料留在土工布上，其过筛率（B）为 $1-90\%=10\%$，曲线上纵坐标为 10% 点所对应的横坐标即定义为有效孔径 O_{90}，单位为毫米(mm)。

O_{95}：表示 95% 的标准颗粒材料留在土工布上，其过筛率（B）为 $1-95\%=5\%$，曲线上纵坐标为 5% 点所对应的横坐标即定义为有效孔径 O_{95}，单位为毫米(mm)。

3）湿筛法

湿筛法一般也用于土工材料测试孔径及分布，基本测试原理与干筛法类似，主要区别是测试过程中需要对试样和颗粒材料进行喷水，测试仪器见图 3-11，测试原理见图 3-12。单层土工布及其有关产品试样作为筛网，在规定的振动频率和振幅下，使颗粒材料通过试

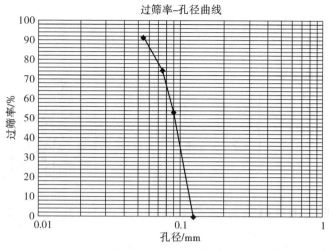

图 3-10　孔径分布曲线

样，以通过的颗粒材料的特定粒径表示试样的有效孔径。测试用的颗粒材料可以是级配颗粒材料（通常是砂土），也可以是现场取的土。国家标准 GB/T 17634—2019 规定了采用湿筛法测定土工布及其产品有效孔径测试的方法。

图 3-11　湿筛法有效孔径测定仪

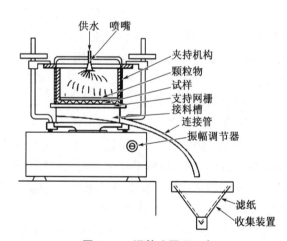

图 3-12　湿筛法原理示意

3.6　非织造材料纤维取向分布及其测定

　　非织造材料中纤维的取向分布是材料的重要结构参数，它直接影响非织造材料的各种性能。在非织造材料中，纤维是以不同的方向排列的，纤维的排列方向与纤维的成网方式、加固方式等有关。非织造材料中纤维的取向可以通过二维或三维的取向角度表征（图 3-13）。

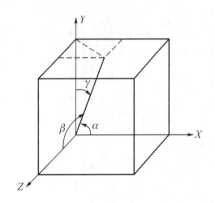

图 3-13　非织造材料中纤维的取向角度

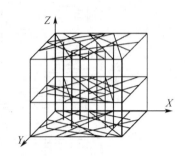

图 3-14　简化的三维非织造材料结构

在非织造材料中,纤维会在各个方向分布,但大部分纤维在材料平面方向分布或者几乎垂直于平面方向分布。由于三维空间中纤维排列的描述很复杂,而且测量时间长、效率低,因此三维非织造材料中的纤维排列可转换为二维的纤维取向描述。图 3-14 所示是一个简化的三维非织造材料结构。

在二维平面材料中,纤维取向可通过纤维取向角表征。纤维取向角定义为纤维网中单根纤维相对某个方向的夹角,通常是相对于纤维网纵向或横向之间的夹角,如图 3-15 所示。单根纤维的取向角可以通过显微镜或显微镜图像照片来分析得出。

非织造材料中纤维取向角的频率分布(或统计函数)称为 FOD。频率分布可以通过落入一系列预

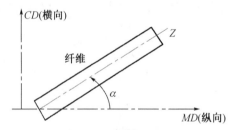

图 3-15　纤维的取向和取向角

定义取向角范围内的纤维(纤维段)总数的分数来获得。非织造材料中的纤维排列通常是各向异性的,即非织造材料中每个方向的纤维数量不相等。特别是纤维在织物平面的取向和在垂直于织物平面的方向上纤维取向差别很大,除了气流成网非织造材料,大多数非织造材料中纤维大都分布在织物平面上,而不是在织物厚度方向上。非织造材料结构的各向异性可以用 FOD 函数的各向异性来表征。许多研究者已经证明,非织造材料结构的各向异性影响着材料的力学和物理性能的各向异性,包括拉伸、弯曲、隔热、吸声、介电及渗透等特性,而 FOD 在其中起着重要作用。

通常用非织造材料的 MD(纵向)和 CD(横向)之间的拉伸强度、伸长率、芯吸距离、液体传输速率、介电常数、渗透率等性能指标的比值来表征非织造材料平面内的各向异性。然而,这些各向异性是用间接试验方法来表征非织造材料结构的,它们只是织物平面上两个特定方向上的比值,可能不能正确反映非织造材料结构的各向异性。研究非织造材料结构各向异性的直接方法是研究非织造材料结构组成元素(如纤维排列)结构。非织造材料中的纤维排列(或纤维取向)可以影响非织造结构的各向异性及其性能(机械、物理和化学性能)的各向异性。

1) 取向的测试方法

非织造材料纤维取向的测试方法可分为直接测量法和间接测法。直接测量法有显微镜(或投影仪)直接观察法和图像处理法等;间接测定方法有:断裂强力测试法、射线示踪纤维吸收摄影法、微波法、激光散射法、基于快速傅立叶变换和霍夫变换以及流场分析法的图像处理法等。

(1) 直接测量法。

a. 显微镜直接测试法。显微镜直接观察法也称为示踪纤维法,测试的基本原理是在非织造材料中混入不到1%的染色纤维,然后在显微镜或者投影仪下观察染色纤维的取向度,以染色纤维的取向度来代表整块非织造材料中纤维的取向度。这种测试方法由于非织造材料中单根纤维并非完全伸直,可靠性不够理想。另外,这种测试方式只观测非织造材料两个表面的纤维取向,并不能反映非织造材料厚度方向的情况,同时测试过程耗时长,成本较高。

b. 图像处理法。这种方法的基本原理是采用高像素数字相机对非织造材料表面采集数字图像,将采集到的图像输入计算机,然后利用数字图像处理技术测量纤维段而不是整个纤维的取向度。

表示纤维取向度的方法主要有基于纤维数量的方法和基于直径分布的方法。基于纤维数量的方法的基本原理是在某个方向上的纤维数除在各个方向上所有纤维数总和;基于直径分布的方法的基本原理是在某个方向上的纤维直径之和除以各个方向上的所有纤维直径之和。这两种方法表达的实际效果是一致的。这种方法的优点是速度快,测试成本较低,结果直观、可靠;不足之处是主要观测到的是非织造材料表面的纤维取向情况。该方法的基本处理过程为:图像采集—图像灰度化—图像降噪—图像二值化—纤维取向度分析。

(2) 间接测量法。

a. 断裂强力测试法。断裂强力测试法也称为力学性能各向异性法。由于纤维在非织造材料中各个方向取向和分布的不同会造成不同方向的拉伸力学性能的差异,因此通过测试非织造材料在不同方向上断裂时的力学各向异性,可以间接地来表征纤维的取向分布情况。这种方法能够直接反映出非织造材料在各个方向的力学性能,但耗时,测试效率低,且结果有较大的局限性,主要是因为影响非织造材料力学性能的因素很多,通过力学性能的各向异性反映纤维取向度准确性不高。

b. X射线纤维吸收摄影法。X射线是一种可以直接传播、反射、折射的电磁波,能够穿透可见光不能穿过的物质。一定波长的X射线,经过不同的物质,被吸收的程度也不同。在纤维成网过程混入一定比例的染色纤维(类似于重金属染色),纤维网采用软X射线摄影方法摄取纤维网的照片,由于染色的示踪纤维可以阻挡软X射线的通过,在软X射线成像的底片上会呈现出示踪纤维的影像,根据染色纤维的形态和排列方向,可以计算出纤维网中纤维的取向和分布。这种方法比较快,但对试验仪器要求比较高,操作过程比较复杂。

c. 微波法

微波法的测试原理是基于纺织材料的介电—损耗原理,非织造材料对平行和垂直于纤维轴向的偏振化电磁波呈现出不同的相对介电系数,通过微波谐振腔产生的偏振化微波测量非织造材料在不同方向上的相对介电系数,即可得到不同方向上纤维的平行和垂直分布情况,由此可确定出纤维的取向和分布。该方法利用微波衰减各向异性,能够灵敏地反映出非织造材料的各向异性情况,具有快速、无损的特点。

参考文献

[1] Mao N. Methods for characterisation of nonwoven structure, property, and performance[M]. Advances in Technical Nonwovens, 2016.

[2] 郭秉臣.非织造布的性能与测试[M].北京:中国纺织出版社,1998.

[3] GB/T 24218.1—2009:纺织品 非织造布试验方法 第1部分:单位面积质量测定[S].

[4] GB/T 13762—2009:土工布合成材料 土工布及土工布有关产品 单位面积质里的测定方法[S].

[5] GB/T 24218.2—2009:纺织品 非织造布试验方法 第2部分:厚度的测定[S].

[6] GB/T 13761.1—2009:土工合成材料 规定压力下产品 厚度测定 第1部分:单层产品厚度的测定方法[S].

[7] Yan Z, Bresee R R. Characterizing nonwoven-webstructure by using image-analysis techniques. Part V: Analysisof shot in meltblown webs[J]. Journal of The TextileInstitute, 1998, 89(2): 320-336.

[8] 方赵琦,张弘楠,王荣武,覃小红.基于数字图像处理的非织造布均匀性检测[J].产业用纺织品,2017,35(1): 36-43.

[9] 雷李娜,漆东岳,孙现伟,袁彬兰,王向钦.非织造布孔隙率测试方法研究[J].中国纤检,2017(5): 78-80.

[10] GB/T 14799—2005,土工布及其产品有效孔径测试干筛法[S].

[11] Mao N, Russell S J . Capillary pressure and liquid wicking in three-dimensional nonwoven materials [J]. Journal of Applied Physics, 2008, 104(3): 391-214.

[12] Mao N, Russell S J. Modeling permeability in homogeneous three-dimensional nonwoven fabrics[J]. Textile Research Journal, 2003, 73(11): 939-944.

[13] Mao N. Effect of fabric structure on the liquid transport characteristics of nonwoven wound dressings [D]. University of Leeds, 2000.

[14] 李彩兰.基于图像融合技术的非织造材料纤维取向分析[D].上海:东华大学,2013.

第4章 非织造材料的力学性能及测试

4.1 非织造材料的力学性能指标

非织造材料用途特别广泛,其中大部分用于产业领域,在这些领域使用过程中,非织造材料都会受到各种各样的力的作用,主要包括拉伸、弯曲、撕裂、顶破、冲击、摩擦、压缩等等。这些力的作用会对非织造材料造成不同程度的形变、损伤甚至破坏失效。力学性能是非织造材料的基本性能,它的高低直接影响着产品的综合性能、使用效果及使用寿命等。

非织造材料的力学性能指标主要包括以下方面:

1) 拉伸性能

拉伸性能是指非织造材料在拉力作用下表现出的各种性能,拉伸性能指标主要包括:

(1) 拉伸断裂强力:指非织造材料试样被拉伸至断裂的过程中所测得的最大拉力。

(2) 断裂伸长率:指非织造材料试样拉伸至断裂的过程中,测得最大拉力时试样的伸长与拉伸前试样长度之比的百分率。

拉伸形式主要有单轴向拉伸和双轴向拉伸。单轴向拉伸是指在同一个方向拉伸,双轴向拉伸是指同时在相互垂直的两个方向拉伸。一般情况下进行的是单轴向拉伸。

2) 撕破性能

撕破是指非织造材料受到集中负荷的作用而撕开的现象,非织造材料撕破所需要的力称为撕破强力。

撕破强力测试方法主要包括:梯形法、落锤法和舌形法。

3) 剥离强力

剥离强力是指几层复合在一起的材料,从接触面将复合层之间剥离分开时需要的力。

4) 顶破性能

顶破是将一定面积的非织造材料周围固定,从非织造材料的一面给予垂直的力使其破坏,又称破裂强力。

非织造材料在使用过程中受到的力往往不是单一方向的,而是可能来自各个方向的多个作用力的共同作用。如路基、服装衬里所用的非织造材料就是这种情况。采用顶破强力可以较好地反映非织造材料抵抗多方向受力的情况。

非织造材料顶破强力测试有多种方式,主要有:弹子式、气压式和钢球式等,但常用的为弹子式和气压式。

5) 耐磨性能

非织造材料的耐磨性能是指非织造材料具有的抵抗磨损的性能。非织造材料用途的不同以及与它接触的材料的不同,它的磨损性能差别非常大。非织造材料耐磨性能的测试主要有实际试用测试和实验室仪器测试两类,实际试用测试就是将非织造材料在实际应用场合进行试用,检测其耐磨损情况。实验室测试方法比较多,主要有平磨、曲磨、折边磨、动态磨、翻动磨等形式。

6) 抗刺破性能

抗刺破性能是指非织造材料抵抗穿刺作用而破坏的性能。

7) 压缩性能

压缩性能是指非织造材料在受到压力作用下的变形、变形回复等性能。

4.2　影响非织造材料力学性能的因素

1) 针刺法非织造材料

影响针刺法非织造材料力学性能的主要因素有:

(1) 纤维性能。

a. 纤维的理化性能。一般来说,在其他条件相同的情况下,纤维理化性能与非织造材料的性能趋势是一致的,如:纤维强度大,则非织造材料的强度也大;纤维弹性好则非织造材料的弹性也好。

b. 纤维直径。在一定范围内,纤维直径小,纤网内纤维相互缠结多,单位体积内纤维根数多,纤维之间摩擦力大,会提高非织造材料的强力。但超过一定范围时,纤维直径粗则有利于提高非织造材料强力,如果非织造材料拉伸断裂主要是纤维断裂引起的,则增大纤维直径有利于提高材料的断裂强力。

c. 纤维长度。纤维长度增加,则非织造材料的断裂强度和伸长迅速提高。

(2) 纤网的定量。纤网定量增加,非织造材料的强力会增加,但强度不一定会增加。纤网定量开始增加的一定范围内,断裂强度也会增加,断裂伸长降低,但定量超出范围后,断裂强度会下降。针刺非织造材料的定量随纤网定量增加而增大,但其定量要小于纤网定量,因为针刺过程中纤网会伸长。针刺非织造材料的厚度和密度也随着纤网定量的增加而增大。

(3) 铺网形式。纤网内纤维长度方向在各个方向越均匀,则布的各向强力也越均匀。由于不同的铺网形式下纤维的分布情况不一样,所制备的非织造材料性能相差也较大。图4-1所示为铺网形式对非织造材料性能的影响。

(4) 针刺密度。起初,随着针刺密度的增加,断裂强力一般会增加,断裂伸长降低,但针刺密度超出一定范围后,材料的断裂强力会下降。

(5) 针刺深度。针刺深度对材料的强力的影响

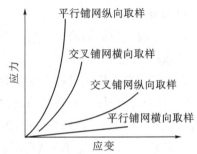

图4-1　铺网形式对非织造材料性能的影响

与针刺密度类似。

（6）其他工艺参数。纤维开松程度、梳理工艺、针布、车间温湿度等对产品性能都有影响，合适的工艺参数有利于提高产品性能。

2）化学黏合法非织造材料

影响化学黏合法非织造材料力学性能的主要因素：

（1）纤维性能。

a. 纤维的理化性能。一般来说，在其他条件相同的情况下，纤维理化性能与非织造材料的性能趋势是一致的，如：纤维强度大则非织造材料的强度也大；纤维弹性好则非织造材料的弹性也好。

b. 纤维直径。在一定范围内，纤维直径减小，纤网单位体积内的黏合点会增加，非织造材料的断裂强力和顶破强力提高，撕破强力可能会降低。

c. 纤维长度。在一定范围内，纤维长度增加，单根纤维上黏合点会增加，则非织造材料的断裂强度、顶破强力和撕破强力提高。

表 4-1 给出了纤维对化学黏合法非织造布材料的影响。

表 4-1　纤维对化学黏合法非织造布材料的影响

纤维性能	对非织造布材料的影响
长度增加	断裂强力增加，顶破强力增加，撕破强力增加
直径增加	断裂强力减小，顶破强力减小，撕破强力增加，伸长增加
卷曲度增加	柔软性增加，初始弹性模量减小，密度减小

（2）黏合剂种类和用量。

a. 黏合剂种类。不同黏合剂的性质不同。加入不同的黏合剂，或同一种黏合剂加入不同的纤网中，产品的性能都会不同。

b. 黏合剂用量。在一定范围内，随着黏合剂用量的增加，产品的断裂强力、撕破强力会增加，到达最高点后又会逐渐下降。

表 4-2 所示为黏合剂对化学黏合法非织造布材料的影响。

表 4-2　黏合剂对化学黏合法非织造布材料的影响

黏合剂性能	对非织造布材料的影响
用量增加	断裂强力增加，顶破强力增加，撕破强力增加，初始弹性模量增加，硬度增加
硬度增加	断裂强力增加，硬度增加，抗皱性增加
弹性模数增加	断裂强力增加，伸长减小，初始弹性模量增加
断裂强度增加	断裂强力增加
断裂伸长增加	断裂伸长增加

3）热黏合法非织造材料

影响热黏合法非织造材料力学性能的主要因素有主体纤维和黏结纤维的性能、比例、黏合工艺等。

（1）主体纤维的影响。主体纤维的品种、比例等对热黏合非织造布的性能都有影响。主体纤维的表观性状对热黏合非织造材料的影响如表 4-3 所示。

表 4-3　主体纤维性状对热黏合法非织造材料的影响

纤维性能	对非织造材料的影响
长度增加	断裂强力增加，顶破强力增加，撕破强力，耐磨性能增加
卷曲度增加	柔软性增加，初始弹性模量减小，密度减小

（2）黏结纤维的影响。黏结纤维的品种、比例等对热黏合非织造布的性能都有很大影响。黏结纤维的性能对热黏合非织造材料的影响如表 4-4 所示。

表 4-4　黏结纤维对热黏合法非织造材料的影响

纤维性能	对非织造材料的影响
热学性能	软化点低，熔融时流动性大，则纤维网黏合效果好，产品强度高
含量增加	各项机械性能增加，密度和抗皱性提高，透气性下降
黏合工艺	黏合温度、压力、时间等合理配置可增强黏合牢度，提高产品强度

4）水刺法非织造材料

水刺法非织造材料具有手感柔软、悬垂性好等特点，其强力不低于非织造材料的平均水平，但低于传统织物。

纤维原料对水刺产品性能影响很大，一般产品性能与纤维性能相一致，纤维强度高，纤维相互容易缠结则产品强度也高；纤维直径小、弯曲模量小则有利于纤维的缠结，而纤维卷曲度过高，则纤维的缠结情况下降；横截面为圆形的纤维比扁平型的纤维缠结效果要低。

在一定范围内水刺压力的提高、水刺头的增多、水刺距离的减小、生产速度的降低等会提高水刺产品的强度，但超过一定范围强度的提高趋于平缓。

5）纺黏法非织造材料

纺黏法非织造材料是高聚物经过熔融纺丝，气流冷却牵伸，分丝铺网后，经机械、化学黏合或热黏合加固而成。纺黏法非织造材料中的纤维是长丝，产品的断裂强度高，各向同性好，应用十分广泛。

为保证正常生产，其高聚物原料的相对分子质量需满足在一定的范围之内，在该范围内，制得的纤维强度是随着该纤维所用的成纤高聚物平均相对分子质量提高而提高，同时弹性与抗疲劳性也得到改善。若高聚物原料的相对分子质量分布窄，制得的纤维结构均一，而相对分子质量分布宽，制得的纤维表面易出现不均匀裂痕，影响纤维强度。在纺黏生产中拉伸能使纤维的断裂强度显著提高、延伸度下降，耐磨性和耐疲劳性也明显增加，制得的纺黏法非织造材料强度也相应提高。因此，拉伸机构、风温、风压、风速、冷却条件等工艺对于纺黏非织造材料的强度有着显著的影响。此外纺黏法非织造材料的单位面积质量，厚度，采用的加固方法对其机械性能也有直接的影响。

6) 熔喷法非织造材料

熔喷法非织造材料最大的特点之一是纤维细度较小,通常小于 10 μm,大多数纤维的细度在 1~4 μm,材料内部结构呈杂乱纤维排列,蓬松度高,通透性较好,适用于做过滤材料。但由于纤维细短,其强度较低。

熔喷工艺复杂,因此影响熔喷法非织造材料性能的因素较多。聚合物原料性能以及熔喷工艺条件都直接影响产品的性能。研究表明,聚丙烯熔融指数越高,熔喷形成单纤维的强力越低。设备的聚合物熔体挤出量、温度、牵伸热空气温度和速度,以及接收距离等在线参数对产品的性能影响都比较大,设备的熔喷模头喷丝孔形状、牵伸热空气通道尺寸及导入角度等离线参数对产品性能也有很大的影响。

熔喷法非织造材料的强度与纤网单位面积质量以及密度相关。在一定范围内,随着纤网单位面积质量的增加,熔喷法非织造材料的纵横向强度均有所增加。纤网密度对强力的影响很大,对于一定单位面积质量,纤网密度越小,拉伸断裂强力越低,而拉伸断裂伸长越大。如纤网密度增加,则对提高纤网的断裂强力有利,但拉伸断裂伸长减小。熔喷纤网中的纤维呈杂乱排列,熔喷非织造材料的强力除了取决于纤维本身强力之外还取决于纤维之间的热黏合程度。熔喷纤网中纤维之间的热黏合程度与熔喷工艺条件相关,其中熔喷接收距离的影响最大。

4.3　非织造材料拉伸性能测试

4.3.1　拉伸性能指标

拉伸性能是指非织造材料在拉力作用下表现出的各种性能,主要包括:

1) 拉伸断裂强力

指非织造材料试样被拉伸至断裂的过程中所测得的最大拉力。

2) 断裂伸长率

指非织造材料试样拉伸至断裂的过程中,测得最大拉力时试样的伸长与拉伸前试样长度(钳口夹持距离)之比的百分率。

拉伸形式主要有单轴向拉伸和双轴向拉伸。单轴向拉伸是指在同一个方向拉伸,双轴向拉伸是指同时在相互垂直的两个方向拉伸。一般情况下进行的是单轴向拉伸。

4.3.2　单轴向拉伸测定

1) 原理

对规定尺寸的试样,沿试样长度方向拉伸至断裂,记录拉伸过程中的位移和拉力,计算试样的断裂强力和断裂伸长率。单轴向拉伸主要用来测试非织造材料的纵向强力、横向强力,或某一角度的强力。中国国家标准 GB/T 24218.3 和 GB/T 15788 规定了非织造布和土工布断裂强力和断裂伸长率的测定方法。

2）仪器

拉伸性能测试可采用 CRE（等速伸长）、CRT（等速牵引）或 CRL（等加负荷）型拉伸强力仪。一般常用的是 CRE 等速伸长型强力机，发生争议或仲裁性试验以 CRE 型为准。图 4-2 所示为一种等速伸长多功能型强力机，通过更换夹具可以测试不同的力学性能，如拉伸、压缩、弯曲、剪切、剥离和反向应力循环等。

3）测试步骤

（1）强力机。等速伸长型强力机。

（2）取样。试样宽度为（50±0.5）mm（土工布为 200 mm），长度能满足试样名义夹持距离 200 mm（土工布为 100 mm）即可，沿样

图 4-2　多功能材料试验机

品纵横向各取 5 块试样，平行法取样，试样距布边 100 mm 以上，均匀地分布在样品的纵向和横向上。试样应按规定调湿处理。

（3）试样名义夹持距离。200 mm（土工布为 100 mm）。双方协商同意，也可以采用较短的夹持距离。

（4）拉伸速度。100 mm/min[土工布为（20±5 mm/min）]。对于伸长率≤5％的土工布，选择合适的速度，使试样的平均断裂时间在（30±5）s 范围内。双方协商同意，也可以采用其他的拉伸速度。

（5）预加张力选择。GB/T 3923.1—2013 规定了预加张力选择，按试样单位面积质量选择张力。

a. ≤200 g/m²：2N；b. >200 g/m² 且≤500 g/m²：5N；c. >500 g/m²：10 N。断裂强力较低时，可按断裂强力的（1±0.25）％确定。

测试前试样要经过调湿处理，并在标准大气下进行测试。如果需要进行湿态强力测试，试样可在每升含有 1 g 非离子性润湿剂的蒸馏水中浸泡至少 1 h，取出后沥去过量水分，立即进行试验。土工布试样在水中泡 24 h 以上，也可在水中加入 0.05％的非离子性润湿剂，取出后在 3 min 内进行试验。对于土工栅格或土工布与土工栅格复合的土工产品，可使用伸长计，试样的裁取及伸长计的安装要符合相关规定。

（6）测试步骤。调整好强力机夹持距离，设置拉伸速度及预加张力，在夹钳中心位置夹持试样，使试样纵向轴线与夹钳钳口线垂直，然后旋紧上下夹钳夹持试样；校准强力试验机的零位，开动机器，拉伸试样至断裂。记录最大断裂强力及断裂伸长或记录每个试样的强力-伸长曲线。如果试样断裂发生在钳口位置或拉伸过程中试样在钳口处有滑移则测试无效，需要重新进行测试。

4）试验结果计算

计算试样的纵横向断裂强力、断裂伸长率及断裂强度平均值。

（1）非织造材料拉伸试验结果计算。

a. 计算试样的纵、横向平均断裂强力，N。

b. 计算试样的纵、横向断裂伸长率及其平均值，％。

$$断裂伸长率 = \frac{\Delta L}{L_0} \times 100\% \tag{4-1}$$

式中：ΔL——试样的断裂伸长，mm（指拉伸断裂过程中，测得最大拉力时试样的伸长）。

$\quad\quad L_0$——试样的夹持长度，mm。

c. 计算试样的纵、横向断裂强度 R，cN·m/g。

$$R = \frac{P}{bm} \tag{4-2}$$

式中：P——断裂强力，cN；

$\quad\quad b$——试样宽度，m；

$\quad\quad m$——试样定量，g/m^2。

e. 计算试样纵、横向各性能指标的变异系数。断裂功可以通过拉伸曲线下面的总面积来计算。

（2）土工布拉伸试验结果计算

a. 计算试样的纵、横向平均最大负荷，kN。

b. 计算试样的纵、横向拉伸强度，kN/m。

$$T_{max} = F_{max} \times c \tag{4-3}$$

式中：T_{max}——拉伸强度，kN/m；

$\quad\quad F_{max}$——记录的最大负荷，kN；

$\quad\quad c$——分情况而定，对于非织造材料、紧密机织布等类似的土工材料，$c = 1/B$，其中 B 为试样的宽度（m）；对于土工栅等类似的产品，$c = N_m/n_s$，其中 N_m 为样品 1 m 宽范围内的拉伸单元数，n_s 为试样中拉伸单元数。

c. 计算最大负荷下的伸长率，％。

$$\varepsilon_{max} = \frac{\Delta L - L_0'}{L_0} \tag{4-4}$$

式中：ε_{max}——最大负荷下的伸长率，％；

$\quad\quad \Delta L$——最大负荷下的伸长，mm；

$\quad\quad L_0'$——达到预负荷的伸长，mm（指在 1％最大负荷的外加负荷下试样的伸长）；

$\quad\quad L_0$——实际夹持距离，mm。

d. 计算割线模量，kN/m。

$$J = \frac{F \times c \times 100}{\varepsilon} \tag{4-5}$$

式中：J——割线模量，kN/m；

F ——伸长率为 ε 下测得的强力,kN;

c ——同式(4-3);

ε ——特定伸长率,%。

4.3.3 双轴向拉伸

双轴向拉伸的作用原理如图 4-3 所示,(a)为两向拉伸力均等的对称双向拉伸情况,(b)为两向拉伸力不等(或保持一个方向不动)的情况,(c)为非对称的平行四边形变形拉伸的情况。双轴向拉伸测试仪器结构比较复杂,仪器价格贵,测试成本也较高,一般用的比较少,在一些对材料要求很高或有特殊要求的场合下才使用双轴向拉伸测试。

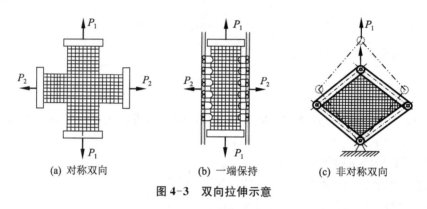

(a) 对称双向   (b) 一端保持   (c) 非对称双向

图 4-3 双向拉伸示意

4.4 撕破性能的测试

非织造材料在使用过程中经常会受到集中负荷的作用,使局部损坏而断裂。撕破是指材料受到集中负荷的作用而撕开的现象,材料撕破所需要的力称为撕破强力。

撕破强力测试方法主要包括梯形法、落锤法和舌形法。中国纺织行业标准 FZ/T 60006—1991《非织造布撕破强力的测定》规定了两种测试方法,即梯形法、落锤法。

4.4.1 梯形法

1) 原理

在一长条形试样上按一定尺寸画一梯形(图 4-4),在其梯形短边中点处剪一条一定长度的切口作为撕裂起始点,用拉伸强力机的上下钳口夹住梯形上两条不平行的边,然后对试样持续拉伸,使试样沿着切口撕裂并逐渐扩展直至试样全部撕断,测定最大的撕破力(N)。中国纺织行业标准 FZ/T 60006 和国家标准 GB/T 13763 规定了非织造布和土工布的梯形撕裂强力的测试方法。

2) 仪器

可采用等速伸长型(CRE)强力机,也可采用等速牵引型(CRT)强力机。仲裁性试验或在发生争议时,以 CRE 型为准。

3) 取样

按平行法取样方式裁取纵向和横向试样各 10 条,见图 4-4、图 4-5。土工布尺寸为 200 mm×75 mm,其他非织造布尺寸为 200 mm×50 mm。试样应按规定进行调湿处理。

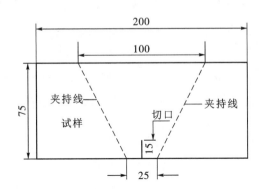

图 4-4　土工布撕破试样示意(单位:mm)

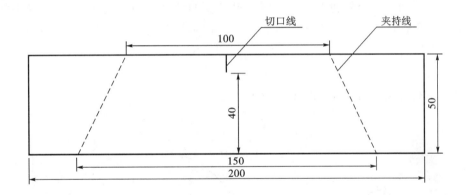

图 4-5　非织造布撕破试样示意(单位:mm)

4) 钳口夹持距离

土工布为 25 mm,其他非织造布为 100 mm。

5) 拉伸速度

土工布为 50 mm/min,其他非织造布为 100 mm/min。

6) 测试步骤

试样置于上下夹钳内,试样上夹持线与钳口线相平齐,试样应在上下夹钳中间的对称位置,梯形试样的短边保持垂直状态,如图 4-6 试样夹持示意图所示,夹紧试样,启动强力机,待试样全部撕断,记录最大撕破强力值,撕破强力通常不是一个单值,而是一系列峰值,图 4-7 所示为典型的撕破强力曲线图。每个方向至少 10 块试样。

7) 试验结果计算

计算非织造布纵向和横向的撕破强力最大值的平均值,单位为牛顿(N),保留一位小数,并计算变异系数。

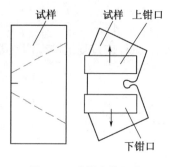

图 4-6 试样夹持示意

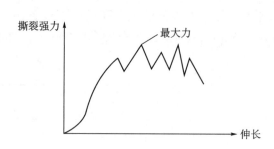

图 4-7 撕破强力曲线

4.4.2 落锤法

1) 原理

落锤法撕裂试验的原理是通过一个具有一定质量的重锤下落冲击织物使得织物撕裂。图 4-8 为仪器实物照片,试样是一块近似半圆形试样,图 4-9 是试样示意图,试样的中间有一小切口,切口两侧部分分别夹紧在落锤式撕破仪的动夹钳和静夹钳上,在试样中间开一切口,利用扇形摆锤从垂直位置下落到水平位置时的冲击力使动夹钳与静夹钳中的试样迅速撕裂。落锤法仅适用于其质量在 120 g/m² 以下的薄型非织造材料的撕破强力的测定。

2) 仪器

落锤式织物撕破强力仪,如图 4-8 所示。

图 4-8 落锤式织物撕裂仪

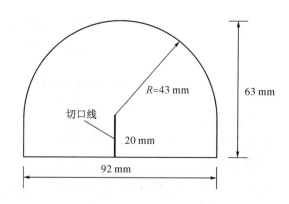

图 4-9 落锤法撕破试样示意

3) 取样

试样的形状如图 4-9 所示,以一个近似半圆的形状。平行法取样,纵横向各 10 块。

4) 试验步骤

(1) 试验前检查仪器水平,空载时指针的指零状态。

(2) 选择摆锤的质量,使试验值落在满刻度值的 20%～80% 范围内。将摆锤升到起始位置。

（3）将半圆形试样的底边置于两夹钳的正中底部位置上，然后旋紧两夹钳，按下切刀手柄，使试样正中由底向上切开一个20 mm长的切口。

（4）按下摆锤挡板，扇形摆锤迅速落下，由于动夹钳与摆锤连为一体，试样被撕裂而断，记录撕裂强力数据。

5）试验结果计算

计算10块试样的纵向及横向的撕破强力算术平均值（N），保留1位小数，并计算变异系数。

4.4.3 舌形法、裤形法及翼形法

1）原理

舌形法（双缝）试样、裤形法（单缝）试样、翼形法（单缝）试样见图4-10～图4-13，它们的测试原理基本相同，将试样上的两片分别夹在织物拉伸强力机的上下夹头中，使试样切口线在上下钳口之间成直线，试样将沿切口方向撕裂，记录试样撕裂到规定长度内的撕破强力。国家标准GB/T 3917.2、GB/T 3917.4和GB/T 3917.5规定了纺织品裤形试样、舌形试样和翼形试样的撕破强力测定方法。

2）仪器

CRE型强力试验机。

3）取样

纵横向各至少5块。图4-10～图4-13所示分别为舌形法（双缝）试样、裤形法（单缝）试样、翼形法（单缝）试样尺寸，图中单位为mm。试样上要画出撕裂长度终标记线。

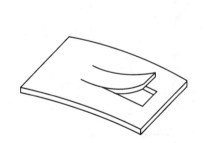

图4-10 舌形法（双缝）试样尺寸

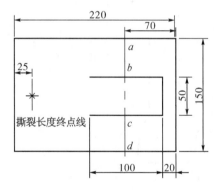

图4-11 舌形法（双缝）试样尺寸

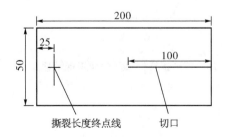

图4-12 裤形法（单缝）试样尺寸

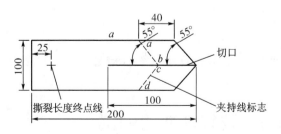

图4-13 翼形法（单缝）试样尺寸

4) 钳口夹持距离

100 mm。

5) 拉伸速度

100 mm/min。

6) 测试步骤

图 4-14～图 4-16 分别为舌形法(双缝)试样、裤形法(单缝)试样、翼形法(单缝)试样夹持示意图,夹紧试样,启动强力机,使试样持续撕裂至撕裂终点标记处,记录撕破强力值(N)。

7) 试验结果计算

撕破强力是一系列峰值,可以人工计算,也可以通过计算机计算。通过计算机计算时,将第一个峰和最后一个峰之间等分为四个区域,舍去第一个区域,记录余下的三个区域内所有的峰值,计算所有峰值的算数平均值(单位为 N)及变异系数,再分别计算纵、横向各 5 块试样的撕破强力平均值及变异系数。

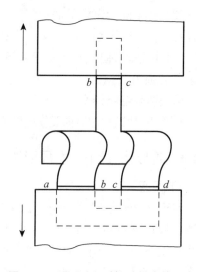

图 4-14　舌形法(双缝)试样夹持示意

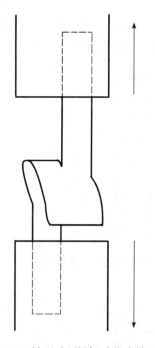

图 4-15　裤形法(单缝)试样夹持示意

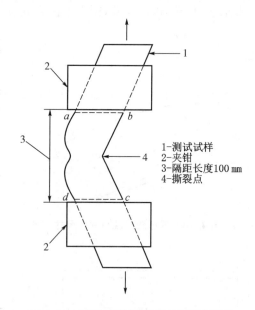

1-测试试样
2-夹钳
3-隔距长度100 mm
4-撕裂点

图 4-16　翼形试样(单缝)试样夹持示意

4.5　破裂性能的测试

非织造材料在四周固定的条件下,从材料的一面垂直于其平面的负荷作用下,顶起或鼓起扩张而破裂的现象称为破裂、顶破或胀破。顶破的受力方式与单向拉伸断裂不同,属于多向受力,由于各个方向均等受力,不会产生"颈缩"现象,特别适合对非织造材料、三向织物、针织物、降落伞、气囊袋、滤尘袋等布的测试。

破裂性能测试有多种方法,如:弹子法、钢球式、膜片法(气压法、液压法)。弹子法和钢球法测试原理类似,弹子法采用的夹持器圆环内径和弹子的直径更小一些。其中,气压法比较准确。

破裂性能测试的基本原理是一定面积的非织造材料试样四周夹持固定,一垂直于试样平面的负荷持续作用于试样上,直至试样破裂,记录其最大的破裂力,单位为 N。

4.5.1　钢球法

1) 原理

将试样固定在圆环形试样夹内,圆球形顶杆以固定速度垂直地顶向试样,使试样变形,直至破裂,测得的最大的力即为顶破强力。国家标准 GB/T 19976 规定了纺织品钢球法顶破性能的测试方法。图 4-17 所示为钢球法顶破原理,图 4-18 所示为钢球法顶破仪器实物照片。

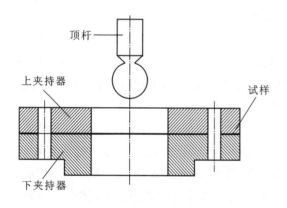

图 4-17　钢球法原理示意

图 4-18　钢球法顶破仪

2) 仪器

等速伸长型(CRE)强力机,圆形夹具内径 45 mm,顶杆圆球直径 25 mm 或 38 mm。

3) 取样

梯形或平行法取样,没有规定取样方式时采用梯形取样方式,试样大小形状应保证仪器夹具能够良好地夹持试样为准。数量不小于 5 个。试样应进行调湿处理。

4) 顶破速度

300 mm/min。

5) 测试步骤

选择球形顶杆,将球形顶杆和夹持器安装在试验机上,选择力传感器量程,使测试输出值在满量程的 10%~90%。设置仪器速度,将试样牢固地夹持在环形夹持器中,试样的反面对着顶杆,启动仪器直至试样被顶破,记录测试过程中的最大值作为该试样的顶破强力,单位为牛顿(N)。如果测试过程中出现试样滑脱现象则测试无效。

6) 试验结果计算

顶破强力:顶破测试过程中测得的最大的力,单位为牛顿(N)。

计算试样的平均顶破强力及变异系数。

4.5.2　气压法

1) 原理

将一定面积的试样覆盖在可延伸的膜片上,并用一个环形夹具压住试样和膜片。在膜片下平缓地增加压缩气体压力,直至试样破裂,测得膨胀强力和膨胀扩张度。国家标准 GB/T 7742.2 规定了气压法测试纺织品胀破强力和胀破扩张度的方法。图 4-19 所示为气压法织物胀破试验仪原理。

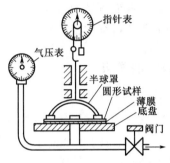

图 4-19　织物顶破试验仪原理示意

2) 仪器

胀破强度仪,膜片应具有高弹性,厚度小于 2 mm。试验面积优先选用 50 mm²,根据情况也可以选用 100 mm²、10 mm²、7.3 mm² 等其他商定的面积。

3) 取样

试样大小和形状要和所用的仪器相适应。取样可以用梯形法或商定的方式,取样位置应距织物边 150 mm 以上。对夹持系统不需要剪裁试样的,也可以不用剪裁试样进行测试。在织物的不同部位进行试验,至少 5 次有效试验。

4) 测试步骤

调整胀破强度仪加压速度,使试样胀破的平均时间在(20±5)s 之内,将试样放置在膜片上,用夹持环夹紧试样,固定安全罩。对试样施加压力,直到其破裂,记录胀破压力和胀破高度。测定膜片压力,采用与上述相同的试验条件,在没有试样的条件下,使膜片膨胀,直至达到有试样时的平均胀破高度,以此胀破压力作为膜片压力。

5) 试验结果计算

胀破压力:试样与膜片一起胀破过程中,直至胀破施加的最大压力,单位为 kPa。

膜片压力:在无试样的情况下,施加于膜片上使其达到试样平均胀破扩张度所需要的压力,单位为 kPa。

胀破强力:平均胀破压力减去膜片压力,单位为 kPa。

胀破扩张度:试样在胀破压力下的膨胀程度,以膨胀高度表示,单位为 mm。

计算试样的平均胀破强力、扩张度及变异系数。

4.5.3　液压法

液压法与气压法的测试原理、测试指标、测试过程类似,将一定面积的试样覆在可延伸的膜片上,并用一个环形夹具压住试样和膜片。在膜片下平缓地增加压缩液体压力,直至试样破裂,测得膨胀强力和膨胀扩张度。国家标准 GB/T 7742.1 规定了液压法测定纺织品胀破强力和胀破扩张度的方法。

4.5.4　土工材料静态顶破测试(CBR 法)

1)原理

CBR 法与钢球法类似,主要的不同是 CBR 法中顶杆是圆柱形的,顶杆头部为圆形平面,不是圆球形状的,另外试样夹持环内径更大。基本原理是将试样固定在圆环形试样夹内,圆柱形平头顶杆以固定速度垂直地顶向试样,使试样变形,直至破裂,测得的最大的力即为顶破强力,另外需要测顶破位移。国家标准 GB/T 14800 规定了土工布静态顶破(CBR)测定方法。图 4-20 所示为 CBR 法试样夹持器,图 4-21 所示为平头圆柱形顶杆。

2)仪器

等速伸长型(CRE)强力机,圆形夹具内径 150 mm,平头圆柱形顶杆直径 50 mm。

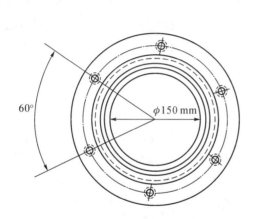

图 4-20　圆环形试样夹持器

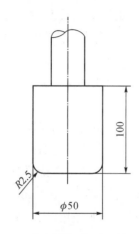

图 4-21　平头圆柱形顶杆(单位:mm)

3)取样

在样品上随机裁取 5 块试样,试样大小与夹具相匹配。试样须经调湿处理。

4)顶破速度

50 mm/min。

5)测试步骤

将试样牢靠地安装在试样夹持器上,将顶杆和夹持器安装在试验机上,设置仪器速度,启动仪器直至试样被顶破,记录测试过程中的最大值作为该试样的顶破强力,

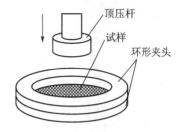

图 4-22　CBR 法顶破强力
测试示意

单位为 kN。从有预加张力 20 N 起直到最大顶破强力时测得的位移即为顶破位移。如果测试过程中出现试样滑脱现象则测试无效。图 4-22 为 CBR 法顶破强力测试示意图。

6)试验结果计算

顶破强力:顶破测试过程中测得的最大的力,单位为 kN。

顶破位移：从有预加张力 20 N 起直到最大顶破强力时测得的位移。

计算试样的平均顶破强力、顶破位移及变异系数。

4.6 刺破性能的测试

刺破强度反映非织造材料、土工布抵抗小面积集中载荷的能力，用以模拟在工程施工中，带有尖锐棱角的石子和硬质材料压入刺破或掉在材料上时的受力状态。

4.6.1 落锥穿透试验

1) 原理

落锥穿透试验一般用来测试土工布的抗刺穿性能，测试基本原理是将土工布试样固定在 ϕ150 mm 的环形夹具上，用质量为 1 kg、顶角为 45°、最大直径为 50 mm 的金属尖锥（黄铜），自 500 mm 高度下落在试样上，将试样刺破，通过刺破孔径的大小反映材料的抗刺破性能，孔径愈小，说明土工布抗冲击的阻力愈大。国家标准 GB/T 17630 规定了土工布及其有关产品的动态穿孔试验方法。

2) 仪器

动态穿孔试验所用的仪器是落锥仪。图 4-23 为落锥仪实物照片，图 4-24 为落锥仪原理示意图。支撑夹持系统的框架和从(500±2)mm 的高度（锥尖至试样的距离）释放钢锥至试样中心的装置。试样夹持器对试样不施加预张力，并能防止试验过程中的试样滑移。夹持环的内径应为(150±0.5)mm。图 4-25 为量锥示意图。量锥质量为(600±50)g，上面刻有刻度，在试样被刺破后，用来测量孔的直径。

图 4-23 落锥仪

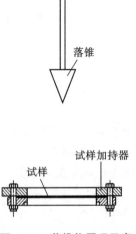

图 4-24 落锥仪原理示意

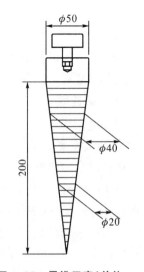

图 4-25 量锥示意（单位：mm）

3) 取样

从样品上裁取 10 块试样,尺寸以符合机器大小为准,如果样品两面性能不同则需要正反两面分别测试 10 块试样。

4) 测试步骤

样品在标准大气环境中调湿 24 h,裁样后将试样无折皱地在夹持环中夹紧,将装有试样的夹持系统放置在框架上,释放钢锥,从锥尖离试样(500±2)mm 的高度自由跌落在试样上。记录任何不正常的现象,如从试样上跳动,第 2 次落下形成又一个破洞。在这种情况下,测量较大的破洞。立即从破洞中取出钢锥,把量锥轻轻放入破洞,在自重作用下 10 s 后测量该洞的直径,单位为 mm。

5) 试验结果计算

计算 10 块试样破洞直径的平均值(单位 mm)及其变异系数(单位%)。

如果落锥完全穿透试样,造成 50 mm 的破洞,则不需计算平均值和变异系数。如果试样完全不能被刺破也应记录其现象。

4.6.2　刺破强力测试

1) 原理

该方法的基本原理是试样夹持在一环形夹具上,一直径为 8 mm,顶杆端部为 R 0.8 mm×45°倒角的平头金属杆,以 300 mm/min 的速率刺入试样,测定刺破过程的最大刺破强力。刺破强力测试如图 4-26 所示,环形夹具的内径为 45 mm。平头顶杆如图 4-27 所示。测出 10 块试样最大的刺破强度平均值,以 N 表示。国家标准 GB/T 19978 规定了土工布及其有关产品的刺破强力测定方法。

2) 仪器

等速伸长型试验机(CRE),符合下列要求:自动记录刺破过程的力-位移曲线;测力误差在 1%;行程不小于 100 mm。

3) 试验速度

300 mm/min。

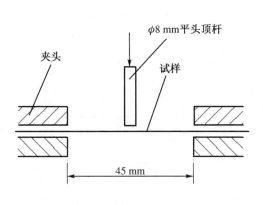

图 4-26　刺破强力测试示意

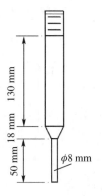

图 4-27　平头顶杆示意

4）取样

从样品上裁取 10 块试样,试样直径 100 mm。

5）测试步骤

样品调湿 24 h,裁样后将试样无折皱地在夹持环中夹紧,选择力传感器量程使测试输出值在满量程的 10%～90%,设置仪器速度,开动试验仪运行,直至试样被刺破,记录其最大值作为该试样的刺破强力,以牛顿(N)为单位。对于土工复合材料,可能出现双峰值的情况下,不论第二个峰值是否大于第一个峰值,均以第一个峰值作为试样的刺破强力。如果测试过程中出现试样滑脱现象,则测试无效。

6）试验结果计算

计算 10 块试样刺破强力的平均值(N),保留 3 位有效数字。

计算刺破强力的变异系数,%。

4.7　剥离强力的测试

4.7.1　复合织物剥离强力试验方法

1）原理

剥离就是把两层或多层复合在一起的织物、非织造材料等分离开。测试剥离强力时在规定的条件下,以恒定的速度把试样的两层剥离一段长度,记录剥离过程中的剥离曲线,并计算试样的剥离强力。中国纺织行业标准 FZ/T 60011 规定了复合织物剥离强力的测试方法。

2）仪器

等速伸长型试验机(CRE),能够测拉力和位移,满足规定的精度要求。

3）拉伸速度及夹持距离

拉伸速度为 100 mm/min,钳口夹持距离为 50 mm。

4）取样

从调湿后的样品上纵横向各裁取 3 块试样,试样宽度从 60 mm 修剪为 50 mm,长度不短于 150 mm。沿试样长度方向将试样预先剥离开 50 mm 左右,如图 4-28 所示。

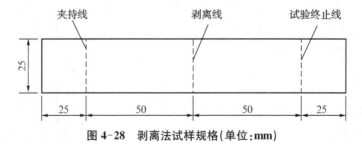

图 4-28　剥离法试样规格(单位:mm)

5）测试步骤

设置好仪器的拉伸速度和夹持器隔距,将已经剥开的试样 2 段分别夹持在夹持器中,开启仪器进行剥离过程,将试样拉伸至完全分离,记录剥离过程中的剥离曲线,并计算试样的剥离强力。

6）试验结果计算

对于完全剥离的试样,在试样剥离曲线上,去除剥离曲线图中前后各 1/4 的部分,计算中间 1/2 的曲线的峰值和谷值的平均值为剥离强力,单位为 N,如图 4-29 所示。计算纵横向试样的平均剥离强力。如果有不完全剥离等异常现象,应该记录说明。

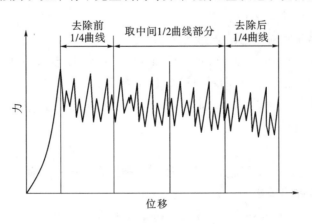

图 4-29　剥离强力曲线

4.7.2　非织造热熔粘合衬布剥离强力的测试

1）原理

热熔粘合衬剥离强力测试首先要制作组合试样,热熔粘合衬与服装面料,在一定的温度、压力和时间条件下进行压烫,利用热熔胶的粘力与服装面料发生黏合,制备出组合试样,剥离强力是指热熔粘合衬与被黏合面料剥离时所需的力。剥离过程中,所需的剥离力的值为随机变量,受力曲线如图 4-30 所示。记录粘合衬与面料剥离过程中受力曲线图上各峰值,并计算这些峰值的平均值和离散系数。用平均值反映黏合的牢固程度,用离散系数反映黏合的均匀程度。中国纺织行业标准 FZ/T01085 规定了热熔粘合衬布剥离强力测试方法。

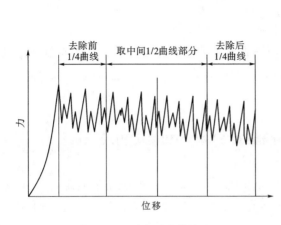

图 4-30　剥离受力曲线图

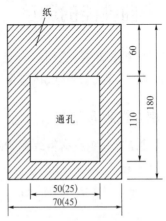

图 4-31　试样纸样示意(单位:mm)

2) 仪器

（1）平板压烫机。

（2）强力试验机。采用等速伸长型强力机（CRE）对组合试样实施剥离,强力机应具有计算机数据采集及处理系统,用以计算剥离强力平均值及离散系统,并输出计算结果。

经熔压不影响试验结果的薄型纸片,纸片厚度为 0.1 mm 以下,其尺寸如图 4-31 所示,根据试样宽度不同,纸宽有 2 种规格。

3) 取样及热熔粘合衬组合试样的制作

剪取衬布试样 200 mm×70 mm 或 200 mm×45 mm,标准面料略大于衬布试样,经向 10 块。将图 4-31 所示纸片放在面料与衬布之间,按 FZ/T 01076—2019 中的方法制成组合试样,压烫时,面料在上,衬布在下,面料与衬布的经纬向应保持一致。如进行水洗后剥离强力测试,试样数应加倍。

4) 调湿

将组合试样放在规定的标准大气下平衡 4 h,把组合试样一端剥开 5 cm 裂口。

5) 牵引速度及夹持距离

牵引速度为(100±10)mm/min,钳口夹持距离为 50 mm。

6) 测试步骤

将试样的两个分离端分别固定于测试仪的两只握持器上,试样长度方向应保持与握持器垂直,剥离线应位于两握持器之间的中间位置。设置强力机拉伸速度,启动测试仪,对试样进行剥离,5 s 后开始采集数据,直到剥离长度达 100 mm 为止。记录剥离曲线,计算各峰值的平均值和离散系数。洗涤前后测试 5 组试样。

7) 结果计算

计算剥离曲线上力各峰值的平均值(N),即为剥离强力,并计算变异系数。

计算洗涤前后 5 次测试结果的平均值、变异系数,以及洗涤后剥离强力下降率。

4.8 弯曲性能的测试

非织造材料和织物受到与自身平面垂直的力或力矩作用时会产生弯曲变形。弯曲性能主要包括刚柔性、悬垂性、折皱恢复性。

4.8.1 刚柔性测试方法

刚柔性是指非织造材料或织物的硬挺度(抗弯刚度)和柔软程度。

1) 斜面法

（1）原理。斜面法刚柔性测试方法也称为纺织品织物弯曲长度的测定,其测试原理如图4-32、图 4-33 所示,一长条形试样放置在具有一个斜面的水平平台上,长条形试样被压条压住,并一起沿平台长轴方向推出试样,使试样伸出平台并在自重下弯曲,伸出部分端悬空,当试样的头端接触到斜面表面时试样停止推出,通过试样的伸出长度 L 来反映试样的硬挺度情况。平台斜面与水平面的角度一般为 41.5°。国家标准 GB/T 18318 规定了斜面法测试纺织品弯曲性能的方法。

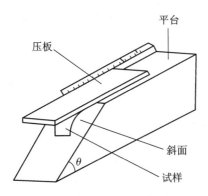

图 4-32　斜面法测试装置结构示意

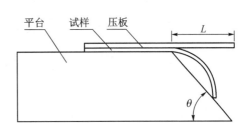

图 4-33　斜面法测试原理

（2）仪器。硬挺度测试仪，图 4-34 所示为仪器实物照片，仪器的左上部是放置试样的一个平台和试样压板，试样压板可以向右方移动，仪器的右下角有一个光电发射装置，可以探测试样在自重作用下弯曲头端是否达到了规定的角度。

（3）试样。按取样规定沿材料纵横方向随机各取 6 块试样，试样尺寸：25

图 4-34　硬挺度测试仪

mm×250 mm。如果试样的卷曲或扭转现象明显，可将试样放在平面间轻压几个小时以后再进行测试。对于特别柔软、卷曲或扭转现象严重的织物，不宜用此法。试样应按规定进行调湿处理。

（4）测试步骤。将试样放置在平台上，试样头端与平台的一侧边（压板推出方向的一侧）对齐，试样上压上压板，启动仪器，试样在压板的带动下与压板一起向外移动，试样在自重作用下弯曲至规定角度时，压板停止移动，记录试样伸出的长度 L。测试时要对同一个试样的两端调换方向分别进行测试，同时还要对正反面分别进行测试。

（5）试验结果计算。分别计算纵横向方向的平均弯曲长度 C 和抗弯刚度 G 及变异系数 CV 值。

弯曲长度 C：一端握持、另一端悬空的矩形织物试样在自重作用下弯曲至规定角度时的长度。试样伸出长度的一半定义为试样的弯曲长度。

抗弯刚度 G：单位宽度材料的微小弯矩变化与其相应曲率变化之比。

$$C = \frac{L}{2} \tag{4-6}$$

$$C_Z = \sqrt{(C_T \cdot C_W)} \tag{4-7}$$

式中：C——试样的弯曲长度，cm；

      L——试样的滑出长度，cm；

      C_T——试样的纵向平均弯曲长度，cm；

      C_W——试样的横向平均弯曲长度，cm；

      C_Z——试样的总平均弯曲长度，cm。

$$G = m \cdot C^3 \cdot 10^{-3} \tag{4-8}$$

$$G_Z = \sqrt{(G_T \cdot G_W)} \tag{4-9}$$

$$q = \frac{G}{t^3} \tag{4-10}$$

式中：m——试样的单位面积质量，g/m²；

      G_T——试样的纵向平均抗弯刚度，mN·cm；

      G_W——试样的横向平均抗弯刚度，mN·cm；

      G_Z——试样的总平均抗弯刚度，mN·cm；

      q——抗弯弹性模量，N/cm²；

      t——试样的厚度，mm。

弯曲长度 C 值越大，表示织物越硬挺，不易弯曲。弯曲性能也可以用抗弯刚度和抗弯弹性模量表示，数值越大表示织物的硬挺度越高。但弯曲长度和抗弯刚度与织物的厚度有关，厚度越大则数值也越大，抗弯刚度在数值上与织物厚度的三次方成比例。织物厚度的三次方除抗弯刚度就是抗弯弹性模量，它与织物厚度没有关系，数值越大表示材料刚性越大，越不易变形。

2) 心形法

心形法用于评定薄型和有卷边现象的织物的柔软度，采用心形弯曲环高度为测试指标，其值越大，织物越柔软。

(1) 原理。将织物沿纵向、横向各裁剪尺寸为 25 cm×2 cm 的 10 块条形试样。每块试样中间划出 2 条相距 20 cm 的有效长度记号线，按两端记号线将试样条夹入夹持器中悬挂。试样因自重下垂成心形。1 min 后，用直角尺测出夹持器上部平面至心形试样下端的弯曲环高度 L，以此反映材料的柔软程度。计算试样纵横向的平均弯曲环高度。图 4-35 是心形法测试原理示意图。国家标准 GB/T 18318.2 规定了心形法测定纺织品弯曲长度的方法。

(2) 仪器。心形法弯曲长度测试仪。

(3) 取样。按取样规定沿材料纵横方向随机各取 5 块试样，试样尺寸为 20 mm×250 mm。试样应按规定经调湿处理。

(4) 测试步骤。将试样按图 4-35 所示的方法夹持好，挂在测试架上，使试样成心形自然下垂，试样成圈的有效长度 200 mm，1 min 后，用直角尺测出夹持器上部平面至心形试样下端的弯曲环高度 L。同一个试样需要正反两面分别进行测试。

(5) 试验结果计算。分别计算纵横向 2 个方向的平均弯曲环高度及变异系数 CV 值。

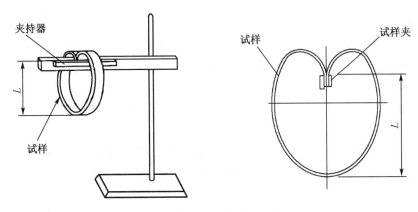

图 4-35　心形法测试示意

4.8.2　悬垂性测试方法

悬垂性是指织物因自重而下垂的性能,反映织物的悬垂程度和悬垂形态。悬垂程度是指织物在自重作用下悬垂的程度,下垂程度越大,织物的悬垂性越好。织物的悬垂性主要跟纤维的性能、织物的厚度、织物的平方米质量、织物的结构等因素有关系。悬垂性根据使用状态可分为静态悬垂性和动态悬垂性。

1) 原理

将圆形试样置于圆柱形的表面,织物会因自身质量而自然下垂,如图 4-36 所示,织物自然下垂后会在水平面上投影出下垂后的投影图,通过投影面积的大小以及投影边缘曲线形态的测试可以反映出织物的悬垂性能。传统的测试方法是采用描图法和光电法,只能测试织物静态的悬垂性,目前一般通过数码摄影及计算机图像处理技术,不仅可以测试织物静态悬垂性,还可以测试织物动态的悬垂性,图像处理法测试系统如图 4-37 所示。反映织物悬垂性能的参数主要有悬垂系数、悬垂形态等。国家标准 GB/T 23329 规定了纺织品织物悬垂性的测定方法。

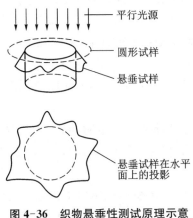

图 4-36　织物悬垂性测试原理示意

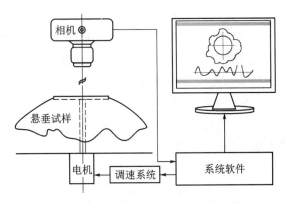

图 4-37　图像处理法悬垂性测试系统

2) 仪器

织物悬垂性测试仪。

3) 取样

按产品取样规定或协商要求取样,试样大小要与用的仪器相匹配。一个样品至少要测 3 个试样,且正反都要测试。

4) 测试步骤

按相应仪器的操作步骤要求进行,同一试样正反两面都要测悬垂性。

5) 试验结果计算

悬垂程度:指织物在自重作用下,其自由边界下垂的程度,通常用悬垂系数 F 表示。

悬垂系数 F:试样下垂部分的投影面积与其原面积之比的百分数。

$$F=\frac{A_f-A_d}{A_s-A_d}\times100\%$$ (4-11)

式中：A_f ——试样未悬垂的面积,cm²；

A_d ——测试台圆柱圆形面积 cm²；

A_s ——悬垂后试样投影面积 cm²。

悬垂形态:是将织物试样悬垂曲面的自由边界展开成波纹曲线,通过计算机专用软件自动算出反映织物悬垂形态的指标——波长不匀率系数、波高不匀率系数、波宽不匀率系数等。图像处理法可以得到静、动态悬垂系数,悬垂波数,最小、最大波幅,平均波幅等。

悬垂波数:表示悬垂波或折曲的数量。

最小波幅:表示悬垂波或折曲的最小尺寸,单位为 cm。

最大波幅:表示悬垂波或折曲的最大尺寸,单位为 cm。

平均波幅:表示悬垂波或折曲的平均尺寸,单位为 cm。

4.8.3 折皱回复性测试方法

纺织品折皱回复性也称折皱弹性,它是指试样抵抗折皱变形的能力,可用折皱回复角表示。折皱回复角是指一定形状和尺寸的试样用一个装置对折起来,并在规定的负荷下保持一定时间,待负荷卸除后,试样经过一定的回复时间,再测其折角,即为折皱回复角。折皱回复性反映了纺织品的抗变形能力,也反映了其弹性。

折皱性是指织物受到揉搓作用时产生塑性弯曲变形而形成折皱的性能。

抗皱性是指织物在使用中抵抗起皱和折皱复原的性能。

折痕回复性是指织物在规定条件下折叠加压,卸除负荷后,织物折痕处能回复原来状态至一定程度的性能。

折痕回复角是指在规定条件下,受力折叠的试样卸除负荷并经一定时间后,两个对折面形成的角度。

1) 原理

折皱恢复性测试分垂直法和水平法。垂直法是将凸形试样在规定压力下折叠一定时间,释压后让折痕回复一定时间,试样折痕回复时,折痕线与水平面垂直,测试其回复角;水平法是将矩形试样在规定压力下折叠一定时间,释压后让折痕回复一定时间,试样折痕回复时,折痕线与水平面平行,测试其回复角。图 4-38 为折痕回复角测试示意图。国家标准

GB/T 3819 规定了纺织品折痕回复性测试方法。

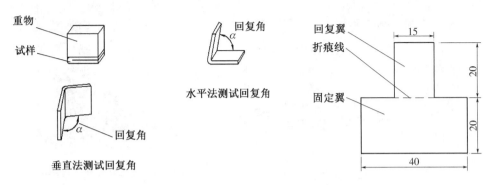

图 4-38　折痕回复角测试示意　　　图 4-39　垂直法试样的形状及尺寸(单位:mm)

2) 取样

每个样品至少裁剪 20 个试样(纵、横向各 10 个),测试时,每个方向的正面对折和反面对折各 5 个。日常试验可测试样正面,即纵、横向正面对折各 5 个。垂直法试样形状和尺寸如图 4-39 所示,水平法试样为矩形,尺寸为 15 mm×40 mm。图 4-40 所示为试样取样方式,图中单位为 mm。样品上不得存在明显折痕和影响试验结果的疵点。试样须经调湿处理。

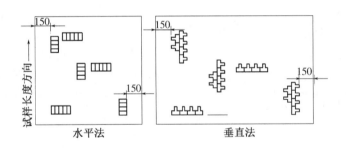

图 4-40　取样方式

3) 仪器

折皱弹性测试仪(垂直法、水平法)

压力负荷 10 N,承受压力负荷面积:水平法为 15 mm×15 mm;垂直法为 18 mm×15 mm,承受压力时间 5 min。图 4-41 为垂直法织物折皱弹性仪实物照片,图 4-42 为水平法织物折皱弹性仪实物照片。

4) 测试步骤

(1) 试样翻板的透明压板上加压负荷为 10 N。

(2) 承压时间规定为 5 min,时间达到后,试样翻板依次释重后抬起。

(3) 依次测量 10 个试样的急弹性回复角。

(4) 再过 5 min,测量试样的缓弹性回复角。

图 4-41　垂直法织物折皱弹性仪

图 4-42　水平法织物折皱弹性仪

5）试验结果计算

分别计算以下各项折痕回复角的算术平均值：

（1）纵横向折痕回复角平均值。

（2）总折痕回复角，用纵、横向折痕回复角算术平均值之和表示。

（3）折痕回复率，其计算式为

$$R = \frac{\alpha}{180} \times 100\% \tag{4-12}$$

式中：R——折痕回复率，%；

α——折痕回复角，(°)。

4.9　压缩性能测试

4.9.1　纺织产品的压缩与形变性能

非织造材料及其他纺织品当受到压力的作用时都会被压缩和产生形变，大部分纺织品受到压力时都很容易发生形变，特别是在压缩的初期，很小的压力就会引起较大的变形，但随着压力的加大形变逐渐降低，当压力加大到一定程度后，形变逐渐趋于稳定。当卸载压力后，材料一般不能回复到原来的厚度，但有些用特殊纤维或特殊结构生产的非织造材料，在有限压力和有限次压缩后，材料仍能基本回复到原来的厚度。图 4-43 所示为一种非织造材料典型的压缩形变曲线。

压缩性能的测试方法主要有两种，即恒定

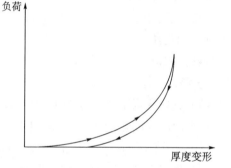

图 4-43　非织造材料的压缩形变曲线

压缩法和连续压缩法,其中恒定压缩法又分恒定压力法和恒定变形法。

4.9.2　恒定压缩法

纺织品恒定压缩法又分为定压法和定形法,一般优先采用定压法。该方法主要用来评价纺织品的压缩回弹、松弛、丰满、蓬松、柔软等性能。国家标准 GB/T 24442.1 规定了纺织品压缩性能测试恒压法方法。

1) 恒定压力法

(1) 原理。恒定压力法即定压法,对调湿处理后的试样分别施加恒定的轻、重压力,保持一定时间后测其两种压力下的厚度值,然后卸除压力,待试样回复一定时间后,再次测其轻压下的厚度,通过这几个厚度值等参数计算试样的压缩性能。图 4-44 为试样压缩测试过程示意图,其中 P_0 为轻压力,P_m 表示重压力。

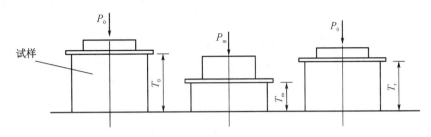

图 4-44　压缩性能测试程序

(2) 试验参数。定压法试验的主要参数见表 4-5。

表 4-5　定压法试验主要参数

样品类型	加压压力/kPa		加压时间/s		回复时间/s	压脚面积/cm²	速度/(mm·min⁻¹)	试验次数
	轻压	重压	轻压	重压				
普通	1					100、50、20、10、5、2	1-5	
非织造布	0.5	30、50	10	60、180、300	60、180、300			不少于 5
毛绒疏软	1							
蓬松	0.02	1、5				200、100	4-12	

(3) 测试步骤。

a. 基准板表面清理干净,仪器清零,试样放在基准板上。

b. 启动仪器,按表 4-5 的参数压脚对试样加轻压力 P_0,保持恒定,到规定轻压时间时记录轻压厚度 T_0(mm)。

c. 对试样施加重压力 P_m,保持恒定,到规定时间时记录重压厚度 T_m(mm)。

d. 立即提升压脚,卸除压力,让试样回复至规定时间后,再次施加轻压力,测试轻压下的厚度——回复厚度 T_r(mm),然后使压脚返回至初始位置。

e. 更换试样,重复上述操作,测完全部试样。

(4) 试验结果计算。记录轻压(表观)厚度 T_0、重压(稳定)厚度 T_m、回复厚度 T_r、压缩

变形量 $T_c(T_0-T_m)$、回复变形量 $T_a(T_r-T_m)$。

计算每个试样(或测定点)的压缩率 C 和压缩弹性率 R。

$$C = \frac{T_c}{T_0} \times 100\% = \frac{T_0-T_m}{T_0} \times 100\% \qquad (4-13)$$

$$R = \frac{T_a}{T_c} \times 100\% = \frac{T_r-T_m}{T_0-T_m} \times 100\% \qquad (4-14)$$

式中：C——压缩率，%(试样压缩变形量对轻压厚度的百分率)；

$\quad\quad T_c$——压缩变形量，mm(试样轻压厚度与重压厚度之差)；

$\quad\quad T_0$——轻压(表观)厚度，mm(试样在厚度方向不发生明显变形的恒定轻压力作用下的厚度)；

$\quad\quad T_m$——重压(稳定)厚度，mm(试样在厚度方向变形趋于稳定的恒定重压力作用下的厚度)；

$\quad\quad R$——压缩弹性率，%(变形回复量对压缩变形量的百分率)；

$\quad\quad T_a$——变形回复量，mm(试样回复厚度与重压厚度之差，即压缩变形量的回复量)；

$\quad\quad T_r$——恢复厚度，mm(试样在卸除重压力并经一定时间回复后轻压力作用下的厚度)。

蓬松度：在规定轻压作用下单位质量的试样所具有的体积，单位为 cm^3/g。

体积质量(密度)：蓬松度的倒数，单位为 g/cm^3。

2) 恒定变形法

(1) 原理。恒定变形法即定形法，先对试样测试轻压厚度，然后压脚以一定速度压缩试样，达到规定的压缩变形时停止压缩，记录此时的压力，保持该变形到规定的时间后，记录这时的压力，即松弛压力，然后迅速抬起压脚，取消压力，试样恢复规定时间后，再次测试其轻压厚度，即松弛厚度，由此可以计算出试样的应力松弛率、厚度损失率等。

(2) 试验参数。定形法试验的参数见表 4-6。

表 4-6　定形法试验主要参数

样品类型	定压缩率/%	松弛时间/s	回复时间/s	备注
普通	20、30、40			
毛绒疏软	40、50	180、300	180、300	其余参数见表 4-5
蓬松	40、50、60			

(3) 测试步骤。

a. 基准板表面清理干净，仪器清零，试样放在基准板上。

b. 启动仪器，按表 4-6 的参数压脚对试样加轻压力 P_0，保持恒定，到规定轻压时间，记录轻压厚度 T_0(mm)。

c. 继续压缩试样达到规定的压缩变形时停止压缩，记录此时的压力 P_i(kPa)，保持压缩变形恒定，达到规定的时间(松弛时间)后记录此时的压力及松弛压力 P_s。

d. 立即提升压脚，卸除压力，让试样回复至规定时间后，再次施加轻压力，测试轻压下的厚度——松弛厚度 T_s(mm),然后使压脚回至初始位置。

e. 更换试样,重复上述操作,测完全部试样。

(4) 试验结果计算

分别计算松弛压力、松弛厚度、应力松弛率、厚度损失率的平均值及变异系数 CV 值。

a. R_P ——应力松弛率,指松弛压力与初始压力之差对初始压力的百分率。

$$R_P = \frac{P_i - P_r}{P_i} \times 100\% \tag{4-15}$$

式中: P_i ——初始压力(松弛测定中,试样变形至规定压缩率而停止压缩的瞬时承受的压力),kPa;

　　　P_r ——松弛压力(保持一定时间的恒定变形后试样承受的压力),kPa。

b. R_T ——厚度损失率(指松弛厚度与轻压厚度之差对轻压厚度的百分率)。

$$R_T = \frac{T_0 - T_r}{T_0} \times 100\% \tag{4-16}$$

式中: T_0 ——轻压(表观)厚度,mm;

　　　T_r ——松弛厚度(在恒定变形达规定时间时卸除压力,回复一定时间后的轻压厚度),mm。

4.9.3　连续压缩法

1) 原理

试样放置在仪器的基准板上,压脚以一定速度匀速连续压缩试样,当压力达到规定的最大值时压脚以相同速度返回。仪器记录上述过程中的压力-变形曲线(图4-45),由此可以计算出试样的定压厚度、压缩功及回复功等压缩性能指标。国家标准 GB/T 24442.2 规定了连续压缩法(等速法)测定纺织品压缩性能的方法。

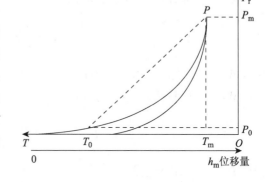

图 4-45　压力-形变曲线

2) 试验参数

连续压缩法试验的主要参数见表4-7。

表 4-7　连续压缩法试验主要参数

样品类型	压脚面积/ cm²	速度/ (mm·min⁻¹)	轻压压力/ kPa	最大压力/ kPa	试验次数	备注
普通	100、50、20、10、5、2	1~5	0.05、0.1、0.2	5、10	不少于 5	其他要求见定压法
蓬松	200、100、50、20	4~12	0.02、0.05	5、2		

3）测试步骤

a. 基准板表面清理干净,仪器清零,试样放在基准板上。

b. 启动仪器,按表 4-7 的参数压脚以匀速连续对试样加压,压力达到设定的最大压力 $P_{\max}$ 时,压脚立即返回。记录初始厚度 T_0、重压厚度 T_m、压缩功 W、回复功 W_r 及压力-变形曲线。

c. 更换试样,重复上述操作,测完全部试样。

4）试验结果计算

（1）列表记录每个试样的初始（表观）厚度 T_0、重压（稳定）厚度 T_m、压缩功 W、回复功 W_r。

回复功:压力从最大值减小至 0 的连续回复过程中所做的功,数值上等于压力-变形曲线下的面积。

压缩功:压力从 0 增加到最大值的连续压缩过程中所做的功,数值上等于压力-变形曲线下的面积。

压缩功弹性率:压缩回复功对压缩功的百分率。

（2）计算每个试样的压缩率 C、压缩弹性功 R、压缩线性度 L。

$$C = \frac{T_0 - T_m}{T_0} \times 100\% \tag{4-17}$$

式中：C——压缩率,%;

  T_0——初始（表观）厚度,mm;

  T_m——重压（稳定）厚度,mm。

$$R = \frac{W_r}{W} \times 100\% \tag{4-18}$$

式中：W——压缩功,cN·cm/cm^2;

  W_r——回复功,cN·cm/cm^2。

$$L = \frac{2W}{(T_0 - T_m)P_{\max}} \times 100\% \tag{4-19}$$

式中：$P_{\max}$——最大压力。

压缩线性度 L:压缩过程曲线接近于直线的程度,在数值上等于压力-变形曲线下的面积对该曲线两个端点连线下的面积之比。

4.9.4 絮片压缩回复性能测试

絮片类产品是日常生活中经常使用的一类产品,其压缩回复性能直接关系到产品的舒适性,保暖效果等,在相关产品的性能标准要求里规定了絮片的压缩回复性能指标及测试方法,其测试原理基本相同。

1）原理

采用恒定压力法测试,取一定厚度、一定尺寸的正方形试样,平放在基准板上,在试样上面放一个同样大小的轻质压板,在压板上可以放置砝码,分别测试轻压力和重压力下试样四个角的厚度,计算平均轻压厚度和重压厚度值,然后计算试样的蓬松度、压缩率、压缩回复率等参数。国家标准 GB/T 24252、GB/T 22796 和纺织行业标准 FZ/T 64003 规定了絮片的压缩性能测定方法。

2) 仪器

20 cm×20 cm(0.5 g/cm³)的测试板,2 000 g 和 4 000 g 的重锤,最小分度值为 0.01 g 的天平,以及秒表、直尺、剪刀等。

3) 取样

按取样要求取样,将试样剪成面积为 20 cm×20 cm 的小块,称取若干片约重 40~60 g,并放在标准大气条件下调湿处理 4 h,然后在天平上称重。准备 3 组试样测试。

4) 测试步骤

将试样放置在工作台上,试样上压上测试板,测试板中间压上 2 kg 砝码,持续时间 30 s,然后拿下砝码,试样静置恢复 30 s,这样重复 3 次后,测试试样四角高度,求其平均值 h_0(mm)。在测试板上加上 4 kg 砝码,30 s 后测试试样四角高度,求其平均值 h_1(mm),然后拿下砝码,试样静置恢复 3 min,测试试样四角高度,求其平均值 h_2(mm)。

5) 试验结果计算

(1) 蓬松度。指规定轻压力作用下单位质量试样所具有的体积。

$$P = \frac{20 \times 20 \times h_0}{10 \times W} \tag{4-20}$$

式中：P——蓬松度,g/cm³;

h_0——2 kg 砝码取下 30 s 时试样四角高度的平均值,mm;

W——试样的质量,g。

(2) 压缩率及回复率。

$$y = \frac{h_0 - h_1}{h_0} \times 100\% \tag{4-21}$$

式中：y——压缩率,%;

h_1——4 kg 砝码压力下 30 s 时试样四角高度的平均值,mm。

$$h = \frac{h_2 - h_1}{h_0 - h_1} \times 100\% \tag{4-22}$$

式中：h——回复率,%;

h_2——4 kg 砝码取下 30 min 时试样四角高度的平均值,mm。

(3) 计算试样的平均蓬松度、压缩率及回复率。

4.10　耐磨性能测试

材料耐磨性能是指材料抵抗磨损的性能。织物在使用过程中会受到不同物体的反复摩擦而逐渐损坏失去使用性能,磨损是纺织材料使用过程中被损坏的主要形式之一。纺织材料的耐磨性能跟许多因素有关,主要有纤维原料性能、非织造成网方式、加固形式、纱线结构、织物组织结构以及后整理等。织物磨损导致其失去使用功能的原因主要有:摩擦过程中纤维被磨断;纤维从织物中被拉出;纤维被切割断;纤维表面磨损导致纤维性能下降;摩擦生热作用等。在实际场合下往往是这些作用同时存在造成织物的失效或性能下降。

实验室中用仪器测定织物的耐磨性时,采用仪器模拟织物在实际穿用中的各种磨损状况进行测定。磨损主要有以下几种:

1) 平磨

是织物受到往复或回转的平面摩擦,如衣服的袖下、裤子的臀部、袜子的底部等部位的磨损。

2) 曲磨

是织物在弯曲状态下受到的反复摩擦,如肘部、膝盖等部位的磨损。

3) 折磨

是织物对折边缘的磨损,如衣服的领口、袖口、裤边等折边处的磨损。

4) 动态磨

如织物在洗衣机中的磨损。

织物耐磨性能测试是其机械性能测试的重要内容,进行耐磨试验时,磨料类型以及磨损方式的选择是重要的环节。常用的磨料有织物自身、砂纸、炭化砂轮、钝刃刀片及特制的橡胶板等。

织物耐磨性能的表征方法主要有四种形式。

(1)用织物经过一定磨损次数后的试样的破损情况来评价。在一定的条件下,试样破损越大,表示织物的耐磨性能越差。

(2)用织物经过一定磨损次数后的质量的损失率来评价。在一定的条件下,质量损失越大,表示织物的耐磨性能越差。

(3)通过织物经过一定次数磨损织物表面状态来反映,织物表面状态差,起毛起球严重,表面磨损明显,则说明织物的耐磨性能差。

(4)通过织物经过一定次数的磨损后强力的损失率来反映。强力损失率越小,说明织物的耐磨损性能越好。

4.10.1 马丁代尔法织物耐磨性能测试方法

马丁代尔法织物耐磨性能测试属于平磨测试,它包括3部分内容:试样破损的测定;质量损失的测定;外观变化的测定。

马丁代尔耐磨试验仪试样装在试样夹具内,在规定的负荷下,在平面内与磨料(标准织物)进行摩擦,摩擦轨迹为李莎茹曲线。根据试样破损次数、质量损失率、外观变化来确定织物的耐磨性能。图4-46所示为一种马丁代尔织物耐磨仪实物照片。

1) 试样破损的测定

(1)原理

用马丁代尔耐磨试验仪,试样在一定的
压力作用下对试样进行摩擦,每摩擦一定次
数后检查试样是否磨破,如果没有磨破则继
续进行摩擦,直到试样被磨破,根据试样破损
的总摩擦次数来表征织物的耐磨性能。

织物磨破的判定:非织造布上磨出孔洞,
直径至少 0.5 mm;机织物中 2 根及以上独立
的纱线断裂;针织物中纱线断裂造成破洞;起
绒或割绒织物表面露底;涂层织物的涂层部
分磨出基布或涂层脱落。国家标准 GB/T

图 4-46　马丁代尔织物耐磨仪

21196.2 规定了纺织品耐磨性测定的试样破损的测定方法。

(2)仪器。马丁代尔织物耐磨试验仪。

(3)试样上加的负荷。依据不同类型的织物,测试时试样上加的负荷(试样夹具组件和
砝码合计质量)如下:

a.(795±7)g(名义压力为 12 kPa):工作服、家具装饰布、床上亚麻制品、产业用织物。

b.(595±7)g(名义压力为 9 kPa):非服用的涂层织物、服用和家用纺织品(不包括家装
饰布和床上亚麻制品)。

c.(198±2)g(名义压力为 3 kPa):服用类涂层织物。

(4)取样。

试样尺寸:直径为 38 mm。

磨料尺寸:直径或边长不小于 140 mm。

羊毛标准磨料的摩擦次数每超过 50 000 即更换一次,水砂纸标准磨料摩擦次数每超过
5 000 即更换一次。

(5)测试步骤。

将磨料和试样装入仪器,试样摩擦面向外。启动仪器,试样进行连续摩擦,当到设定的
摩擦次数时取下装有试样的夹具,检查试样是否有破损迹象。如果未破损,将试样夹具重
新装在仪器上,进行下一个检查间隔的试验和评定,直到试样破损。需要注意的是检查间
隔次数需要合理的设置,不同织物设置不同。对于不熟悉的织物,建议进行预试验,以每
2 000 次摩擦为检查间隔。

(6)试验结果计算。

试样的耐磨次数:试样摩擦破损前累积的摩擦次数。

计算试样的平均耐磨次数。

2)试样质量损失的测定

(1)原理。用马丁代尔织物耐磨试验仪,试样在一定的压力作用下对试样进行摩擦,在
试验过程中按表 4-8 中的实验间隔检查试样的质量,根据试样质量的损失来确定织物的耐
磨性能。中国国家标准 GB/T 21196.3 规定了纺织品耐磨性测定的试样质量损失的测定
方法。

表 4-8　质量损失试验间隔

试验系列	预计试样破损时的摩擦次数	在以下摩擦次数时测定质量损失
a	≤1 000	100，250，500，750，1 000，(1 250)。
b	>1 000 且≤5 000	500，750，1 000，2 500，5 000，(7 500)。
c	>5 000 且≤10 000	1 000，2 500，5 000，7 500，10 000，(15 000)。
d	>10 000 且≤25 000	5 000，7 500，10 000，15 000，25 000，(40 000)。
e	>25 000 且≤50 000	10 000，15 000，25 000，40 000，50 000，(75 000)。
f	>50 000 且≤100 000	10 000，25 000，50 000，75 000，100 000，(125 000)。
g	>100 000	25 000，50 000，75 000，100 000，(125 000)。

（2）仪器。马丁代尔织物耐磨试验仪。

（3）试样上加的负荷。依据不同类型的织物,测试时试样上加的负荷(试样夹具组件和砝码合计质量)如下:

a.(795±7)g(名义压力为 12 kPa):工作服、家具装饰布、床上亚麻制品、产业用织物。

b.(595±7)g(名义压力为 9 kPa):非服用的涂层织物、服用和家用纺织品(不包括家装饰布和床上亚麻制品)。

c.(198±2)g(名义压力为 3 kPa):服用类涂层织物。

（4）取样。

试样尺寸:直径为 38 mm。

磨料尺寸:直径或边长不小于 140 mm。

羊毛标准磨料摩擦次数每超过 50 000 次即更换一次,水砂纸标准磨料摩擦次数超过 5 000 即更换一次。

（5）测试步骤。将磨料和试样装入仪器,试样摩擦面向外。根据试样预计的摩擦次数,按表 4-8 的间隔设置试验间隔次数。启动仪器,摩擦已知质量的试样直到所选择的表 4-8 试验系列中规定的摩擦次数。检查试样表面的异常变化(例如,起毛或起球,起皱,起绒织物掉绒)。如果出现这样的异常现象,舍弃该试样。为了测量试样的质量损失,小心地取下试样夹具,用软刷除去纤维碎屑,然后测量每个试样组件的质量,精确至 1 mg。

（6）试样结果计算。

计算每个试样的质量损失。

计算相同摩擦次数下各个试样的质量损失平均值。

根据各摩擦次数对应的平均质量损失,计算耐磨指数。

$$A_i = \frac{n}{\Delta m} \tag{4-23}$$

式中: A_i——耐磨指数,次/mg;

n——总摩擦次数,次;

Δm——试样在总摩擦次数下的质量损失,mg。

3）外观变化的测定

（1）原理。用马丁代尔织物耐磨试验仪,试样在一定的压力作用下与磨料（标准织物）进行摩擦,根据试样外观变化情况确定织物的耐磨性能。国家标准 GB/T 21196.4 规定了纺织品耐磨性测定的外观变化的评定方法。采用以下两种方法中的一种与未经测试的同一织物比较,评定试样的表面变化:

a. 达到规定表面变化所需的总摩擦次数（耐磨次数）。

b. 以规定的次数进行摩擦后试样的表面变化程度。

（2）仪器。马丁代尔织物耐磨试验仪。

（3）试样上加的负荷。测试时试样上加的负荷为 198 g（试样夹具及销轴质量）。

（4）取样。

试样尺寸:直径或边长不小于 140 mm。

磨料（标准织物）尺寸:直径 38 mm。

每次试验须更换新磨料。

（5）耐磨次数的测定。依据达到的试样外观变化情况而希望的摩擦次数,在表 4-9 中选取试验检查间隔,设定摩擦次数,进行磨损试验,直至达到预先设定的摩擦次数。在每个间隔评定试样的外观变化。评价试样外观时,需要取下试样进行评定,如果还未达到规定的表面变化,则重新安装试样,继续试验,直到下一个检查间隔进行试验和评定,直至试样达到规定的表面状况。记录每个试样的结果,以还未达到规定的表面变化时的总摩擦次数作为试验结果,即耐磨次数。

表 4-9　试验的检查间隔

试验系列	达到规定的表面外观期望的摩擦次数	检查间隔/摩擦次数
a	≤48	16,以后为 8
b	>48 且≤200	48,以后为 16
c	>200	100,以后为 50

（6）外观变化的评定。以协议的摩擦次数进行磨损试验,评定试样摩擦区域表面变化状况,例如试样表面变色、起毛、起球等。

（7）试验结果计算。确定每个试样达到规定的表面变化时的摩擦次数,或评定经协议摩擦次数摩擦后试样的外观变化。

4.10.2　强力损失率测试方法

1）原理

测试试样在一定条件下摩擦前后强力的损失率,由此评价织物的耐磨损情况,也是常用的耐磨性能测试方法。国家标准 GB/T 17636 规定了砂布/滑块法测试土工布及其有关产品抗磨损性能的方法。

2）仪器

土工布磨损测试仪;强力机。

图 4-47 所示是土工布磨损测试仪,属于平磨测试。磨料组件和织物组件上可以分别装磨料和织物,如图 4-48 所示,其中磨料组件和织物组件合在一起,使磨料和织物表面相接触,其中磨料组件在下面,磨料朝上,织物组件压在磨料组件上面,织物面向下,织物组件上面还需要压砝码,磨料组装在仪器机构的驱动下可以左右往复直线运动,织物组件则固定静止不动,但可以在竖直方向自由向下压在磨料上。抗磨损性用摩擦前后试样拉伸强力的损失百分率表示。

图 4-47 平磨式土工布磨损测试仪

装磨料组件

装织物组件

图 4-48 织物和磨料的安装

3) 参数设置

磨料组件平板尺寸为 50 mm×200 mm,运动频率为每分钟往复 90 次。行程为 25 mm。试样上加的压力 6 kg(组件和砝码质量合计)。

4) 取样

按土工布取样规定取样及调湿,样品中每个测试方向剪切 5 块大样,尺寸为 50 mm×600 mm,每块大样沿横向剪为两个长 300 mm 的试样,一个用作为摩擦试样,另一个用作为强力比较参照试样。对机织土工布,大样尺寸为 60 mm×600 mm。如果材料两面的性能不同,需要每面各试验 5 块。

5) 测试步骤

(1) 将调湿过的试样安装在静止的上平板上,并夹紧。将磨料安装在可往复运动的下平板上,两端夹紧。

(2) 把织物组件放置在磨料组件上,上平板上施加包括上平板质量在内共 6 kg 的荷重。

(3) 开启磨损试验仪,以每分钟往复 90 周期的频率进行工作,以规定的频率磨 750 个周期,或者直到试样磨穿。每次试验后更换磨料。

(4) 分别测试磨损前后试样的拉伸强力。

6) 试验结果计算

计算每组试样的强力损失百分率,精确到 1%。

$$强力损失率 = \frac{F_A - F_B}{F_A} \times 100\% \tag{4-24}$$

式中:F_A——参照样的断裂强力,N;

F_B——磨损样的断裂强力,N。

计算 5 组试样的平均强力损失百分率及其变异系数。

参考文献

［1］郭秉臣.非织造布的性能与测试［M］.北京：中国纺织出版社,1998.

［2］GB/T 24218.3—2010：纺织品　非织造布试验方法　第 3 部分：断裂强力和断裂伸长率的测定（条样法）［S］.

［3］GB/T 15788—2017：土工合成材料　宽条拉伸试验方法［S］.

［4］FZ/T 60006—1991：非织造布撕破强力的测定［S］.

［5］GB/T 13763—2010：土工合成材料　梯形法撕破强力的测定［S］.

［6］GB/T 3917.2—2009：纺织品　织物撕破性能　第 2 部分：裤形试样（单缝）撕破强力的测定［S］.

［7］GB/T 3917.4—2009：纺织品　织物撕破性能　第 4 部分：舌形试样（双缝）撕破强力的测定［S］.

［8］GB/T 3917.5—2009：纺织品　织物撕破性能　第 5 部分：翼形试样（单缝）撕破强力的测定［S］.

［9］GB/T 19976—2005：纺织品　顶破强力的测定　钢球法［S］.

［10］GB/T 7742.2—2015：纺织品　织物胀破性能　第 2 部分：胀破强力和胀破扩张度的测定　气压法［S］.

［11］GB/T 7742.1—2005：纺织品　织物胀破性能　第 1 部分：胀破强力和胀破扩张度的测定　液压法［S］.

［12］GB/T 14800—2010：土工合成材料　静态顶破试验（CBR 法）［S］.

［13］GB/T 17630—1998：土工布及其有关产品　动态穿孔试验　落锥法［S］.

［14］GB/T 19978—2005：土工布及其有关产品　刺破强力的测定［S］.

［15］FZ/T 60011—2016：复合织物剥离强力试验方法［S］.

［16］FZ/T 01085—2018：热熔粘合衬剥离强力试验方法［S］.

［17］GB/T 18318.1—2009：纺织品　弯曲性能的测定　第 1 部分：斜面法［S］.

［18］GB/T 18318.2—2009：纺织品织　物弯曲长度的测定　第 2 部分：心形法［S］.

［19］GB/T 23329—2009：纺织品　织物悬垂性的测定［S］.

［20］GB/T 3819—1997：纺织品　织物折痕回复性的测定　回复角法［S］.

［21］GB/T 24442.1—2009：纺织品　压缩性能的测定　第 1 部分：恒定法［S］.

［22］GB/T 24442.2—2009：纺织品　压缩性能的测定　第 2 部分：等速法［S］.

［23］GB/T 24252—2019：蚕丝被［S］.

［24］GB/T 22796—2009：被、被套［S］.

［25］FZ/T 64003—2011：喷胶棉絮片［S］.

［26］杨晓琪,范福军.新编服装材料学［M］.北京：中国纺织出版社,2012.

［27］GB/T 21196.2—2007：纺织品　马丁代尔法　织物耐磨性的测定　第 2 部分：试样破损的测定［S］.

［28］GB/T 21196.3—2007：纺织品　马丁代尔法　织物耐磨性的测定　第 3 部分：质量损失的测定［S］.

［29］GB/T 21196.4—2007：纺织品　马丁代尔法　织物耐磨性的测定　第 3 部分：外观变化的评定［S］.

［30］GB/T 17636—1998：土工布及其有关产品　抗磨损性能的测定　砂布/滑块法［S］.

第5章　非织造材料的通透性能及测试

非织造材料的通透性能主要包括透气性、透湿性、透水性和防水性等性能。非织造材料的通透性能是其重要性能指标之一,影响通透性能的主要因素有纤维性能、非织造材料的结构参数、后整理工艺等。通透性能直接影响材料的过滤性能、舒适性、防护性能等,不同用途的非织造材料产品,对通透性能有着不同的要求,相应的测试方法及测试标准也存在差异。

5.1　透气性及其测试

5.1.1　非织造材料的透气性

非织造材料的透气性是指空气通过非织造材料的性能,一般以一定条件下透过单位面积非织造材料的透气量来表示。材料透气的过程实质上是材料两侧存在一定空气压力差的条件下,空气分子会从压力高的一侧向压力低的一侧运动的过程。

透气性能对产品的舒适性等有着关键性的影响,不少非织造材料对透气性能有要求,比如过滤材料、各类絮片、医疗卫生用非织造材料、土工布,特别是一些服装、家纺、装饰用非织造材料,更需要具备良好的透气性能。

非织造材料透气性能的影响因素很多,其中非织造材料的结构对透气性能影响最大,材料孔隙多、孔径大则透气量就大,而非织造材料的结构主要取决于成网方式、加固方法、产品厚度、后整理方法、纤维性状等因素。纤维性能对非织造材料的透气性也有显著影响,在其他条件相同的情况下,非织造材料中的纤维越粗,纤维卷曲越大则空气透过的阻力越小,透气量越大。异形纤维制品的透气量比圆形纤维好,而吸湿性好的纤维吸湿后直径容易膨胀,造成制品内部纤维孔隙降低,会显著导致透气性减小。蓬松度大、压缩率高、厚度薄的纤维制品,其透气性能也比较好。除了一些特殊情况,产品经涂层等后整理,其透气率一般都会降低。

5.1.2　透气性测试

1)原理

在规定的压差下,测定单位时间内垂直通过试样的空气流量,计算出材料的透气性。图5-1所示为定压式透气性测试仪的结构,它由前、后空气室及抽气风扇等组成。测试时,试样放置在前空气室的空气入口处,当抽风风扇转动时,空气透过试样进入前空气室,再经气孔和后空气室,由排气口排出。空气经过气孔时,由于空气通路截面面积减小,从而产生静压降,即前后空气室之间有了压力差,可通过气压计测得。前空气室与大气之间也存在压力差,即试样两侧的压力差是固定的,可通过气压计测得。

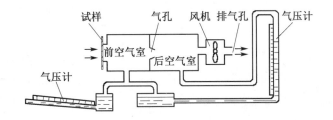

图 5-1　定压式透气性测定仪结构示意

根据流体力学原理,可以导出如下的流体方程式:

$$\theta = c\mu\, d^2 \varepsilon\, \sqrt{hr} \tag{5-1}$$

式中:θ——空气流量,kg/h;

　　　c——仪器常数;

　　　ε——空气密度变化系数;

　　　μ——流量系数;

　　　d——气孔直径,mm;

　　　h——前后空气室间的静压差,mm;

　　　r——压力计内的蒸馏水的密度,g/cm³。

从式(5-1)可以看出,通过试样的空气流量与气孔直径的平方成正比,并与前后空气室间的静压差有关。而气孔直径是已知的,所以测试前后室之间的静压力差就可以计算出通过试样的空气流量。当流量孔径大小一定时,其压差越大,单位时间流过的空气量也越大;当流量孔径大小不同时,同样的压力差所对应的空气流量不同,孔径越大,同样的压力差所对应的空气流量越大。中国国家标准 GB/T 5453 中规定了纺织品透气率的测定方法。

2) 测试方法

(1) 取样。试验面积为 20 cm²。裁取的试样面积应大于 20 cm²,也可用大块试样测试。同一样品的不同部位至少测试 10 次。

试样的调湿及透气性的测定需在标准大气下进行。

(2) 仪器。织物透气性测试仪。

图 5-2 为 YG561L 型织物透气性测试仪实物照片,图 5-3 是该仪器对应的结构示意图。该仪器测试不需要剪裁试样,可以在样品上直接进行测试。

(3) 测试步骤。

a. 打开电源开关。

b. 设定仪器参数。试样压差:产业用布为 200 Pa,服用布为 100 Pa;测试结果的类型:透气率或透气量;试样的测试面积一般为 20 cm²,可根据协商更换试样测试面积,若更换则

测试头与夹具环也要相应成对更换。另外,孔板的气孔直径,也应设置为试验时实际用的孔板直径(自动换孔板的仪器不用设置);

图 5-2　透气性测定仪

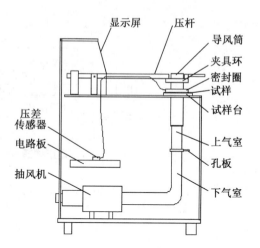

图 5-3　透气性测定仪结构

c. 退出设定状态,在测试头上放好试样,压下夹具环,压紧试样;

d. 按下"启动"键,开始测试,测试完成,结果显示在液晶屏上。

(4)试验结果计算。记录测试所用的压差,并计算试样的平均透气率及变异系数 CV 值。

织物的透气性用透气率表征,即在规定的试验面积、试样两侧压力差和时间条件下,气流垂直通过试样的速率,单位为 mm/s。

$$R = \frac{q_v}{A} \times 167 \tag{5-2}$$

式中:R——透气率,mm/s;

　　　q_v——平均气流量,dm³/min(L/min);

　　　A——试样的试验面积,cm²;

　　　167——由 dm³/min·cm² 换算为 mm/s 时的换算系数。

透气率也可以理解为织物两边维持一定压力差 p 的条件下,在单位时间内通过单位面积织物的空气量,即:

$$B_p = \frac{V}{AT} \tag{5-3}$$

式中:B_p——透气率,L/m²·s;

　　　V——透过试样的空气量,L;

　　　T——时间,s;

　　　A——试验面积,m²。

透气率越大,非织造材料透过空气的性能越强。显然,试样两侧压力差不同,则测试出来的透气率结果会不同。一般产业用织物在 200 Pa 下测试,服用织物在 100 Pa 下测试。

5.2　透湿性及测试

5.2.1　非织造材料的透湿性

透湿性是指非织造材料透过水蒸气的性能,透湿性也称为透汽性,一般以一定的条件下,规定时间内单位面积织物透过水蒸气的量来表征。

透湿性实质上是汽态水分子透过材料的性能,织物透湿的过程实际上是在一定相对湿度差的条件下,汽态水分子从相对湿度高侧向相对湿度低侧扩散的过程。

水蒸气透过非织造材料的形式主要有两种,一种是与高湿空气接触的一面纤维从高湿空气中吸湿,然后传递到非织布的另一面,并向低湿空气放湿;另一种是水蒸气直接通过非织造材料的空隙,从高湿一侧扩散到低湿的一侧。

透湿性是非织造材料重要的性能指标之一,其对非织造产品的舒适性等有着关键的影响,包括服装、家纺产品、装饰用非织造材料在内的多种非织造材料都需要具备良好的透湿性能。

5.2.2　透湿性测试

透湿性测试方法主要有吸湿法、蒸发法、蒸发热板法等。国内外测试方法原理相近,但在试验箱温湿度、风速、试样尺寸、试样与水面或干燥剂距离等方面的要求各有不同。

1) 吸湿法

(1) 原理。把吸湿剂放置在透湿杯中,透湿杯上面覆盖织物,并密封侧边,将封有织物试样的透湿杯放置于规定温度和湿度的密封环境中,测定一定时间内透湿杯(包括试样和吸湿剂或水)质量的变化,计算出透湿率、透湿度和透湿系数。国家标准 GB/T 12704.1 规定了采用吸湿法测定纺织品透湿性能的方法。

(2) 仪器。

a. 试验箱。可控制调节试验箱内部的温度和湿度。图 5-4 所示是织物透湿量仪试验箱。

b. 透湿杯。内部可放置吸湿剂,上方开口处可用试样封住。图 5-5 所示为透湿杯。

(3) 取样。按规定要求对样品进行调湿处理,试样直径与仪器相适应,每个样品至少取 3 个试样,如果样品两面各异,则需要翻倍取样,对正反两面进行测试。要求测试精度高的场合,应该另外取一个试样用于空白试验。

(4) 仪器参数设置。仪器测试箱的测试环境温湿度要求如下:

a. 温度 38 ℃,相对湿度 90%。

b. 温度 23 ℃,相对湿度 50%。

图 5-4　织物透湿量仪试验箱

图 5-5　透湿杯

　　c. 温度 20 ℃,相对湿度 65%。

应优先采用 a 组试验条件。

（5）试验步骤

a. 设置试验条件如温度、相对湿度、气流速度等参数。

b. 向透湿杯内装入规定的吸湿剂（无水氯化钙）35 g,并使杯内吸湿剂表面水平。吸湿剂的填满高度距试样下表面 4 mm。空白试验不加吸湿剂。

c. 将试样测试面朝上放置在透湿杯上,装上垫圈和压环,旋上螺帽,用乙烯胶带从侧面封住压环、垫圈和透湿杯,组成试验组合体。

d. 迅速将试验组合体水平放置在已达到规定试验条件的试验箱内,经过 1 h 平衡后取出。

e. 迅速盖上对应的杯盖,放在 20 ℃ 左右的硅胶干燥器内平衡 30 min。然后按编号逐一称重,称重时精确至 0.001 g,每个组合体称重时间不超过 15 s。

f. 拿去杯盖,迅速将试验组合体放入试验箱内,经过 1 h 试验后取出。按步骤 e 的规定称重,每次称重组合体的先后顺序应一致。

（6）试验结果计算。计算试样的透湿率、透湿度和透湿系数。

a. 透湿率 WVT,指在试样保持规定的温湿度的条件下,规定时间内垂直通过单位面积试样的水蒸气质量,单位为 g/(m² · h) 或 g/(m² · 24 h)。

$$WVT = \frac{\Delta m - \Delta m'}{S \cdot t} \tag{5-4}$$

式中：t——试验时间,h;

　　　S——试样试验面积,m²;

　　　Δm——同一试验组合体 2 次称重之差,g;

　　　$\Delta m'$——空白试样同一试验组合体 2 次称重之差,g。

b. 透湿度 WVP,指在试样两面保持规定的温湿度的条件下,单位水蒸气压差下,规定时间内垂直通过单位面积试样的水蒸气质量。单位为 g/(m² · Pa · h)。

$$WVP = \frac{WVT}{\Delta p} = \frac{WVT}{p_{CB}(R_1 - R_2)} \tag{5-5}$$

式中：Δp——试样两侧水蒸气压差，Pa；

　　　p_{CB}——在试验温度下的饱和水蒸气压力，Pa；

　　　R_1——试验时试验箱的相对湿度，％；

　　　R_2——透湿杯内的相对湿度，％。

注：透湿杯内的相对湿度可按 0％计算。

c. 透湿系数 PV，指在试样两面保持规定的温湿度的条件下，单位水蒸气压差下，单位时间内垂直透过单位厚度、单位面积试样的水蒸气质量，单位为 g·cm/(cm^2·s·Pa)。

$$PV = 1.157 \times 10^{-9} WVP \cdot d \qquad (5-6)$$

式中：d——试样厚度，cm。

2）蒸发法

（1）原理。把盛有一定温度蒸馏水并封以织物试样的透湿杯放置于规定温度和相对湿度的密封环境中，根据一定时间内透湿杯（包括试样和水）质量的变化，计算出透湿率、透湿度和透湿系数。国家标准 GB/T 12704.2 规定了采用蒸发法测定纺织品透湿性能的方法。

（2）仪器。同吸湿法。

（3）取样。同吸湿法。

（4）仪器参数设置。试验箱内环境温湿度除 a 组相对湿度为 50％外，其他同吸湿法。

（5）试验步骤。

A. 正杯法。

a. 设置试验条件温度、相对湿度、气流速度等参数。

b. 向透湿杯内装入与测试条件温度相同的 34 mL 蒸馏水，使水距试样下表面位置 10 mm 左右。空白试验不加水。

c. 将试样测试面朝下放置在透湿杯上，装上垫圈和压环，旋上螺帽，再用乙烯胶带从侧面封住压环、垫圈和透湿杯，组成试验组合体。

d. 迅速将试验组合体水平放置在已达到规定试验条件的试验箱内，经过 1 h 平衡后在箱内逐一称重。

e. 随后经过 1 h 试验后，在箱内逐一称重，每次称重组合体的先后顺序应一致。

B. 倒杯法。试验步骤与正杯法基本相同，只是上述步骤 c 中需要将试样面朝上放置在透湿杯上。

（7）试验结果计算。同吸湿法。

3）蒸发热板法

蒸发热板法的基本原理是在多孔的电加热测试板上，覆盖能够透过水蒸气但不能透水的薄膜。试样放置于薄膜上，进入测试板的水蒸发后，以水蒸气的形式通过薄膜，继而通过试样蒸发。测定一定水分蒸发率下，保持测试板恒温所需的热流量，并与通过试样的水蒸气压力一起计算出试样湿阻。国家标准 GB/T 11048—2018 规定了相关的测试方法和仪器。采用的仪器是纺织品热阻湿阻测试仪，详见本书 6.3.3 部分的内容。

5.3 透水与防水性能及测试

5.3.1 透水与防水性能

非织造材料的透水性是指非织造材料允许液态水从一面渗透到另一面的能力。防水性是指非织造材料抵抗被水润湿和渗透的性能,反映了液态水透过时的阻抗特性。

透水性和防水性是两个相反的指标,但它们实质反映的是非织造材料的同一种性能。透水性的测定一般多用于土工布、滤布类材料、卫生材料等;而防水性测定一般多用于篷布、防水布、鞋布、雨衣、医疗卫生用材料等,它对非织造材料性能品质的评定具有重要意义。

非织造材料的透水过程包括三种途径,即:因纤维吸收水分子,使水分子通过纤维内部渗透到非织造材料另一面;毛细管作用,非织造材料内的纤维润湿,使水渗透到另一面;在水压作用下,水通过非织造材料内孔隙流向织物另一面。

5.3.2 非织造材料液体穿透时间的测试

1) 原理

将试样平铺在一定厚度的标准吸水垫上,以一定量人工尿液从试样上方按规定方法流到试样上,用电测法测量液体全部透过试样所需的时间。该试验方法主要用于卫生用薄型非织造材料液体穿透性的试验,可用于妇女卫生巾、尿布、纸尿裤等的包覆材料测试。国家标准 GB/T 24218.8 规定了非织造材料的液体穿透时间测定方法(模拟尿液),纺织行业标准 FZ/T 60017 规定了卫生用薄型非织造材料的液体穿透性能试验方法。其测试原理和方法基本相同,只是个别尺寸有所不同。

2) 测试方法

(1)取样。按规定取样并在标准大气下调湿处理。从有代表性样品上裁取试样,试样的边沿应尽量与非织造材料的纵横向平行。试样尺寸为 125 mm×125 mm,推荐试样数量 10 个。

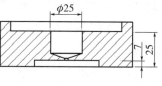

(2)仪器。

a. 标准吸液垫,由 5 层标准滤纸平铺而成,尺寸为 100 mm×100 mm,光面朝上。经过 10 次测试,在不铺试样时人工尿液穿透时间应为(3±0.5)s。

b. 穿透盘,如图 5-6 所示,是用有机玻璃制作的一个装置,长宽为 100 mm×100 mm,质量为 500 g,中间有一个漏斗形空腔。

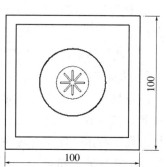

c. 基板,尺寸为 125 mm×125 mm 的有机玻璃板。

图 5-6 穿透盘结构示意(单位:mm)

d. 人工尿液:在 2 000 mL 蒸馏水中加入 18 g 氯化钠,

充分搅拌以保证液体混合均匀。试验之前应检查表面张力系数,其值在 23 ℃时为 69～70 mN/m。

e. 滴定管、漏斗等。

(3)测试步骤。将标准吸水垫放在基板上,试样放置在吸水垫上,再将穿透盘放置在试样上。漏斗尖嘴距离试样表面 30 mm 高度,基板、标准吸水垫、试样、穿透盘、漏斗的竖直中心线应重合,各自边沿相互平行。通过漏斗把5 mL人工尿液注入到穿透盘,当液体到达穿透盘底部的圆形腔接触到试样时开始计时,当穿透盘底部圆形腔内液面变为0时停止计时,即为液体穿透过试样所需要时间。推荐做 10 个试样。

(4)试验结果计算。计算试样的平均穿透时间,单位为 s;计算穿透时间的变异系数。

5.3.3　液体多次穿透时间的测定

1)原理

在规定条件下,三份模拟尿液以一定速度先后流到铺在标准吸液垫上的非织造材料试样上,用电导检测器分别测量每份液体穿透非织造材料试样所需的时间。液体穿透方法与 GB/T 24218.8—2010 中的方法基本相同。详细的测试原理、仪器结构、操作步骤等可参考本书 5.3.2 的内容。国家标准 GB/T 24218.13 规定了非织造材料液体多次穿透时间的测定方法。

2)测试方法

该测试方法与 GB/T 24218.8—2010 基本相同,主要不同点是 GB/T 24218.8 的方法中液体穿透试样只需要 1 次,而 GB/T 24218.13 的方法中需要 3 次液体穿透试样,测试每一次的液体穿透时间。本方法适用于非织造材料包覆材料的质量控制,以及对不同非织造材料包覆材料液体穿透性能的比较。

3)测试步骤

将标准吸水垫放在基板上,试样放置在吸水垫上,穿透盘放置在试样上。漏斗尖嘴距离试样表面 45 mm 高度,基板、标准吸水垫、试样、穿透盘、漏斗的竖直中心线应重合,各自边沿相互平行。通过漏斗把第一次 5 mL 人工尿液注入到穿透盘,当液体到达穿透盘底部的圆形腔接触到试样时开始计时,当穿透盘底部圆形腔内液面变为 0 时停止计时,即为液体穿透过试样所需要时间,记录第一次液体穿透时间 STT1,等候 60 s 后,通过漏斗把第二次 5 mL 人工尿液注入到穿透盘,测试第二次液体穿透时间 STT2,等候 60 s 后,通过漏斗把第三次 5 mL 人工尿液注入到穿透盘,测试第三次液体穿透时间 STT3。计算试样 STT1、STT2、STT3 的平均值及标准差。

5.3.4　液体吸收性的测试

液体吸收性测试包括三个方面的内容:液体吸收时间,即在一定条件下试样被液体完全浸湿所需要的时间;液体吸收量,即在一定条件下试样被液体完全浸没后,拿出试样沥去过量的液体,测定试样中液体的质量占试样质量的百分率;液体芯吸速率,即把长条形试样垂直悬挂,下端放入液体中,测定液体沿试样垂直上升的速率。国家标准 GB/T 24218.6 规定了非织造材料液体吸收性能的测定方法。该测试方法主要用于非织造材料对液体吸收性能的试验方法,包括液体吸收时间、液体吸收量及液体芯吸速率的测定。

1)液体吸收时间的测定

液体吸收时间是指在规定的测试条件下,试样被试验液体完全浸湿所需的时间。

(1)原理。试样制作成条形,将其松散地卷起来,然后放进一个圆柱形的金属网做成的筒中,从距离液面25 mm高处落入试验液体里,测量试样完全浸湿所需的时间。

(2)仪器。

a. 圆柱形金属丝筐:由细的不锈钢金属丝制作而成的一个金属丝筐,如图5-7所示。金属筐的网孔是边长约为20 mm的正方形,一端有开口,金属丝焊接起来以保证结构牢靠,总质量为(3±0.1)g。金属丝分布应对称,使金属丝筐在液体中可以保持平衡。

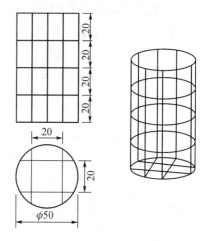

b. 盛液容器:其大小应使所盛的液体可足以沿

图5-7 金属丝筐结构示意(单位:mm)

轴向水平地放置下金属丝筐。

c. 秒表及试验用液体:液体推荐使用三级水,也可根据需要或按协议选择。

(3)取样。按取样规定取样品并进行调湿处理,从样品上取试样5个,试样长度为76 mm,沿样品纵向裁剪,试样宽度沿样品横向长度方向剪裁,使得试样质量为5 g。如果样品分正反面,则试样数量加倍,并分别测试正反两面。试验用液体需要在标准大气下长时间平衡处理。

(4)测试步骤。

a. 从试样的短边开始,把试样松散地卷起来,将其放入金属丝筐中。

b. 在距离试验液面25 mm高处,使金属丝筐轴向平行于液面落入试液中,此刻开始计时。

c. 记录金属丝筐完全沉入液面下所需的时间。

(5)试验结果计算。计算试样液体吸收时间的平均值,单位为s,计算标准偏差。

2)液体吸收量的测定

液体吸收量是指在规定的试验条件下,试样在液体中经过规定时间浸泡和沥液后,试样中所含的液体的质量占试样质量的百分率。

(1)原理。把试样浸没在规定的液体中,经过一段时间后拿出来,并经过一定时间沥液,沥去多余的液体,然后测试试样对液体的吸收量。如果液体为易挥发性液体,则需要对沥液时液体由于挥发而损失的量进行评估。

(2)仪器。

a. 金属网试样支撑架:不锈钢丝制成,尺寸至少为 120 mm×120 mm,网孔尺寸为2 mm。

b. 试样夹:可将试样夹持在金属网上。

c. 容器:盛放试验液体,大小足以平放下金属网试样支架,液体深度至少 20 mm。

d. 试验用液体:液体推荐使用三级水,也可根据需要或按协议选择。

e. 天平、秒表、称量瓶等。

(3) 取样。按取样规定制取样品并进行调湿处理。从样品上取试样 5 个,试样尺寸为 100 mm×100 mm。如果单个试样的质量小于 1 g,应将试样叠加,构成质量至少为 1 g 的组合试样。

试验用液体需要在标准大气下长时间平衡处理。

(4) 测试步骤。

a. 将试样放入称量瓶中称量。

b. 将试样置于不锈钢网上,用试样夹将试样的各边夹持固定在金属网上。

c. 将带有试样的金属网放在容器中的液体表面以下约 20 mm 处,此刻开始计时。放入金属网时要倾斜地放入,避免产生气泡。

d. 试样浸没 60 s 后,取出金属网以及试样,只留一个试样夹以夹持试样一角,去除其他试样夹。垂直悬挂试样 120 s,以沥去过量液体。

e. 从金属网上取下试样,并放入称量瓶中称量。

(5) 试验结果计算。

计算每个试样的液体吸收量 LAC,%。

$$LAC = \frac{m_n - m_k}{m_k} \times 100\% \tag{5-7}$$

式中: m_n——调湿后试样的质量,g;

m_k——吸液后试样的质量,g。

计算试样液体吸收量的平均值及其标准偏差。

3) 液体芯吸速率的测定

液体芯吸速率是对试样毛细效应的度量,用以表征液体转移到纺织材料中的快慢程度,即液体通过毛细管作用,单位时间在纺织材料上达到的液体芯吸高度。

(1) 原理。将一长条形试样垂直悬挂,一端浸入试验液体中,测定液体沿试样垂直上升的速率。

本方法主要是测定非织造材料吸收液体的速率,对于各向异性的织物测试结果进行比较可能会有一定的局限性。

为便于观察和测量,可在试液中加入适量有色墨水。

(2) 仪器。毛细管效应测定仪。

图 5-8、图 5-9 分别是毛细管效应测定仪实物照片和其结构示意图,主要由底座、试样支架、标尺、盛液容器等组成。

试验用液体:液体推荐使用三级水,也可根据需要或按协议选择。

秒表、玻璃棒(直径 4～5 mm,长度 30 mm)等。

图 5-8 毛细管效应测定仪

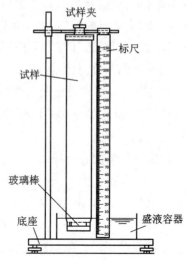

图 5-9 毛细管效应测定仪结构示意

（3）取样。按规定制取样品并进行调湿处理。从样品上取试样 5 个,试样尺寸为 30 mm×150 mm,在试样短边一端打两个直径为 5 mm 的孔,每个孔距离试样边缘距离均为 5 mm。

试验用液体需要在标准大气下长时间平衡处理。

（4）测试步骤。

a. 将试样垂直夹在横梁架上,有孔的一边在下面,用一根玻璃棒穿过试样的两孔,使试样保持垂直状态。

b. 调整试样和横梁高度,使标尺的零位处于液面处,试样下端位于液面以下15 mm 处。

c. 开始计时,分别经过 10 s、30 s、60 s（必要时 300 s）时,记录和测量液体芯吸高度。

d. 每做完纵向和横向上各 5 块试样后,均要更换新的试液以进行下组试验。

（5）试验结果计算。

a. 芯吸高度:计算纵横向各 5 个试样在各规定时间的液体芯吸高度的平均值及其标准偏差。

b. 芯吸速率:以各时间点 t(s)为横坐标,液体芯吸高度 h(mm)为纵坐标,绘制 t-h 芯吸曲线,曲线上某点切线的斜率即为 t 时刻或液体芯吸高度为 h 时的液体芯吸速率,单位为 mm/min。

5.3.5 溢流量的测定

1）原理

在一定倾斜角度的试验台上放置标准吸液垫,吸液垫上放置试样,在一定时间内把一定质量的模拟尿液倾注在试样上,一部分液体透过试样被放置于试样下端的吸液垫吸收,另一部分液体流过试样下端被接收容器的标准接收垫吸收。称量并计算标准接收垫收集到的流出液体的质量。国家标准 GB/T 24218.11 规定了非织造材料溢流量的测试方法。

此方法可用来比较不同非织造材料试样的溢流量,但不用于模拟最终产品的实际使用条件。

该测试包括三种不同的试验方法,即:A——基本试验方法,适用于亲水性非织造材料;B——重复试验方法,采用与 A 中相同的试验参数;C——小角度试验方法,采用与 A 中不同倾斜度的试验台,适用于疏水性非织造材料。

2) 溢流量的测定方法 A——基本使用方法

(1) 原理。在一定倾斜角度的试验台上放置标准吸液垫,吸液垫上放置试样,在一定时间内把一定质量的模拟尿液倾注在试样上,一部分液体透过试样被放置于试样下端的吸液垫吸收,另一部分液体流过试样下端被接收容器的标准接收垫吸收。称量并计算标准接收垫收集到的流出液体的质量。

(2) 仪器。

试样台:有机玻璃类材料制作的试样台,试样装置如图 5-10 所示,试样台放置在试验装置上,试样台如图 5-11 所示,斜面角度可以调整,基本试验时为 25°。

标准吸液垫:由 2 层标准滤纸组成,每层滤纸尺寸为 140 mm ×275 mm,长边沿纵向。滤纸应满足标准的规定。

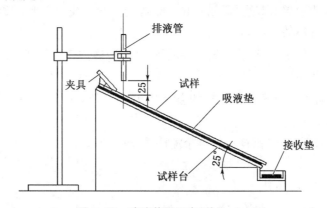

图 5-10　试验装置示意(单位:mm)

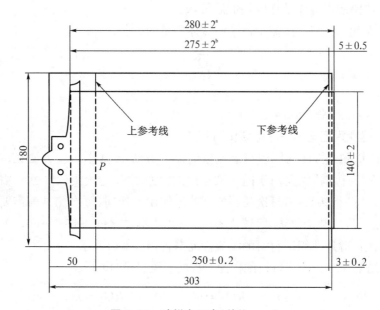

图 5-11　试样台示意(单位:mm)

标准接收垫:收集流经试样后剩余试验液体的吸液材料,尺寸与吸液垫相同,材料可采用2层滤纸或类似材料。当溢流量较大,如溢流液体穿透吸液材料时,可直接采用接收容器进行试验。

模拟尿液:在1 000 mL三级水中加入9 g氯化钠,充分搅拌以保证液体混合均匀,在20 ℃时其表面张力系数70 mN/m。

(3)取样。按规定制取样品并进行调湿处理。从样品上取试样至少5个,试样尺寸为140 mm×280 mm,长度方向沿样品纵向制取。

试验用液体需要在标准大气下长时间平衡处理。

(4)测试步骤。

a. 调整试样台台面倾斜至25°。

b. 设置排液管流速:在(4±0.1)s内,排放(25.0±0.5)g试验液体。

c. 将标准吸液垫放置在试样台上,滤纸光面向上,将试样放置在标准吸液垫上面,测试面朝上,用夹具固定吸液垫和试样。

d. 将排液管竖直放置,保证其下端口位于试样台上参考线中心上方25 mm处。

e. 称量标准接收垫的质量 m_1。

f. 将接收垫放置在支座,开始排放试验液体,试验液体排完后等待5 s,称量已收集液体的标准接收垫的质量 m_2。

(5)试验结果计算。计算每个试样的溢流量,试样溢流量平均值及标准差,根据需要可以计算溢流百分比。

a. 溢流量 RO:液体流经试样后的剩余液体量,单位为g。

$$RO = m_2 - m_1 \tag{5-8}$$

式中:m_1——标准接收垫的初始质量,g;

m_2——收集溢出液体后接收垫的质量,g。

b. 溢流百分比 w:液体溢流量占初始液体质量的百分比,%。

$$w = \frac{\overline{RO}}{25} \times 100\% \tag{5-9}$$

式中:$\overline{RO}$——溢流量平均值,g。

3)溢流量的测定方法B——重复试验方法

(1)原理。该测试方法的原理与溢流量的测定方法A基本试验方法相同。实际测试过程的不同之处在于本方法是对于同一试样按试验方法A连续测试3次。需要准备1组试样、3组吸液垫、3组接收垫,每次使用的试验液体用量相同,每次测试前需要保证试样台干燥,重新更换吸液垫和接收垫,而试样不变,每两次测试之间等待4 min。本方法的试验目的是评估重复试验后非织造材料的溢流性能是否仍然符合要求。

(2)试验结果计算。计算每块试样的3次的溢流量,单位为g。

$$RO_1 = m_{21} - m_{11}; \quad RO_2 = m_{22} - m_{12}; \quad RO_3 = m_{23} - m_{13} \tag{5-10}$$

式中：RO_1，RO_2，RO_3——同一块试样第 1、2、3 次试验的溢流量，g；

　　　m_{1j}——第 j 次试验的接收垫初始质量，g；

　　　m_{2j}——第 j 次试验的接收垫接收到液体之后的质量，g。

计算 5 块试样的平均值和标准差，需要时可以计算各自的平均溢流比。

4）溢流量的测定方法 C——小角度测试方法

该测试方法的原理与溢流量的测定方法 A——基本试验方法类似。不同之处在于测试台斜面角度为 10°，其他方面相同。主要用于疏水性非织造材料的抗湿性测试。

5）其他特性测试

在试验中可能要测试一些其他性能，可以根据实际情况做合适的处理。

a. 当观察到溢流量为 0 时，可以测量试样表面的润湿长度，即扩散长度。扩散长度是指上参考线与试验液体在试样上润湿的最低点之间的距离。

b. 可以记录液体穿透时间。

c. 可以采用不同倾斜角度的试样台或不同倾斜角度的排液管。

5.3.6　包覆材料返湿量的测定

1）原理

将试样放置在标准吸液垫（10 层滤纸）上，用规定模拟尿液量，采用液体多次穿透时间的测定方法，在第 3 次穿透试验后，将模拟婴儿质量的负荷（SBW）放置在试样和吸液垫上，使其液体均匀扩散。然后拿开 SBW，将吸液纸放置在所测试的试样上，并将负荷 SBW 重新放置在吸液纸之上。吸液纸所吸收液体的质量被定义为返湿量。国家标准 GB/T 24218.14 规定了非织造材料包覆材料返湿量的测定方法。

该测试方法主要用于测定尿布的包覆材料抵抗已渗过的液体返湿到皮肤上的情况，试验中液体渗透试验步骤与 GB/T 24218.13 所用的液体多次穿透时间测试方法一致。该方法适用于质量控制和比较不同包覆材料和不同处理工艺的非织造材料的返湿性，但不能模拟最终产品的实际使用条件。

2）测试方法

（1）取样。按规定取样并在标准大气下调湿处理。从有代表性样品上取试样，试样的边沿应尽量与非织造材料的纵横向平行。试样尺寸为 125 mm×125 mm，推荐试样数量 10 个。

（2）仪器。

标准吸液垫：10 层滤纸组成（100 mm×100 mm），将滤纸正面朝上层层叠放，滤纸应符合相关要求。

吸液纸：125 mm×125 mm，吸液纸应符合相关规定要求。

穿透盘：与 GB/T 24218.13 中的一致（见 5.3.3）。

基板：125 mm×125 mm，5 mm 厚的有机玻璃板。

模拟婴儿负荷 SBW：不锈钢制砝码，底座，125 mm×125 mm，质量 4 000 kg，底面包有聚氨酯 PU 泡沫和聚乙烯 PE 膜，PE 膜包裹在 PU 泡沫上。

模拟尿液等。

（3）测试步骤。

a. 将标准吸水垫放在基板上,试样放置在吸水垫上,穿透盘置于试样上,漏斗尖嘴高度距离试样表面 45 cm。在规定条件下,三份模拟尿液以一定速度先后流经铺在标准吸液垫上的非织造材料试样,用电导检测器分别测量每份液体穿透非织造材料试样所需的时间。测试过程与 GB/T 24218.13 中的方法一致。

b. 移开穿透盘,将模拟婴儿负荷放置于试样之上,静置 3 min,确保试验液体均匀扩散。

c. 移开模拟婴儿负荷,将已知质量 m_1 的两层吸液纸放置在试样上。

d. 擦干净模拟婴儿负荷上残留液体,将模拟婴儿负荷放置于吸液纸上,静置 2 min,这期间吸液纸会吸收水分,即发生返湿。

e. 移开模拟婴儿负荷,并重新称量两层吸液纸的质量 m_2。

3）试验结果计算

试验结果为返湿量 m_{WB},单位为 g。

$$m_{WB} = m_2 - m_1 \tag{5-11}$$

式中：m_1——吸液纸的初始质量,g;

m_2——吸液纸返湿后的质量,g。

5.3.7 土工布垂直渗透系数的测定(恒水头法)

1）原理

在系列恒水头下测定水流垂直通过单层、无负荷的土工布的渗透特性。当水力梯度不大时,通过测定土工布试样的厚度、水位差及一定时间内垂直通过的透水量,计算出试样的垂直渗流速度、流速指数、垂直渗透系数等其他渗透特性。国家标准 GB/T 15789 规定了土工布及有关产品无负荷时的垂直渗透系数的测定方法。

2）仪器

土工布垂直渗透系数测定仪。

图 5-12 中,(a)是土工布垂直渗透系数测定仪实物照片,(b)为结构示意图。土工布试样夹持在两个圆筒形容器之间,进水管向上部圆筒形容器 1 中注入水,水渗透试样后进入到下面圆筒形容器 2 中。下面圆筒形容器 2 的底部 3 与外面圆形容器 4 相连通,当外面容器 4 中的水满溢出后进入到最外面的圆形容器 5 中。最外面的圆形容器 5 的底部有一个出水管连接着电磁阀控制的三通开关,当测试时由定时器控制启动电磁阀,使得渗透溢出的水通过出水口 1 流入到接水盘中,当到达预定测试时间 t,电磁阀控制三通开关,使渗流出的水停止流向接水盘,通过出水口 2 流到外界,接水盘中的水就是时间 t 内垂直渗透过试样的水,由此可以计算出垂直渗透系数等参数。

3）取样

按土工布取样标准要求,从样品中剪取 5 个试样,试样尺寸要同试验仪器相适应。

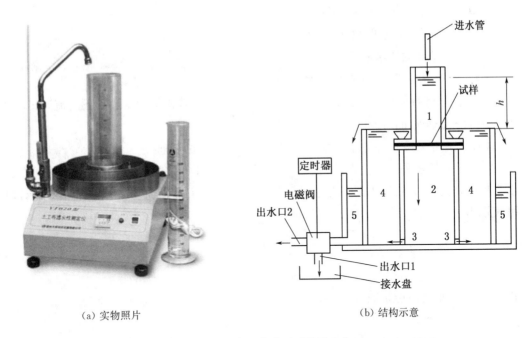

(a) 实物照片　　　　　　　　　　　　(b) 结构示意

图 5-12　土工布垂直渗透系数测定仪

4) 测试步骤

(1) 将试样在实验室室温下,在含有润湿剂的水中浸泡 12 h 以上,使试样充分润湿,试样中不含有气泡。

(2) 将试样装入渗透仪,打开电源开关,并在定时器上设置收集水的时间值。

(3) 打开进水管,先把仪器中间圆筒形容器 1 注满水,然后向圆筒形容器 4 注水,使水位与圆筒 1 内水位高度一致,此时水头差为 0,试样中没有水流过。接着继续注水,使水头差达到 50 mm。关闭进水阀,检查在 5 min 内水位差能否保持平衡。

(4) 如果头位差保持平衡,则再次打开进水阀,调整水流,使水头差达到 70±5 mm,并且能稳定 30 s 以上,此时水即渗过试样从容器 2 底部流到容器 4,从容器 4 溢出,并经过容器 5 的出水口 2 流出。

(5) 按动启动按钮,定时器开始工作,电磁阀转换为出水口 1 出水,当定时到后电磁阀又会转换成出水口 2 出水。用量筒测量接水盘收集到的水量,并记录收集到的水量、时间和水温。收集到水的量至少应为 1 000 mL 或收集时间至少应为 30 s。

(6) 改变水头差高度,以改变水力梯度,重复试验步骤(4)～(6)。

(7) 逐一调换另一个试样,进行平行试验。

5) 试验结果计算

(1) 流速。指单位时间内通过单位面积土工布的渗水量。20 ℃时的流速计算式如下:

$$v_{20} = \frac{Q}{At} \times R_T \qquad (5\text{-}12)$$

式中:v_{20}——20 ℃时的流速,m/s;

Q——t 时间的透水量，m^3；

t——达到水的体积 Q 的时间，s；

A——试样的透水面积，m^2；

R_T——水温 20 ℃时的校正系数，见 GB/T 15789—2016 附录 A。

（2）水头差 H - 流速 v_{20} 曲线。对每个试样可以测试其在不同水头差下的流速 v_{20}，绘制水头差 H - 流速 v_{20} 曲线。

（3）流速指数 V_{H50}。试样两侧水头差为 50 mm 时的流速。

（4）垂直渗透系数。垂直渗透系数是指土工布渗流的水力梯度等于 1 时的渗透流速。水力梯度是指在含水层中沿水流方向每单位距离的水头下降值。垂直渗透系数的计算式可表示为：

$$k = \frac{v}{i} = \frac{v\delta}{H} \tag{5-13}$$

式中：k——垂直渗透系数，mm/s；

v——渗透流速，mm/s；

i——试样两侧的水力梯度；

δ——试样的厚度，mm；

H——试样两侧水头差，mm。

土工布的透水率，指水位差等于 1 时的渗透流速，其计算式：

$$\theta = \frac{v}{H} \tag{5-14}$$

式中：θ——透水率，1/s。

5.3.8 土工布水平渗透系数测定

1）原理

在规定的水力梯度和接触材料条件下，改变法向压力，测量土工布平面水流量，计算沿平面内液体渗透性能。国家标准 GB/T 17633 规定了土工布及其有关产品平面内水流量的测定方法。

2）仪器

土工布水平渗透仪。

图 5-13 为土工布水平渗透仪结构示意图。土工布试样上下面放置有隔膜，试样上面有法向加压装置，打开供水阀可向上游容器供水，仪器应密封，不能发生侧漏。水通过试样水平渗透进入到下游容器中，通过调整上下游容器内的水头高度，可以调整试样的水力梯度。水力梯度是指在试样中两个测试点间的水头差与距离之比。测定试样在一定的法向压力和一定的水力梯度下，在一定时间内的平面内的水流量，计算土工布的平面水流量和导水率。

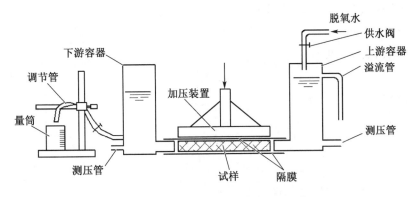

图 5-13　土工布水平渗透仪结构示意

3）取样

按土工布取样标准要求,沿样品的纵横向各剪取 3 个试样,试样长度或水流动方向长度至少 0.3 m,试样宽度至少 0.2 m。

4）测试步骤

（1）将试样在实验室室温下,在含有润湿剂的水中浸泡 12 h 以上,使试样充分润湿,试样中不含有气泡。

（2）把试样放置在仪器夹具中,对试样加 2 kPa 法向压力,并向仪器的进水槽注水,使水流过试样以排除空气。

（3）将法向压力调整到 20 kPa,并保持此压力 360 s。

（4）向进水槽注水,使水力梯度达到 0.1,使水流过试样 120 s。

（5）用量筒收集在一定的时间内流过试样的水。应收集水量至少 0.5 L,且收集时间应至少 5 s,若 600 s 内收集水量少于 0.5 L,则记录 600 s 内收集的水量。记录所收集的水量和时间,注明水温。

（6）保持法向压力,增大水力梯度至 1.0,重复步骤（5）。

（7）减小水力梯度至 0.1,同时将法向压力增大到 100 kPa,并保持此压力 120 s,重复步骤（5）、（6）。

（8）按照以上步骤继续试验,直至试样在每个水力梯度,在至少 20 kPa、100 kPa、200 kPa 法向压力下完成测试。

（9）按上述过程对剩余试样进行测试。

5）试验结果计算

（1）平面水流量 $q_{s \cdot g}$。　一定的法向压力和水力梯度下,通过单位宽度试样的平面水流量,其单位为 L/（m·s）。

$$q_{s \cdot g} = \frac{V R_T}{Wt} \tag{5-15}$$

式中：$q_{s \cdot g}$——平面水流量,L/（m·s）；

　　　R_T——水温 20 ℃时的校正系数；

      V——收集水的体积平均值,L;

      W——试样宽度,m;

      t——收集水的时间,s。

由自来水供水时,水温在 18～22 ℃时进行温度修正;水温不在 18～22 ℃时,仅注明水温,无需进行修正。

（2）导水率

$$\theta = \frac{QL\,R_T}{WH} \tag{5-16}$$

式中:θ——导水率,m²/s;

      Q——流量,m³/s;

      W——试样宽度,m;

      H——试样两侧水头差,m;

      L——试样承受法向压力的长度,m。

导水率与平面水流量的换算关系:

$$\theta = \frac{q_{s\cdot g}}{1\,000i} \tag{5-17}$$

5.3.9　抗渗水性能的测定(静水压法)

1) 原理

试样安装在测试夹具上,以试样承受的静水压来表示水透过试样所遇到的阻力。在标准大气下,试样的测试面承受以恒定速率上升的水压,直到试样的另一面出现三处渗水点为止。记录第三处渗水点出现时的压强值作为试验结果。图 5-14 所示为静水压法测定原理。国家标准 GB/T 24218.16 规定了非织造材料的抗渗水性能测定方法,适用于预期用作抗液体渗透的非织造材料;GB/T 4744 规定了采用静水压法检测纺织品防水性能的方法。这两个标准的测试原理和方法基本上是相同的。

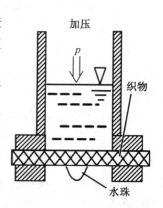

图 5-14　静水压法测定原理

2) 测试方法

（1）取样。按规则取样品,并在标准大气下做调湿处理,试样的大小与仪器相适应,在样品的不同部位至少裁剪 5 块试样(也可不剪下试样,直接在不同部位测试)。

（2）仪器。渗水性能测试仪。

图 5-15 是 YG(B)812D 型数字式渗水性测定仪实物照片。

（3）测试参数设置。

a. 试样承压的面积为 100 cm²。

b. 与试样接触的水应该是三级水,温度保持在 23 ℃。

c. 水压上升速率应为(10.00±0.5)hPa/min 或(60.0±3)hPa/min。

（4）测试步骤。

a. 擦净夹装试样装置上的水。

b. 将试样夹紧在测试夹具中，使试样试验面与水接触，然后立刻对试样施加递增水压，随时观察试样渗水的情况。

c. 当试样上第三处水珠刚出现时，立即读取其水压值。

3）试验结果计算

计算试样渗水时的水压平均值及变异系数。

图 5-15　YG(B)812D 型数字式渗水性测定仪

5.3.10　抗渗水性能的测定（喷淋冲击法）

1）原理

非织造材料抗渗水性反映了非织造材料抵抗被水渗透的能力。喷淋冲击法测试的基本原理是采用喷淋冲击的形式测定并预测非织造材料的抗渗水性。将试样覆盖在一定质量的吸水纸上，然后把一定体积的水喷淋到试样上，检查吸水纸的吸水量。吸水量越大，说明试样渗水量越多，样品的抗渗水性就越差。国家标准 GB/T 24218.17 规定了采用喷淋冲击法检测非织造材料抗渗水性能的方法。该方法适用于预期用作抗液体渗透的非织造材料，其试验结果与非织造材料的纤维原料的拒水性以及非织造材料的结构和整理方式有关。

2）测试方法

（1）取样。按产品标准规定或有关方协议取样及进行调湿处理，每个样品上至少裁取 5 块试样，试样尺寸为175 mm×325 mm，试样长度方向为样品纵向。

（2）仪器。所用仪器主要为冲击渗透装置（冲击渗透试验仪），其结构如图5-16所示。该仪器由漏斗、喷头、试样台、试样夹、控制阀等组成。

吸水纸：用于喷淋冲击试验，尺寸为 150 mm×225 mm。

水滴收集器：吸水纸或其他类型的吸水材料，用于收集喷淋后喷头上滴落的水滴，以避免水滴溅落到试样上。

三级水：温度为 27 ℃，用水喷淋冲击。

天平、秒表等。

（3）测试步骤。

a. 试样及吸水纸在标准大气中调湿处理后，称量吸水纸的初始质量 m_1。

b. 用试样台上端的弹簧试样夹居中夹持试样宽度方向的一端，用配重夹持器夹持试样的另一端，确保试样平整地置于试样台上，将吸水纸平整地放于试样下的居中位置。

c. 将 500 mL 水倒入漏斗中，使其喷淋到试样上，当连续喷淋水流停止后 2 s，水滴收集

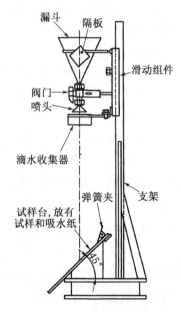

图 5-16　冲击渗透试验仪
结构示意

121

器放置到喷头的下方防止剩余的水滴落到试样上。

d. 小心拿起试样,取出下面的吸水纸,立即称量吸水纸质量 m_2。

(4) 试验结果计算。试验结果为试样渗水量,其值等于 m_2-m_1,单位为 g。

计算试样渗水量的平均值及标准偏差。

5.3.11 表面抗湿性测定(沾水法)

1) 原理

把试样安装在卡环形夹持器上,夹持器面与水平面成 45°,试样中心位于喷嘴下面规定的距离,用规定体积的蒸馏水或去离子水喷淋试样。喷淋后,试样外观与标准沾水图样相比较,确定其沾水等级。国家标准 GB/T 4745 规定了采用沾水法检测非织造材料防水性能的方法。该方法主要用来检测和评价织物的防水性能,但不适应于织物的渗水性能,也不适应于预测织物的防雨水渗透性能。

2) 测试方法

(1) 取样。按规定取样并调湿处理,在样品不同部位至少取 3 块试样,每块试样的尺寸至少为 180 mm×180 mm。

(2) 仪器。沾水度测定仪。

图 5-17 所示为一种沾水度测定仪实物照片,由一个垂直夹持直径为 150 mm 的漏斗和一个金属喷嘴组成,用 10 mm 口径橡皮管连接喷嘴和漏斗。漏斗顶部到喷嘴低部的高度距离为 195 mm。

(3) 测试条件。

a. 试验面的中心处于喷嘴表面中心下方 150 mm 处。

b. 采用蒸馏水或去离子水,温度保持在(20±2)℃或(27±2)℃。

c. 试样的调湿和测试应在二级标准大气条件下执行。

(4) 测试步骤。

图 5-17 沾水度测定仪

a. 试样调湿后用夹持器夹紧,放在支座上,织物正面朝上。

b. 将 250 mL 水迅速而平稳地注入漏斗中,以便淋水持续进行 25~30 s。

c. 淋水停止时,迅速将夹持器连同试样一起拿开,使织物正面向下几乎成水平状态。对着一个硬物轻敲两次,按照沾水等级文字描述和参照标准照片检查试样的沾水情况,评定其沾水级别。

(5) 试验结果及评价。试验结果为沾水级别,分 0~5 级,级别的数越大,则防水效果越差。图 5-18 是沾水等级标准照片。

a. 沾水级别描述。

0 级:整个试样表面完全润湿;

1 级:受淋表面完全润湿;

1-2 级:试样表面超出喷淋点处润湿,润湿面积超出受淋表面一半;

2 级:试样表面超出喷淋点处润湿,润湿面积约为受淋表面一半;

2-3 级:试样表面超出喷淋点处润湿,润湿面积少于受淋表面一半;

3 级:试样表面喷淋点处润湿;

3-4 级:试样表面等于或少于半数的喷淋点处润湿;

4 级:试样表面有零星的喷淋点处润湿;

4-5 级:试样表面没有润湿,有少量水珠;

5 级:试样表面没有水珠或润湿。

b. 防水性能评价。

0 级:不抗沾湿;

1 级:不抗沾湿;

1-2 级:抗沾湿微弱;

2 级:抗沾湿性能差;

2-3 级:抗沾湿性能较差;

3 级:具有抗沾湿性能;

3-4 级:具有较好的抗沾湿性能;

4 级:具有很好的抗沾湿性能;

4-5 级:具有优异的抗沾湿性能;

5 级:具有优异的抗沾湿性能。

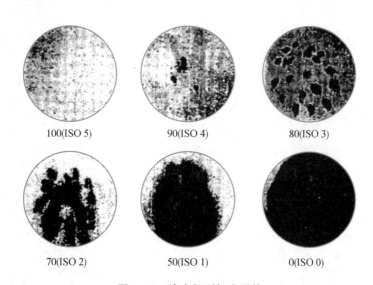

图 5-18　沾水级别标准照片

参考文献

[1] 郭秉臣.非织造布的性能与测试[M].北京:中国纺织出版社,1998.

[2] GB/T 5453—1997:纺织品　织物透气性的测定[S].

［3］GB/T 12704.1—2009:纺织品　织物透湿性试验方法　第 1 部分:吸湿法[S].

［4］GB/T 12704.2—2009:纺织品　织物透湿性试验方法　第 2 部分:蒸发法[S].

［5］GB/T 24218.8—2010:纺织品　非织造布试验方法　第 8 部分:液体穿透时间的测定(模拟尿液)[S].

［6］FZ/T 60017—1993:卫生用薄型非织造布液体穿透性试验方法[S].

［7］GB/T 24218.13—2010:纺织品　非织造布试验方法　第 13 部分:液体多次穿透时间的测定[S].

［8］GB/T 24218.6—2010:纺织品　非织造布试验方法　第 6 部分:吸收性的测定[S].

［9］GB/T 24218.11—2010:纺织品　非织造布试验方法　第 11 部分:溢流量的测定[S].

［10］GB/T 24218.14—2010:纺织品　非织造布试验方法　第 14 部分:包覆材料返湿量的测定[S].

［11］GB/T 15789—2016:土工布及其有关产品　无负荷时垂直渗透特性的测定[S].

［12］GB/T 17633—2019:土工布及其有关产品　平面内水流量的测定[S].

［13］GB/T 24218.16—2017:纺织品　非织造布试验方法　第 16 部分:抗渗水性能的测定(静水压法)[S].

［14］GB/T 4744—2013:纺织品　防水性能的检测和评价　静水压法[S].

［15］GB/T 24218.17—2017:纺织品　非织造布试验方法　第 17 部分:抗渗水性能的测定(喷淋冲击法)[S].

［16］GB/T 4745—2012:纺织品　防水性能的检测和评价　沾水法[S].

第6章　非织造材料功能性的测试

6.1　功能性纺织品

功能性纺织品,顾名思义,是有别于常规普通纺织品的一种纺织品,通常是指除具有自身基本使用价值外,还具有一种或几种特殊功能的纺织品。目前常见的功能性纺织品的功能主要有吸湿排汗、防水透湿、防辐射、抗菌、除螨、防霉、抗病毒、防蚊虫、防蛀、阻燃、防皱免烫、拒水拒油、防紫外线、香味、磁疗、红外线理疗、负离子保健、发光、变色、调温、自清洁、自修复、智能传感等等。随着时间的推移和科学技术的发展,会有更多的功能性纺织品出现。

功能性纺织品的研究和开发已成为国内外的潮流和热点,功能化和智能化成为当前纺织品的重要发展方向。一方面,纺织品的功能化、智能化能够更好地适应人们生活方式的变化和对健康、舒适、增值预期的追求;另一方面,满足了一些特殊场合和特殊功能的要求,为人们完美的生活提供更多的选择。功能化和智能化是纺织产品技术进步的方向,也是提高纺织产品档次和附加值的有效途径之一。

6.1.1　功能性纺织品的分类

按产品大类分:功能性能纺织品主要分为机织物、针织物和非织造材料。

按功能大类分:一般可分为具有轻便使用功能和具有安全保健功能2大类。

1) 轻便使用要求

轻便使用要求功能主要指的是纺织品使用起来应该方便,易护理且轻薄等,如可机洗(轻薄、易洗)及洗可穿(快干、免烫、外观平整、保型)。

2) 安全保健要求

纺织品的安全保健功能包括的内容比较多,如舒适(吸湿、透气、无刺痒感、无冰凉感、智能调温、防水透湿、防风透气等),无害且有益健康(抗菌、消臭、抗紫外线、有磁疗、发热、负离子发生等作用),安全(抗热、抗冷、抗压、抗宇宙射线及抗腐蚀、抗静电、阻燃等),绿色环保(对环境无污染,生产过程及使用过程环保,可自然降解或循环使用等)。

6.1.2　功能性的获得途径

纺织品获得功能性的途径主要包括使用功能性纤维和对制品进行功能化整理。其中使用功能性纤维又可分为2种情况,即全部使用功能性纤维和功能性纤维与普通纤维混纺使用。使用功能性纤维获得的功能一般是长久性的,制品随着使用时间或使用次数的增加功能性基本不会下降或下降很小,但功能性纤维的成本一般相对较高,成品开发灵活度相对较低。通过后整理方式获得功能制品的主要优势是开发和生产过程灵活,效率高,成本较低,但其获得的功能一般难以长久,所得性能会随着使用时间或使用次数的增加而逐渐降低。

6.1.3 常见的功能性非织造材料

1) 阻燃产品

纺织品在各行各业被大量应用,而纺织品及纤维原料大部分都是易燃或可燃的。随着各类工业用、家用纺织品的消费量不断增加,由纺织品引起的火灾数量也呈逐年增长的趋势。据联合国世界火灾统计中心统计,在全球范围内每年发生的火灾有约一半的火灾起因与纺织品有关。每年因火灾造成的人员伤亡和经济损失不计其数。因此,纺织品的阻燃性能受到了国内外的高度重视。

(1) 纤维的燃烧过程。可燃物质的燃烧一般是在气相状态下进行的,由于可燃物质的状态不同,其燃烧过程也不相同。气体最易燃烧,燃烧所需要的热量只用于本身的氧化分解,并使其达到着火点。气体在极短的时间内就能全部燃尽;液体在火源作用下,先蒸发成蒸汽,而后氧化分解进行燃烧。与气体燃烧相比,液体燃烧多消耗液体变为蒸汽的蒸发热;固体燃烧有两种情况,对于硫、磷等简单物质,受热时首先熔化,而后蒸发为蒸汽进行燃烧,无分解过程;对于复合物质,受热时首先分解成其组成物质,生成气态和液态产物,而后气态产物和液态产物蒸汽着火燃烧。

纤维燃烧是纤维材料和高温热源接触后,吸收热量而发生热解反应,反应生成大量可燃性气态分解产物,这些分解物在氧存在的条件下发生燃烧,燃烧产生的热量被纤维吸收后,又促进了纤维的热解和燃烧,从而形成循环燃烧反应。其燃烧过程如图 6-1 所示:

(2) 阻燃产品的阻燃机理

所谓"阻燃",并不表示阻燃纺织品在接触火源时不会燃烧,而是织物在火中尽可能降低可燃性,减缓火势蔓延速度,不形成大面积燃烧,而离开火焰后能很快自熄,不再燃烧或阴燃。

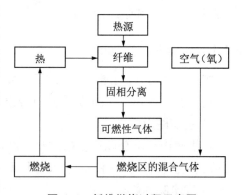

图 6-1 纤维燃烧过程示意图

阻燃剂与燃烧有着密切的关系,传统认为燃烧的三要素是燃料、热源和氧气,新的观点认为燃烧应有四要素,即燃料、热源、氧气、链反应。通常认为纺织品燃烧分为三个阶段,即热分解、热引燃、热点燃。对于不同燃烧阶段的四要素,采用相应的阻燃剂加以抵制,就形成了各种各样的阻燃机理。一般把阻燃机理大致分成五种。

a. 吸热反应阻燃机理:采用具有高热容量阻燃剂的吸热反应机理。主要利用阻燃剂在高温下发生脱水、相变或脱卤化氢等吸热分解反应特性,降低纤维表面和火焰区的温度,减慢热裂解反应速度,抑制可燃性气体的生成。

b. 形成自由基阻燃机理:阻燃剂吸热变成气体,该气体在火焰燃烧区大量捕捉高能量的羟基自由基和氢自由基,降低它们的浓度,从而抑制或中断燃烧的连锁反应,阻燃剂在气相过程发挥阻燃作用。

c. 熔化阻燃机理:在热和能量的作用下,阻燃剂转变成熔融状态,在织物表面形成不能渗透的覆盖层,可阻挡热传导和热辐射,减少反馈给纤维材料的热量,从而抑制热裂解和燃烧反应。

d. 生成不燃性气体阻燃机理:阻燃剂吸热分解放出氮气、二氧化碳、二氧化硫和氨等不燃烧气体,使纤维材料裂解处的可燃性气体浓度被稀释到燃烧极限以下。同时,这种不燃性气体还有散热降温作用。

e. 凝聚相阻燃机理:通过阻燃剂作用,改变纤维大分子链的热裂解反应过程,促使其发生脱水、缩合、环化、交联等反应,减少可燃挥发物形成。

（3）阻燃产品的开发。阻燃产品通常可通过后整理法和阻燃纤维法两种方式得到。

阻燃后整理法主要是通过浸轧的方法,使阻燃剂或阻燃中间体向纤维区域扩散、渗透、吸附,在一定条件下使其与纤维大分子结构中活性基团反应形成网状结构,或者以其机械性粘接、沉积在织物表面,使织物获得一定的阻燃性能,并具有一定条件下的耐洗涤性。采用阻燃整理方法制备的织物,多存在手感不好的缺陷,服用性能较差。

阻燃纤维法是利用阻燃纤维制备阻燃纺织品,阻燃纤维法一般有两种形式:一种方法是直接选用具有不燃或耐燃性能的纤维原料,如聚四氟乙烯纤维、酚醛纤维、预氧化纤维、芳纶、芳砜纶、PBI、PBO 等,这些纤维具有优异的耐温耐燃性能,但价格昂贵;另外一种方法是选用具有阻燃效果的改性纤维,即常规化学纤维在聚合体或纺丝时加入一些阻燃剂,如采用阻燃母粒等方式生产出阻燃纤维,常见的有阻燃涤纶、阻燃黏胶、阻燃改性腈纶等,这类纤维价格要相对便宜很多。

2）防静电产品

静电不仅会影响产品的服用性能,而且在某些特殊场合,容易引起事故,因此防静电功能一直是非织造产品功能性研究的方向之一。按照制造工艺的不同,防静电产品可分为两大类:利用抗静电剂对材料进行表面处理而获得的防静电织物;通过纺织工艺直接获得的防静电织物。

（1）通过纺织工艺直接获得防静电产品。使用抗静电纤维或在产品的纤维原料中混入一定量的导电纤维,可以制成防静电产品。

抗静电纤维一般是在化学纤维制造过程中,在聚合阶段用共聚方法引入抗静电剂,通过纺丝制成具有抗静电效果的纤维。利用这种纤维制成的非织造材料一般都具有较好的抗静电效果。

导电纤维分为金属型和非金属型。金属型如不锈钢纤维;非金属型导电纤维一般是以高聚物有机纤维为基础,并进行特殊处理获得的。电导率大于 $10^5\mathrm{S/cm}$ 的纤维称为导电纤维。在以各种纤维为基础的非织造材料中加入一定量的导电纤维,常会有非常好的抗静电效果。所用导电纤维可以是金属纤维、碳纤维和有机导电纤维。如由 $0.5\%\sim5\%$ 的不锈钢纤维与各种化纤、棉及黏胶纤维混合制成的非织造材料,具有很好的防静电效果,可用于易燃、易爆环境下人体、设备的静电防护。

这类防静电产品的特点是防静电性能长期有效,不受工作环境的影响,即使在低温(干燥)条件下,同样具有优良的防静电性能。对洗涤条件无特殊要求,经长期反复洗涤,仍保持良好的防静电性能。色泽齐全,质地坚牢,耐汗蚀性能好,穿着舒适,服用性能好。

(2)通过表面处理获得防静电产品。使用抗静电剂对非织造材料进行表面处理而获得的防静电性能。这类产品的特点是加工方便灵活,成本低。但这种处理方式获得的抗静电效果一般不是永久性的,经过洗涤或使用,抗静电性能会有所下降。

3)防紫外线纺织品

近几十年来各种原因导致从太阳到达地球表面的紫外线辐射迅速增加,致使紫外辐射引起的各类疾病不断增加,严重影响了人类的健康发展。防紫外线纺织品的开发和应用也得到了很大的重视。我国国家标准 GB/T 18830—2009《纺织品防紫外线性能的评定》规定:纺织品紫外线防护系数 UPF>40,且紫外线透射比 T(UVA)<5%时,可称为防紫外线产品。防紫外线纺织品可以有效防止或减弱紫外线对人体的伤害。

直接采用防紫外线纤维按常规纺织工艺可以制作防紫外线纺织品。这种方法的关键在于防紫外线纤维的抗紫外线性能。目前防紫外线纤维的生产主要是利用无机物陶瓷微粉与聚合物切片混合制成母粒并进行纺丝,或在成纤聚合物聚合过程中加入无机物陶瓷微粉或其他具有紫外线屏蔽性能的物质。这些物质能够强烈地吸收波长80～400 nm 的紫外线,从而起到防紫外线的效果。

对纺织品进行防紫外线功能性整理是常用的获得防紫外线纺织品的方法,将防紫外线整理剂通过后整理或涂层的方式与纺织品牢固结合,使纺织品具有了防紫外线的功能。

目前市场上销售的防紫外线纺织品主要有户外运动服、抗紫外线衬衫、太阳伞(遮阳伞)、窗帘和帐篷等。

4)防电磁辐射产品

现代社会各类电器产品、通讯网络越来越多,这些产品或多或少都会向外界辐射电磁波,长期处在较强的电磁辐射环境或电磁辐射强度超过一定值将会对人身体造成伤害,因此,防电磁辐射纺织品受到了广泛的重视。

采用专门技术和特殊工艺将防电磁辐射材料(通常为金属材料)与纺织纤维材料有机地结合在一起,反射和屏蔽电磁波,起到防电磁辐射的效果。获得防电磁辐射产品的途径主要有两大类:即使用导电纤维和对织物表面进行防电磁辐射整理(涂层或镀层)。目前市场上常见的防电磁辐射产品主要有:金属丝防电磁辐射织物;化学镀防电磁辐射织物;涂层防电磁辐射织物。这类产品一般屏蔽效能要求达到95%以上,同时这种纺织品还兼有抗静电性能。

织物中混用导电纤维是开发防电磁辐射产品常用的方式,如由 10%～100%不锈钢纤维组成,混纺的材料有化纤、棉及黏胶纤维,制成的防电磁辐射织物可用于人体及设备的电磁屏蔽,其屏蔽效率为20～70分贝。常规纤维中混入不同比例的不锈钢纤维制成纺织品的防电磁辐射效果见表 6-1 所示。

防电磁辐射织物的用途很广,主要包括工业防护服和工业防护材料、航空航天防护材料、军事用品、野外护理用品(帐篷、服装)、室内装饰布、孕妇服等。

表 6-1　金属纤维含量与制品功能效果

不锈钢纤维含量/%	用途
0.5～5	防静电
10～30	一般屏蔽
30～50	高压带电作业服
50～100	高屏蔽

5) 其他功能性产品

功能性纺织品种类很多,除以上介绍的功能性产品之外,常见的功能性还有负离子、吸湿排汗、防水透湿、远红外、发光、变色、调温、自清洁、自修复、智能传感等。

6.2　阻燃性能的测试

纺织品的阻燃功能对消除火灾隐患,延缓火势蔓延,降低人民生命财产损失极为重要。因而,发达国家对开发阻燃纺织品给予高度重视,并制定了严格的法规。美国关于阻燃性能方面,常见的技术法规要求有 16 CFR part 1610《服用纺织品易燃性标准》、16 CFR part 1615/1616《儿童睡衣易燃性标准》等。加拿大卫生部制定了 SOR/2011—22《纺织品易燃性法规》、SOR/2011—15《儿童睡衣法规》《危险产品(床垫)条例》等,以加强对纺织品阻燃性能要求的监管。我国现已出台的纺织品阻燃性能标准有 GB 17591—2006《阻燃织物》、GB 8965.1—2009《防护服装阻燃防护　第 1 部分:阻燃服》、GB 8965.2—2009《防护服装阻燃防护　第 2 部分:焊接服》、GB 50222—2017《建筑内部装修设计防火规范》、GB 20286—2006《公共场所阻燃制品及组件燃烧性能要求和标识》等。

目前,纺织品阻燃性能的测试方法有氧指数法、垂直燃烧法、水平燃烧法、45°燃烧法、片剂燃烧法、香烟法等。

6.2.1　阻燃性能测定方法

1) 阻燃性能测定方法类型

目前,纺织品阻燃性能测试主要分为两大类:

(1) 氧指数测定法。

(2) 燃烧性能测定法。

燃烧性能测试法又分为三种形式,即垂直燃烧法、45°倾斜燃烧法、水平燃烧法。

垂直燃烧试验分为垂直损毁长度测定法、垂直向火焰蔓延性能测定法、垂直向试样易点燃性测定法和表面燃烧性能测定法等。

45 度方向试验可分为 A 法——45°方向损毁面积测定,适用于非易燃和非熔融性织物;B 法——45°方向接焰次数测定,适用于熔融类织物;45°方向燃烧速率测定,适用于服装用易燃性纺织品。

6.2.2 氧指数测定法

纺织品阻燃性能测定氧指数测定法是模拟纺织品在空气中燃烧难易情况的方法。纺织品在空气中燃烧的难易程度跟纺织品在燃烧时所需要的氧气有直接关系，如果纺织品燃烧时需要的氧气含量少，则在空气中容易燃烧，反之，如果纺织品燃烧时需要的氧气含量多，则纺织品在空气中不容易燃烧。在空气中主要成分比例为（按体积）：氮气78.08%，氧气20.95%，稀有气体0.94%。氧指数也称为极限氧指数（LOI），是指试样在氧气和氮气混合气体中维持完全燃烧状态所需要的最低氧气体积浓度的百分数。未经整理的纺织品的氧指数值主要由其纤维原料的氧指数值决定。表6-2给出了常见纤维的氧指数值。纤维根据其氧指数值分为易燃纤维、可燃纤维、难燃纤维和不燃纤维，表6-3给出了其对应的氧指数值范围。

阻燃织物的分类：与易燃纤维、可燃纤维、难燃纤维、不燃纤维氧指数对应的织物，相应地称为易燃织物、可燃织物、难燃织物、不燃织物。

表6-2 常见纤维的氧指数值

纤维名称	氧指数/%	纤维名称	氧指数/%	纤维名称	氧指数/%
棉	17-19	涤纶	20-22	阻燃腈纶	29-30
黏胶纤维	17-19	锦纶	20-21.5	芳纶1313	28.5-30
醋酯纤维	17-19	丙纶	17-18.6	氟纶	95
羊毛	24-26	腈纶	17-18.5	—	—
蚕丝	23-24	氯纶	37-39	—	—

表6-3 阻燃纤维分类

阻燃性分类	氧指数范围/%	燃烧性
易燃纤维	氧指数≤20	容易点燃，燃烧速度快
可燃纤维	21≤氧指数≤26	遇到火焰能发烟燃烧，但离开火源自行熄灭
难燃纤维	27≤氧指数≤34	遇火燃烧，但难以点燃，燃烧速度慢
不燃纤维	氧指数≥35	不能点燃

1）原理

把试样放置在按一定比例氧气和氮气混合气体中，测试试样的燃烧情况。氧指数是指试样在氧气和氮气混合气体中维持完全燃烧状态所需要的最低氧气体积浓度的百分数。通常用LOI表示。氧指数越大，维持燃烧所需要的氧气浓度越高，即材料越难燃烧。

试样夹于试样夹上垂直置于燃烧筒内，在向上流动的氧氮气流中，点燃试样上端，观察其燃烧特性，并与规定的极限值比较，记录其续燃时间或损毁长度等参数。通过在不同氧浓度中一系列试样的试验,测得维持燃烧时氧气百分含量表示的最低氧浓度值。中国国家标准 GB/T 5454 规定了采用氧指数法测定纺织品燃烧性能的方法。

2) 测试参数及指标

(1) 极限氧指数。指试样在氧气和氮气混合气体中刚好保持完全燃烧状态所需要的最低氧气体积浓度的百分数。

(2) 续燃时间。在规定的试验条件下,移开火源后材料持续有焰燃烧的时间。

(3) 阴燃时间。在规定的试验条件下,当有焰燃烧终止后,或者移开火源后,材料持续无焰燃烧的时间。

(4) 损毁长度。在规定的试验条件下,在规定方向上材料损毁面积的最大距离。

(5) 损毁面积。在规定的试验条件下,材料因受热而产生不可逆损伤部分的总面积,包括材料损失、收缩、软化、熔融、炭化、烧毁及热解等。

(6) 火焰蔓延时间。在规定的试验条件下,火焰在燃烧着的材料上蔓延规定距离所需要的时间。

(7) 火焰蔓延速率。在规定的试验条件下,单位时间内火焰蔓延的距离。

3) 仪器

(1) 氧指数测定仪。仪器主要由燃烧筒、试样架、氧气瓶、氮气瓶、气流量调节阀、气体混合器、流量表、压力表等组成,如图 6-2 所示。

燃烧筒:由内径至少 75 mm 和高度至少 450 mm 的耐热玻璃管构成。筒底连接进气管,并用直径 3~5 mm 的玻璃珠充填,高度为 80~100 mm,在玻璃珠的上方放置金属网,以承受燃烧时可能滴落之物,维持筒底清洁。

试样夹:试样夹为 U 形夹子,如图 6-3 所示,其内框尺寸为 140 mm×38 mm。

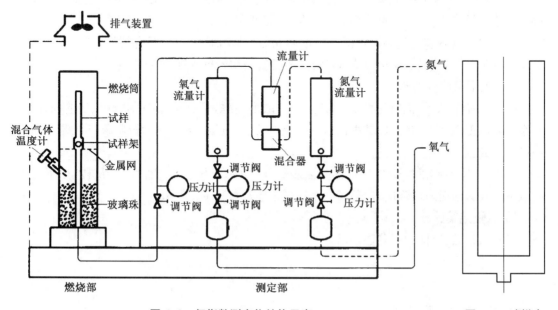

图 6-2　氧指数测定仪结构示意　　　　图 6-3　试样夹

4) 取样

样品的取样应符合取样要求,并按规定在标准大气下进行调湿处理。试样的尺寸为 150 mm×58 mm。纵、横向至少各取 15 块。

5) 测试步骤

(1) 检查试验系统是否正常:打开气体供给阀门,并任意选择混合气体浓度,气体流量在 10 L/min 左右,关闭出气和进气阀门,放置 30 min,观察放置前后各压力计及流量计所示数值有无变化,检查装置是否漏气。

(2) 试样氧浓度的初步选择:在空气中点燃,如果试样迅速燃烧,则氧浓度可以从 18% 左右开始。如果试样缓和地燃烧或燃烧得不稳定,选择初始氧浓度大约为 21%。若试样在空气中不能继续燃烧,选择初始氧浓度不小于 25%。

(3) 将试样装在试样夹中间并加以固定,然后将试样夹连同试样垂直安插在燃烧玻璃筒内的试样支座上。

(4) 打开氧、氮气阀门,从气体比例表中查出相应的氧气和氮气流量,调节氧气、氮气流量,让调节好的气流在试样点火之前流动冲洗燃烧筒至少 30 s,在点火和燃烧过程中保持此流量不变。

(5) 点燃点火器:将点火器管口朝上,调节火焰高度至 15~20 mm,在试样上端点火,待试样上端全部点燃后(点火时间应控制在 10~15 s),移去点火器,并立即开始测定续燃和阴燃时间,随后测定损毁长度。

(6) 初始氧浓度的确定:以任意间隔为变量,以"升—降法"进行试验。

a. 试样点燃后立即自熄,续燃、阴燃或续燃和阴燃时间不到 2 min,或者损毁长度不到 40 mm 时,都是氧浓度过低,记录反应符号为"O",则必须提高氧浓度。

b. 试样点燃后续燃、阴燃或续燃和阴燃时间超过 2 min,或者损毁长度超过 40 mm 时,都是氧浓度过高,记录反应符号为"×",则必须减小氧浓度。

c. 重复上述两步骤直到所得两个氧浓度相差≤1.0,其中一个反应符号为"O",另一个反应符号为"×",此时反应符号为"O"的氧浓度就是初始氧浓度(C_O)。

(7) 极限氧浓度的测定

a. 用初始氧浓度,同时保持 $d=0.2\%$ 的氧浓度间隔,重复步骤(6)中的 a、b 过程,测得一系列氧浓度值及对应符号,其中最后一个反应符号"O"或"×",则为极限氧指数测定系列中第一个数据。

b. 继续以 $d=0.2\%$ 氧浓度间隔,重复步骤(6)中的 a、b 过程,再测四个试样,记下各次的氧浓度及其所对应的反应号,最后一个试样的氧浓度用 C_F 表示。

6) 试验结果计算

极限氧指数:以体积百分数表示。

$$LOI = C_F + K \times d \tag{6-1}$$

式中:LOI——极限氧指数,%;

C_F——最后一个试样的氧浓度,%;

d——步骤(7)中 b 过程的两个氧浓度之差,%;

K——系数,与每个试样的反应符号"O"或"×"有关,查表可得。

6.2.3　垂直燃烧测定法

1) 原理

将一定尺寸的试样垂直置于规定的垂直燃烧试验仪内,用规定的燃烧器产生火焰,在试样底部中心点燃试样,测量规定点燃时间后,试样的续燃、阴燃时间及损毁长度。中国国家标准 GB/T 5455 规定了采用垂直燃烧法测定纺织品燃烧性能的方法。

2) 仪器

垂直燃烧试验仪,主要由以下部分组成:

(1) 燃烧试验箱:用耐热及耐烟雾侵蚀材料制成的直立长方形燃烧箱,箱内尺寸为 329 mm×329 mm×767 mm。仪器前面装有玻璃门,箱顶和箱两侧下部各开有通风孔,箱顶有支架可承挂试样夹,底部有点火器,箱底中央放一块可承受熔滴或其他碎片的板或丝网。图 6-4 是垂直燃烧试验仪结构示意图。

(2) 试样夹:用于夹持试样,用不锈钢制作的 U 形钢板夹,如图 6-5 所示。

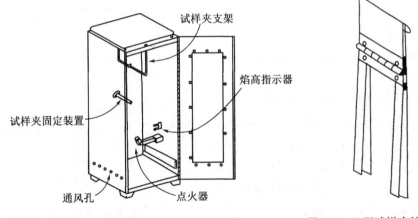

图 6-4　垂直燃烧试验仪结构示意　　　　图 6-5　U 形试样夹结构示意

(3) 点火器:用于点燃试样。

(4) 气体:工业用丙烷或丁烷气体。

(5) 重锤:用于测量损毁长度。不同的质量的重锤对应于不同单位面积质量的织物。

(6) 医用脱脂棉、计时器、烘箱等。

3) 取样

样品的取样应符合相关取样规定并进行调湿处理,试样采用梯形法取样,试样尺寸为 300 mm×89 mm,纵向及横向各取 5 块试样,试样的边要与样品的纵横向平行。在标准大气调湿。

试样调湿条件:

条件 A:试样在标准大气下调湿,调湿后放入密封容器。

条件 B:试样在 105 ℃烘箱内干燥 30 min 取出,放置于干燥器中,冷却时间不低于 30 min。

4)测试条件

测试环境:温度 10～30 ℃,相对湿度 30%～80%。

火焰高度:(40±2)mm。

点燃时间:条件 A 12 s,条件 B 3 s。

5)测试步骤

(1)关闭试验箱门,打开气阀,启动点火器,调节火焰高度 40±2 mm,火焰稳定燃烧至少 1 min,然后熄灭火焰。

(2)将试样放入试样夹中,试样下沿应与试样夹下端齐平。打开试验箱门,将试样夹连同试样垂直挂于试验箱中。

(3)关闭箱门,按点火开关,点着点火器,待火焰稳定后,移动火焰使试样底边正好处于火焰中点位置,点燃试样。此时距试样从密封容器内取出的时间必须在 1 min 以内。

(4)点火时间根据调湿时间条件 A 或 B 而定,点火时间到后,点火器恢复原位熄灭。计时器开始记录续燃和阴燃时间。

(5)当测试由熔融性纤维制成的织物时,如果被测试样在燃烧过程中有熔滴产生,则应在试验箱的箱底平铺上 10 mm 厚的脱脂棉。注意熔融脱落物是否引起脱脂棉的燃烧或阴燃,并记录。

(6)打开试验箱前门,取出试样夹,卸下试样,先沿其长度方向炭化处对折一下,然后在试样的下端一侧,距其底边及侧边各约 6 mm 处,挂上按试样单位面积质量选用的重锤,如图 6-6 所示。重锤选用原则见表 6-4 所示。用手缓缓提起试样下端的另一侧,让重锤悬空,再放下,测量试样撕裂的长度,即为损毁长度,结果精确到 1 mm。

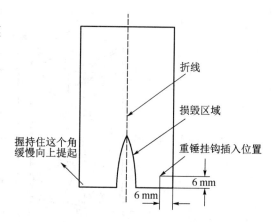

图 6-6　损毁长度的测定

表 6-4　单位面积质量与选用重锤质量关系

织物单位面积质量/(g·m^{-2})	重锤质量/g
101 以下	54.5
101～207 以下	113.4
207～388 以下	226.8
388～650 以下	340.2
650 及以上	453.6

6）试验结果计算

（1）计算纵向及横向五个试样的续燃时间、阴燃时间及损毁长度的平均值。

（2）记录燃烧过程中滴落物引起脱脂棉燃烧的试样。

6.2.4　45°方向燃烧速率测定法

1）原理

在规定的试验条件下,对 45°方向放置的试样点火,根据试样火焰蔓延的时间来评定试样的燃烧速率。对绒面试样,底布的点燃作为燃烧剧烈程度的附加指标。国家标准 GB/T 14644 规定了纺织品 45°方向燃烧速率的测定方法。

2）仪器

燃烧试验仪,主要由如下部分组成:

（1）燃烧试验箱:用耐热及耐烟雾侵蚀材料制成的直立长方形燃烧箱,箱内尺寸为 370 mm×220 mm×350 mm。仪器前面装有玻璃门,箱顶和箱两侧下部各开有通风孔,箱内有 45°斜面试样架可承挂试样夹,底部有点火器。图 6-7 是 45°燃烧试验仪结构示意图。

（2）试样夹:用于夹持试样,用不锈钢制作的 U 形钢板夹,如图 6-8 所示,试样固定于两板中间,两边用夹子加紧。

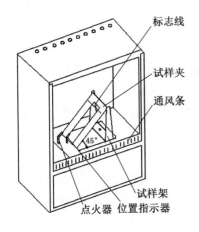

图 6-7　45°燃烧试验仪结构示意

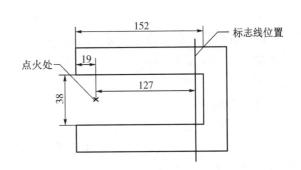

图 6-8　45°燃烧试验仪试样夹示意（单位:mm）

（3）点火器:用于点燃试样。

（4）气体:丁烷气体。

（5）重锤:用于测量损毁长度。不同的质量的重锤对应于不同单位面积质量的织物。

（6）刷毛装置:用于制备绒面织物试样,用来刷毛,结构如图 6-9 所示,主要由滑动架、毛刷等组成。

（7）标志线:白色棉丝光缝纫线 11.7tex×3。标志线用于悬挂着重锤。

3）预试验

对于未知燃烧性能的织物应先做预试验以确定燃烧速度最快的方向和部位。

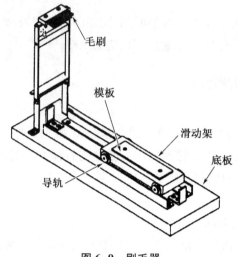

图 6-9　刷毛器

4）取样

取试样 5 块,尺寸为 160 mm×50 mm,以燃烧速度最快的方向为试样的长度方向。对燃烧速度无明显区别的非绒面织物,以纵向为试样的长度方向。

试样的安装:将试样夹的下夹板放置在刷毛装置的滑动架上,使模板位于下夹板内框中。将试样放置在下夹板上,需燃烧的一面朝上,试样燃烧速率最快的方向端放置在试样夹顶部,放上试样夹的上夹板,用夹子夹紧上下夹板。

刷毛:非绒面织物不需要刷毛。将装好的试样夹放置在刷毛器的滑动架上,试样绒面朝上,放下毛刷,移动滑动架,使试样逆向刷毛一次。

干燥:将装好试样的试样夹放置在 105℃烘箱内干燥 30 min 取出,放置于干燥器中,冷却时间不低于 30 min。

5）测试条件

可采用一般室温测试,但需要在无风条件下测试。燃烧器顶端距离试样表面 8 mm;燃烧器火焰高度 16 mm,点火时火焰垂直作用于试样表面。点火处距试样表面标志线 127 mm,距离试样底边 19 mm。

6）测试步骤

(1) 把装好试样的试样夹置于燃烧试验箱内的试样架上,标志线穿过试样架平板的导丝钩,在刚穿出导丝圈的标志线下方挂上重锤,使标志线紧绷。关闭试验箱门。

(2) 启动燃烧器,使火焰与试样表面接触 1 s,同时开始计时。当火焰烧至标志线时,重锤因线被烧断而下落,停止计时。如果发生底边点火,则应重新试验。

(3) 从干燥器中取出试样到点燃试样的时间不得超过 45 s。观察试样的燃烧状态,记录火焰蔓延时间以及燃烧状态。对于绒面纺织品,试样应继续燃烧以确定基布是否燃烧熔融。

7）分级

根据表 6-5 对试验结果进行计算和分级。根据试样数量的不同,可分为 5 块或 10 块测试,并区分非绒面和绒面纺织品。

表 6-5　燃烧性能的分级

试样数量		火焰蔓延时间 t_i		燃烧等级
5 块 ($1 \leqslant i \leqslant 5$)	非绒面纺织品	无		1 级（正常可燃性）
		仅有 1 个	$t_i \geqslant 3.5\ \text{s}$	1 级（正常可燃性）
			$t_i < 3.5\ \text{s}$	另增加 5 块试样，按 10 块试样评级
		2 个及以上	$\bar{t} \geqslant 3.5\ \text{s}$	1 级（正常可燃性）
			$\bar{t} < 3.5\ \text{s}$	另增加 5 块试样，按 10 块试样评级
	绒面纺织品	不考虑火焰蔓延时间，基布未点燃		1 级（正常可燃性）
		无		1 级（正常可燃性）
		仅有 1 个	$t_i < 4\ \text{s}$，基布未点燃	1 级（正常可燃性）
			$t_i \geqslant 4\ \text{s}$，不考虑基布	
			$t_i < 4\ \text{s}$，同时 1 块基布点燃	另增加 5 块试样，按 10 块试样评级
		2 个及以上	$0\ \text{s} < \bar{t} < 7\ \text{s}$，仅有 1 块表面闪燃 $\bar{t} > 7\ \text{s}$，不考虑基布 $4\ \text{s} \leqslant \bar{t} \leqslant 7\ \text{s}$，1 块基布点燃 $\bar{t} < 4\ \text{s}$，1 块基布点燃	1 级（正常可燃性）
			$4\ \text{s} \leqslant \bar{t} \leqslant 7\ \text{s}$，大于等于 2 块基布点燃	2 级（中等可燃性）
			$\bar{t} < 4\ \text{s}$，大于等于 2 块基布点燃	另增加 5 块试样，按 10 块试样评级
10 块 ($1 \leqslant i \leqslant 10$)	非绒面纺织品	仅有 1 个		1 级（正常可燃性）
		2 个及以上	$\bar{t} \geqslant 3.5\ \text{s}$	1 级（正常可燃性）
			$\bar{t} < 3.5\ \text{s}$	3 级（快速剧烈燃烧）
	绒面纺织品	仅有 1 个		1 级（正常可燃性）
		2 个及以上	$\bar{t} < 4\ \text{s}$，小于等于 2 块基布点燃 $4\ \text{s} \leqslant \bar{t} \leqslant 7\ \text{s}$，小于等于 2 块基布点燃 $\bar{t} > 7\ \text{s}$	1 级（正常可燃性）
			$4\ \text{s} \leqslant \bar{t} \leqslant 7\ \text{s}$，大于等于 3 块基布点燃	2 级（中等可燃性）
			$\bar{t} < 4\ \text{s}$，大于等于 3 块基布点燃	3 级（快速剧烈燃烧）

注 1："无"是指试样未点燃或标志线未烧断。

注 2：非绒面纺织品燃烧评级时需要考虑两个因素：1）所有试样火焰蔓延时间（t_i）的个数；2）火焰蔓延时间值（t_i）或平均值（$\bar{t}$）。绒面纺织品燃烧评级时需要考虑三个因素：1）所有试样火焰蔓延时间（t_i）的个数；2）所有试样基布点燃的个数；3）火焰蔓延时间值（t_i）或平均值（$\bar{t}$）。

当需要增加 5 块试样时，再按表中试样数量为 10 块时进行评级。

8）洗涤后试验

对于燃烧等级为 1、2 级的样品,按照 GB/T 8629 的规定,采用 A 型洗衣机,40℃ 正常搅拌程序对试样进行 1 次洗涤,测试试样洗涤后的燃烧性能,其中标准洗涤剂的加入量为 20 g,洗涤完成后摊平晾干,试样表面应平整无褶皱。将洗涤干燥后的样品再按照上面过程进行测试分级。原试样测试结果为 3 级的样品无需测试洗涤后燃烧性能。

9）试验结果计算

试样的火焰蔓延时间及平均值,并说明燃烧状态。

6.2.5　水平燃烧测定法

1）原理

在规定的试验条件下,试样水平放置,对其边沿的中间位置点火,测定火焰在试样上的蔓延距离和蔓延此距离所用的时间,计算试样的燃烧速率。我国纺织行业标准 FZ/T 01028 规定了水平燃烧法测定纺织品燃烧性能的方法。

2）仪器

（1）燃烧试验箱:用耐热及耐烟雾侵蚀材料制成的直立长方形燃烧箱,箱体尺寸为 363 mm×204 mm×360 mm。仪器前面装有耐热玻璃门便于观察,箱顶和箱两侧下部各开有通风孔,箱子左右两侧各有小门便于取放试样,箱子中部设有水平试样架,底部设有一个收集熔滴物的盘子,箱内底部有点火器。

（2）试样夹:用于夹持试样,用不锈钢制作的 U 形钢板夹,内框尺寸为 330 mm×50 mm,试样固定于两板中间,两边用夹子加紧;试样夹上应有标记线:第一标记线、第二标记线、第三标记线,与试样底边的距离分别为 38 mm、138 mm、292 mm。

（3）点火器:用于点燃试样,喷嘴中心距试样距离 19 mm。

（4）气体:丁烷气体。

（5）金属梳:上面有光滑的圆齿,用于制备绒面织物试样,用来刷毛。

（6）密封容器、秒表、直尺、温度计等。

3）取样

按规定取样方式取样,并在标准大气下进行调湿处理。

标准试样尺寸应为 340 mm×100 mm。

宽度小于 60 mm 的试样,长度取 340 mm。

宽度为 60～100 mm 的试样,长度至少取 160 mm。

对于每一样品,纵横向至少各取 5 块试样。

刷毛:非绒面织物不需要刷毛,对于拉绒、起绒、簇绒等绒面纺织品,把试样放在平整的台面上,用金属梳逆绒毛方向梳两次,使火焰能逆绒毛方向蔓延。

4）测试条件

环境温度 15～30 ℃,相对湿度 30%～80%。

点火器管口内径：9.5 mm。

点火器管口顶端离试样试验面距离：19 mm。

火焰高度：(38±2)mm。

点火时间：15 s。

5) 测试步骤

(1) 检查仪器状态，打开供气阀，用点火器点燃气体，调节火焰高度使其固定到(38±2)mm。第一次试验前火焰应在此状态下稳定燃烧至少 1 min，然后熄灭火焰。

(2) 试样装入试样夹，测试面向下，短边与试样夹底边齐平。

(3) 将装好试样的试样夹放置到仪器的试样架上，使试样夹的短边中心处位于点火器喷嘴正上方。

(4) 关闭箱门，启动点火器，使火焰与试样表面接触 15 s。

(5) 观察试样燃烧情况，查看是否有滴落物。对于复合类以及厚重类的样品，观察试样测试面的反面是否出现燃烧较快的现象。

(6) 测量火焰蔓延时间和距离，火焰根部蔓延到第一标记线时开始计时。火焰根部蔓延至第三标记线时停止计时，记录火焰蔓延时间，此时火焰蔓延距离为 254 mm。如果火焰根部蔓延至第三标记线前熄灭，则停止计时，并测量第一标记线至火焰熄灭处的最大距离。长度不足 340 mm 的试样，测量火焰根部从第一标记线蔓延至第二标记线的时间，记录火焰蔓延时间，火焰蔓延距离为 100 mm。

(7) 打开风扇，将试验中产生的烟气排出。观察试样燃烧后的特征(如炭化、熔融、收缩、卷曲)，并记录。

(8) 打开试验箱，清除碎片。当箱内温度在 15~30 ℃时，再进行下一块试样的测试。

6) 洗涤后试验

如果需要测试洗涤后的燃烧性能，洗涤按 GB/T 8629 的规定，选用 4 N 正常搅拌程序，加入 20 g 标准洗涤剂，至少洗涤一次或按协商确定洗涤次数，洗涤完成后悬挂晾干，试样表面应平整无褶皱。试验在温度为 15~30 ℃，相对湿度为 30%~80% 的大气条件下进行。

7) 试验结果计算

计算试样的燃烧速率 B：

$$B = \frac{L}{t} \times 60 \qquad (6-2)$$

式中：B——火焰蔓延速率，mm/min；

　　　L——火焰蔓延距离，mm；

　　　t——火焰蔓延距离 L 时相应的蔓延时间，s。

计算纵横向试样的平均燃烧速率。

试样未点着或火焰蔓延至第一标记线前熄灭，火焰蔓延速率均记为 0 mm/min。

6.3 保温性能的测试

6.3.1 保温性能测试主要方法

保温是纺织品的重要功能之一,所谓保温就是抵御冷空气侵袭,保障人体正常生理机能和生活。纺织品的保温性能与热传递性能相对,但都可以用来反映纺织品的保温效果,热传递效果好则保温性能差,反之亦然。纺织品的热传递方式有热传导、热对流和热辐射。

影响纺织品保暖性能的因素很多,最重要的就是所用纤维原料的性能。纤维导热性能差,则纤维制品的导热性也就差,保暖性能就好。保暖性还与纺织品的内部结构有很大的关系,纺织品中间空隙的大小和数量直接决定其导热性能的优劣。由于空气的导热系数比一般纤维的导热系数要低得多,因此材料中所含不流动的空气越多,则材料的导热性能越差,保温效果越好,纺织品越厚其保暖效果往往也越好。另外保暖效果还与纺织品中纤维的排列方向有关,纤维的排列方向如果与热流的方向平行,则材料的导热性好,纤维的排列方向如果与热流的方向垂直,则材料的导热性低。

按散热方式和测试原理的不同,纺织品热传递性能的测试方法可归纳为以下 4 类[8],其中较多的方法是针对织物和服装进行的,而对纤维集合体形态的材料来讲,需要将现有的方法进行变化或改进,才能实现其性能测试。

(1) 恒定温差散热法:恒定温差散热法是通过测定维持热体恒温所需的热量来测定试样热传递性能的方法,通常用来测试织物,是目前使用最多的方法。将织物裁剪为一定大小的试样,放在恒温热板的一侧,保证发热体的其他各面均有绝热保护,测定保持热板恒温所需的热量,由此来计算织物的传热系数、热阻值、保温率。

(2) 定时升温降温散热法:定时升温降温散热法是通过测量在单位时间内热体升温降温的速率来评价试样热传递性能的方法。一般用织物包覆热体一面或将热体全部包覆,将包覆后的热体加热一定时间,然后再定时降温散热,测量热体温度降低到一定值时所需要的时间,用冷却速度表示织物的热传递性能。

(3) 微气候仪法:服装微气候是指服装与皮肤之间微小空间的温度、湿度和气流的总称。织物微气候仪就是在服装微气候概念的基础上建立的,用以研究服装、人体皮肤、外界环境三者组成的局部环境中热湿传递的情况。

(4) 暖体假人法:暖体假人是一种模拟设备,能够模拟人体各项数据指标,用于服装舒适性和特种功能服装的研究。暖体假人的本体形态、区段划分、关节活动、代谢产热、体表温度分布、皮肤辐射系数等均符合人体解剖生理特点,能够模拟人体表面温度分布,进行与人体有关的热学研究。同时,暖体假人各区段的温湿度可通过计算机单独控制。该设备能够模拟人体现实穿着,综合考虑了服装和人体的合体程度、皮肤与服装间空气层的厚度、空气流动的变化等因素的影响。

6.3.2　平板式恒定温差散热测试法

1) 原理

将试样覆盖于试验板上,试验板及底板和周围的保护板均以电热控制相同的温度,并以通断电的方式保持恒温,使试验板的热量只能通过试样的方向散发,测定试验板在一定时间内保持恒温所需要的加热时间,计算试样的保温率、传热系数和克罗值。中国国家标准 GB/T 11048—1989 规定了平板式恒定温差散热法测试纺织品保温性能的方法。目前 GB/T 11048—1989 方法标准已经被 GB/T 11048—2018 所替代,但适应于 GB/T 11048—1989 方法标准的测试仪器还在实际中大量使用,对纺织品的保温测试仍具有较好的参考价值。

2) 仪器

平板式保温仪。图 6-10 所示为平板式保温仪的实物照片,仪器主要由恒温试验板,控制电路,温度传感器,罩壳等部分组成。试验板是一块平整的金属板。

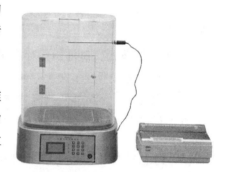

图 6-10　平板式保温仪

3) 取样

样品的裁取应符合相关产品的取样标准,在标准大气条件下调湿 24 h,每个样品裁取试样 3 块,尺寸为 30 cm×30 cm,试样应平整,无折皱。测试应在标准大气环境下测试。

4) 测试步骤

a. 把仪器测试板表面清理干净,打开仪器电源,设置测试试样的数量。

b. 启动仪器,使仪器开始加热预热仪器,预热结束后进行"空白"测试,每天只需要进行一次"空白"测试。

c. "空白"测试结束后进入"待样"状态,仪器显示屏出现"待样",打开测试仪器小门,将试样放到测试板正中央位置,试样放置要平整。

d. 关闭测试仪器小门,按下"确认"按钮,仪器开始测试。

e. 本试样测试结束后,仪器屏幕会出现测试结果,并显示"待样"。

f. 取出试样,放入下一块试样,按下"确认"按钮,仪器开始测试。

g. 重复步骤 e～f,直到所有试样完成测定。

5) 试验结果计算

计算每块试样的保温率、传热系数、克罗值、热阻以及它们的平均值。

(1) 保温率 Q。指无试样时的散热量(Q_0)与有试样的散热量(Q_1)之差对无试样时的散热量之比的百分数。

$$Q = \frac{Q_0 - Q_1}{Q_0} \times 100\% \tag{6-3}$$

(2) 传热系数 U。指织物表面温差为 1 ℃时,通过单位面积织物的热流量,单位为

W/(m² · ℃)。

$$U = \frac{U_0 \cdot U_1}{U_0 - U_1} \tag{6-4}$$

式中：U——试样传热系数；

　　　U_0——无试样时试验板的传热系数；

　　　U_1——有试样时试验板的传热系数。

(3)克罗值(CLO)。常用于表征衣服的保温性能,定义为室温 21 ℃,相对湿度 50% 以下,气流速度为 10 cm/s(无风)的条件下,一个中等身材的试穿者静坐不动,其基础代谢为 58.15 W/m²(50 kal/m² · h),感觉舒适,并维持其体表平均温度为 33 ℃时,测试者所穿衣服的保温值为 1 克罗值。

$$1CLO = \frac{1}{0.155U} \tag{6-5}$$

(4)导热率 K。试样两侧存在单位温差时,通过单位面积、单位厚度的热流量,单位为 W/(m · K)(瓦每米开尔文)。导热率等于织物厚度(m)除以热阻。

(5)热阻 Rct。试样两侧温差与垂直通过试样的单位面积热流量之比,单位为 m² · K/W(平方米开尔文每瓦)。热阻与传热系数互为倒数。

6.3.3 稳态条件下热阻和湿阻测试(蒸发热板法)

1)原理

(1)热阻测试原理:试验仪器有一个恒温试验板,测试板及其周围的热护环、底部的保护板都能保持恒温,试样覆盖于试验板上,试验板的热量只能通过试样的方向散发,空气可平行于试样上表面流动。在试验条件达到稳定后,测定通过试样的热流量来计算试样的热阻。

该方法测试出的试样的热阻 Rct 是通过测定试样加上空气层的热阻值减去空气层的热阻值而得出的,两次测定均在相同的条件下进行。

(2)湿阻测试原理:一个多孔的电加热测试板上面覆盖有透过水蒸气但不透水的薄膜,试样放置在薄膜上面,进入测试板的水蒸发后以水蒸气的形式通过薄膜,水蒸气又会通过试样蒸发,测定一定水分蒸发率下保持测试板恒温所需热流量,与通过试样的水蒸气压力一起计算试样湿阻。

该测试方法中测试的湿阻 Ret 是通过测定试样加上空气层的湿阻值减去试验仪器表面空气层的湿阻值得出所测材料的湿阻值,两次测定均在相同的条件下进行。

中国国家标准 GB/T 11048—2018 规定了纺织品生理舒适性稳态条件下热阻和湿阻的测定方法。该方法主要适用于各类纺织织物、纺织制品的热阻和湿阻的测定,也可用于涂层织物、皮革及多层复合材料热阻和湿阻的测定。该试验方法标准用于代替 GB/T 11048—1989 试验方法标准。两种测试方法测试热阻的主要不同之处在于,之前的标准规定的仪器的试验板为实心金属平板,而新标准里仪器的试验板是多孔结构,并且具有给水装置,通过试验板的蒸发,可以模拟贴近人皮肤发生的热和湿的传递过程。

2) 测试参数及指标

(1) 热阻 Rct:试样两面的温差与垂直通过试样的单位面积热流量之比,单位为 $m^2 \cdot K/W$。

(2) 湿阻 Ret:试样两侧的水蒸气压力差与垂直通过试样的单位面积蒸发热流量之比,单位为 $m^2 \cdot Pa/W$。

(3) 透湿指数:热阻与湿阻之比,无量纲。

(4) 透湿度:由试样湿阻和温度所决定的特性。

3) 仪器

纺织品热阻和湿阻测试仪。图 6-11 是一台纺织品热阻湿阻测试仪器实物照片,可用来测试纺织品的热阻和湿阻。仪器主要由测试板,热护环,气候室等几部分组成。

测试板:测试板是金属多孔板,能够对其温度和给水进行控制。试验板面积至少 $0.04\ m^2$(例如边长为 200 mm 的正方形),为了湿阻的测定,测试板是多孔的,它被位于试样台内的热护环所包围。测试板表面的供水由定量供水装置完成,在水进入测试板之前让其先穿过热护环中的管子,预热至测试板的温度。

热护环:由高热导率材料组成,包含电热元件。它的作用是防止试验板的边缘及底部的热散失。

气候室:测试板和热护环安装在气候室内,气候室与环境中的空气是导通的,而且气候室内空气的温度和湿度能够得到控制,气流可以穿过并沿着试验板和热护环表面流动。

图 6-11　热阻湿阻测试仪

4) 取样

样品按规定取样方式取样,标准大气环境下调湿 12 h 以上,如果材料厚度≤5 mm,试样尺寸应完全覆盖试验板和热护环表面。从每份实验室样品中至少取 3 块试样,试样要求平整、无折皱。如果材料厚度>5 mm,则需要一个特殊的程序以避免热量或水蒸气从其边缘散发;如果试样的厚度超过热护环宽度的 2 倍,则需对热量在边缘处的散失进行修正。

对含有松散填充物和厚度不均匀的试样的制备:

a. 对含有松散填充物和不均匀厚度的样品,例如被褥、睡袋、羽绒服等,每个样品应最少取 3 块试样。如果材料的不均匀度是由绗缝引起的,则至少要各准备 2 块试样测定热阻和湿阻,并且在样品的中心区域内取样,一块含尽可能多的绗缝数,另一块含尽可能少的绗缝数。

b. 试验时,试样要放在一个框架中进行测试,框架的高度要与试样厚度相一致,框架的内边尺寸要符合规定要求。

c. 对于易于膨胀的试样,也需要按规定进行合适的处理。

5) 测试步骤

(1) 仪器常数的测定:该标准测试方法中测得试样的热阻和湿阻中,包含有仪器常数,它是由仪器本身的阻力以及附着于试样表面的空气层的阻力决定的。空气层阻力又受试样上方空气流速和波动程度的影响。仪器常数 Rct_0 和 Ret_0 也称为仪器"空板"值，Rct_0 是仪器的热阻"空板"值，Ret_0 是仪器的湿阻"空板"值。

a. Rct_0 测定。测试板表面温度 T_m 为 35 ℃，气候室温度 T_a 为 20 ℃，相对湿度为 65%，空气流速 V_a 为 1 m/s。当待测值都达到稳定以后记录测试值，可计算出 Rct_0。

$$Rct_0 = \frac{(T_m - T_a) \times A}{H - \Delta H_c} \tag{6-6}$$

式中：Rct_0——仪器热阻常数，$m^2 \cdot K/W$；

　　　A——测试板面积，m^2；

　　　H——提供给测试板的加热功率，W；

　　　ΔH_c——加热功率修正值。

b. Ret_0 测定。仪器供水装置应持续给测试板供水，多孔测试板上覆盖一层光滑透气而不透水的薄膜，测试板表面温度 T_m 为 35 ℃，气候室温度 T_a 为 35 ℃，空气流速 V_a 为 1 m/s，相对湿度为 40%，其水蒸气分压 P_a 为 2 250 Pa，测试板表面水蒸气分压 P_m（假设等于这个温度下的饱和蒸气压，即 5 620 Pa）。当待测值都达到稳定以后记录测试值，可计算出 Ret_0。

$$Ret_0 = \frac{(P_m - P_a) \times A}{H - \Delta H_e} \tag{6-7}$$

式中：Ret_0——仪器湿阻常数，$m^2 \cdot Pa/W$；

　　　A——测试板面积，m^2；

　　　H——提供给测试板的加热功率，W；

　　　ΔH_e——加热功率修正值。

c. 仪器常数核查：可以通过已经标定热阻和湿阻的参照样对仪器常数进行核查。

（2）试样放置方式。试样在测试板上的放置方式对测试数据也有较大影响。试样应平放在测试板上，将接触人体皮肤的一面朝向测试板。试样应平整，以免试样与测试板间，与多层织物的各层之间产生不应出现的空气层。试样在不受张力作用、多层试样各层之间无空气缝隙的情况下测试。当试样的厚度超过 3 mm 时，应调节测试板高度以使试样的上表面与试样台平齐。

（3）热阻 Rct 测定。

a. 设置测试板表面温度 T_m 为 35 ℃，气候室温度 T_a 为 20 ℃，相对湿度为 65%，空气流速 V_a 为 1 m/s。当待测值都达到稳定以后记录测试值，可计算出 Rct。

b. 计算试样的热阻及平均值

$$Rct = \frac{(T_m - T_a) \times A}{H - \Delta H_c} - Rct_0 \tag{6-8}$$

式中：Rct_0——为了热阻 Rct 的测定而确定的仪器常数，$m^2 \cdot K/W$；

　　　A——试验板的面积，m^2；

H——提供给测试面板的加热功率,W;

ΔH_c——热阻 Rct 测定中加热功率的修正量。

(4) 湿阻 Ret 的测定。

a. 测定湿阻时,需用定量供水装置保持试验板表面的湿润。在多孔试验板上覆盖一层光滑的透气而不透水的薄膜。

b. 设置测试板表面温度 T_m 为 35 ℃,气候室温度 T_a 为 35 ℃,相对湿度为40%,空气流速 V_a 为 1 m/s。当待测值都达到稳定以后记录测试值,可计算出 Ret。

c. 计算试样湿阻、透湿指数、透湿度的算术平均值。

湿阻的计算式:

$$Ret = \frac{(P_m - P_a) \times A}{H - \Delta H_e} - Ret_0 \qquad (6-9)$$

式中:Ret_0——为湿阻 Ret 的测定而确定的仪器常数,$m^2 \cdot Pa/W$;

A——试验板面积,m^2;

P_a——水蒸气压力(在气候室中的温度为 T_a 时),Pa;

P_m——饱和水蒸气压力(当试验板的表面温度为 T_m 时),Pa;

H——提供给测试面板的加热功率,W;

ΔH_e——湿阻 Ret 测定中加热功率的修正量。

透湿指数 i_{mt} 的计算式:

$$i_{mt} = S \cdot Rct / Ret \qquad (6-10)$$

式中:Rct——热阻,$m^2 \cdot K/W$;

$S = 60$ Pa/K。

i_{mt} 无量纲,介于0~1。$i_{mt} = 0$ 则意味着材料完全不透湿,有极大的湿阻;$i_{mt} = 1$ 则意味着材料与同样厚度的空气层具有相同的热阻和湿阻。

透湿度 W_d 的计算式:

$$W_d = 1/(Ret \cdot \phi T_m) \qquad (6-11)$$

式中:W_d——透温度,$g/(m^2 \cdot h \cdot Pa)$;

ϕT_m——测试板表面温度为 T_m 时的饱和水蒸气潜热。

当 $T_m = 35$ ℃时,$\phi T_m = 0.627$ W·h/g。

6.4　抗静电性能测试

6.4.1　纺织品产生静电的原因

纺织品静电现象主要是两种物体相互摩擦或感应而产生的,接触起电、摩擦起电、变形起电、光热效应等都会引起静电的产生。物体产生静电后,如果带同种电荷则相互排斥,带异种电荷则相互吸附。在纺织加工过程中纤维或制品带静电后会相互纠缠或容易缠绕在设备上,导致加工过程难以顺利进行。日常生活中纺织品带上静电后易吸附灰尘,衣物会吸附在身体或别的物体上,严重影响衣物的舒适性。在一些特殊场合,如加油站、加气站等易燃易爆的场合,衣物产生静电打火可能会导致严重的后果;在一些电子元器件生产车间或高精密仪器生产车间,静电可能会引起电子元件的损坏;在火工品(雷管、炸药等)等特殊品的生产和仓储中,静电很可能导致爆炸。因此,织物抗静电对纺织加工、纺织品的舒适性及安全性都有很大的益处。

影响纺织品静电产生的因素很多,纤维自身性能对静电的产生起主要作用,亲水吸湿性好的纤维、电阻率低的纤维不容易产生静电。一般天然纤维不容易产生静电,而合成纤维由于吸湿性差,大都很容易产生静电;织物内部有导电纤维或经过抗静电处理后抗静电效果会大大提高;使用环境的相对湿度越大,纺织品也越不容易产生静电;纤维或制品的摩擦因数越大,则越容易产生静电。环境温度对静电的产生也有一定影响,在一定范围内,环境温度升高,电阻值会降低,带电量会减少。

如今,纺织品的抗静电技术已有长足的发展,应用于专业工作场所的抗静电工作服、超净工作服、军队的常服、作训服等都已实现产业化生产并得到广泛应用。人们日常生活中使用的纺织品也大量采用了抗静电技术,纺织品的舒适性明显提高。

6.4.2 纺织品抗静电测试方法

纺织品抗静电测试方法比较多,每种测试方法原理不同,其测试指标、适用产品也不一样。目前的测试方法主要有:

1) 摩擦带电电压测定法

在一定条件下,使样品与标准布相互摩擦,以此时产生的最高静电压及平均静电压值表征试样的静电性能。

2) 摩擦带电电荷量测定法

在一定条件下,使试样摩擦带静电后,测试所带电荷量的总和。以试样带的电荷总量表征试样的静电性能。

3) 阻抗测定法

测试试样表面一定距离之间的电阻值,以该电阻值表征试样的静电性能。

4) 人体带电电压测定法

在一定测试条件下测试人体所带的静电压值。

5) 静电吸附性测定法

使试样在一定条件下摩擦带电,测试试样静电吸附力,即抵抗重力在金属板上附着的时间。

6) 静电衰减时间法

给试样加一定电压,测试试样感应所带电荷,并测试电荷衰减一半所用的时间。

7) 行走(模拟步行)测试法

模拟人步行的方式在被测试样上行走,鞋与试样摩擦带电,测试人体所带的电压。通常用作地毯抗静电性能测试。

8) 半衰期测定法

使试样在高压静电场中带电至稳定后,断开高压电源,使其电压通过接地金属台自然衰减。测试其电压衰减为初始值一半所需的时间。

9) 吸灰测试

将摩擦带电的试样靠近灰尘,判定吸附灰尘的程度。

GB/T 12703 系列标准规定了 7 种测试方法,分别是GB/T 12703.1—2008《纺织品　静电性能的评定　第 1 部分:静电压半衰期》、GB/T 12703.2—2009《纺织品　静电性能的评定　第 2 部分:电荷面密度》、GB/T 12703.3—2009《纺织品　静电性能的评定　第 3 部分:电荷量》、GB/T 12703.4—2010《纺织品　静电性能的评定　第 4 部分:电阻率》、GB/T 12703.5—2010《纺织品　静电性能的评定　第 5 部分:摩擦带电电压》、GB/T 12703.6—2010《纺织品　静电性能的评定　第 6 部分:纤维泄漏电阻》、GB/T 12703.7—2010《纺织品　静电性能的评定　第 7 部分:动态静电压》。另外国内还有一些标准,如 FZ/T 01043—1996《纺织材料静电性能动态静电压的测定》、FZ/T 01059—1999《织物摩擦静电吸附性测定方法》、GB/T 18044—2008《地毯静电习性评价法行走试验》等。

在纺织品抗静电性能检测试验中,不同的静电测试方法下,测量获得的数值之间一般没有直接的等比数值关系。在某些抗静电产品的测试要求中,两种方法测出的数据甚至可能会出现相互矛盾现象。因此,纺织品抗静电性能的评价应根据面料性质的不同而采用不同的测试方法和测试项目,而且测试项目随着产品的不同,所表征的意义也不同。因此,尽量避免使用单一指标进行纺织品抗静电性能的评价。应根据不同的行业需求以及相关的受控环境下使用的防静电织物,检测其抗静电性能,正确选择适合的防静电产品标准、对应的环境要求和检测方法。

6.4.3　静电压半衰期测定方法

1) 原理

试样在高压静电场中带电至稳定后,断开高压电源,使其电压通过接地金属台自然衰减。测定其电压衰减为初值一半所需的时间。

该试验方法适用于各类纺织品,不适用于铺地织物。

静电电压:试样上积聚的相对稳定的电荷所产生的对地电位。

静电压半衰期:试样上静电压衰减至原始值一半时所需的时间。

中国国家标准 GB/T 12703.1 规定了采用静电压半衰期测试纺织品静电性能的方法。表 6-6 给出了半衰期对应的织物抗静电等级。非耐久型抗静电纺织品在洗涤前应达到表 6-6 所列的要求,耐久型抗静电纺织品(经多次洗涤仍保持抗静电性能的产品)在洗涤前后均应达到表 6-6 所列的要求。

表 6-6　织物抗静电等级与半衰期

等级	要求
A 级	≤2.0 s
B 级	≤5.0 s
C 级	≤15.0 s

2) 仪器

织物静电测试仪,主要包括:

可旋转平台:上面有试样夹,平台转速至少为 1 000 r/min。

高压放电极:用来向试样释放静电。

静电检测电极:用来检测试样上的静电状态。

控制部分:仪器动作控制及数据记录。

图 6-12 所示为测试仪的原理,图 6-13 是织物感应式静电测试仪实物照片。试验台直径 200 mm,试样夹的内框尺寸至少为 32 mm×32 mm。试样尺寸为 4.5 cm×4.5 cm。针电极与样品上表面相距 20 mm,感应电极与样品上表面相距 15 mm。仪器启动后,驱动试验台旋转,待转动平稳后在针电极上加 10 kV 高压,加电 30 s 后,断开电源,在平台继续旋转的条件下,通过感应电极检测电路,记录此时织物上静电的衰减曲线,测出半衰期。

当半衰期大于 180 s 时,停止试验,并记录衰减时间为 180 s 时的残余电压值。

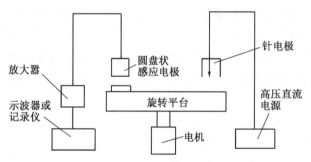

图 6-12　静电检测装置示意

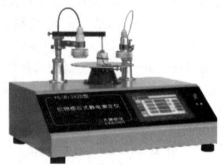

图 6-13　织物感应式静电测试仪

3) 取样

样品根据需要,按照 GB/T 8629—2001 中 7A 程序洗涤或协商条件进行洗涤、烘干和调湿处理。调湿和试验用大气的环境条件为温度(20±2)℃,相对湿度(35±5)%,环境风速0.1 m/s 以下。

从样品上随机取试样 3 组,试样尺寸为 4.5 cm×4.5 cm 或适宜的尺寸。

4) 测试步骤

(1) 对试样表面进行消电处理。

(2) 将试样夹持在试样夹上,使放电针电极与试样上表面相距(20±1)mm,感应电极与试样上表面相距(15±1)mm。

（3）启动试验台转动,待转动平稳后在放电针电极上加 10 kV 高压对试样放电,30 s 后断开高压,试验台继续旋转直至静电电压衰减至 1/2 以下时即可停止试验。记录高压断开瞬间的试样静电电压(V)及其衰减至 1/2 所需要的时间,当半衰期大于 180 s 时,停止试验,记录衰减时间为 180 s 时的残余静电电压位。

5) 试验结果计算

同一块试样进行 2 次试验,计算平均值作为该块试样的测试值。计算 3 块试样的平均值作为样品的测试值。

6.4.4　电荷密度测定方法

1) 原理

将试样按一定的条件在摩擦装置上进行摩擦,试样摩擦带电后投入到法拉第筒中,测试试样的电荷面密度。中国国家标准 GB/T 12703.2 规定了采用电荷密度法测试纺织品静电性能的方法。该方法采用电荷密度法评价织物静电性能,适用于各类纺织品,不适用于铺地织物。

2) 仪器

织物摩擦带电测试仪,主要包括:

法拉第筒:用来测试试样上的带电量,其结构如图 6-14 所示。

摩擦装置:用来对试样进行摩擦,使试样带上静电。主要由摩擦布及摩擦棒、绝缘棒、垫板等组成,其结构如图 6-15 所示。。摩擦布是锦纶平纹布,摩擦棒表面和垫板上均包有摩擦布,绝缘棒为有机玻璃棒。

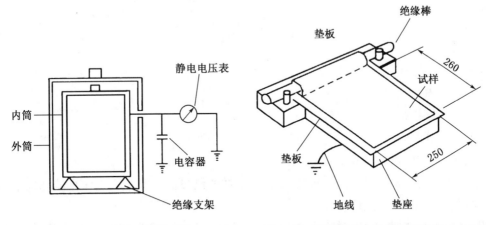

图 6-14　法拉第筒结构示意　　　图 6-15　摩擦起静电装置示意(单位:mm)

3) 取样

样品根据需要,按照 GB/T 8629—2001 中的 7A 程序洗涤或协商条件进行洗涤、烘干和调湿处理。调湿和试验用大气的环境条件为温度(20±2)℃,相对湿度(35±5)%,环境风速 0.1 m/s 以下。

试样从布边 1/10 幅宽内,距布端 1 m 以上裁取。随机取试样 6 块,纵横向各 3 块,试样尺寸为 250 mm×400 mm。将长的一端缝制为套筒状,未被缝制的部分长度为 270 mm,有效摩擦长度 260 mm。

4）测试步骤

（1）把试样放置在摩擦装置的垫板上。

（2）双手握住缠有标准布的摩擦棒的两端摩擦试样,每秒钟 1 次,摩擦 5 次后,握住绝缘棒的一端,迅速用绝缘棒将带电试样放入到法拉第筒内,测试试样的静电压或电量值。如图 6-16 所示。

（3）每个试样测试 3 次,每次测试后应对试样做消电处理,确认试样上不带静电。

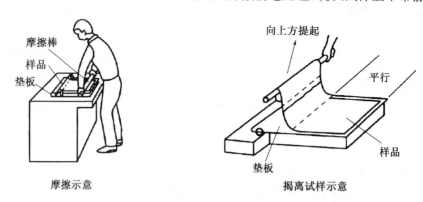

图 6-16　试样摩擦起静电及试样的揭离过程示意

5）试验结果计算

电荷密度:样品上单位面积上所带的电量,单位为 $\mu C/m^2$。

$$\sigma = \frac{Q}{A} = \frac{C \cdot V}{A} \tag{6-12}$$

式中: σ——电荷面密度, $\mu C/m^2$;

　　　Q——电荷量测定值, μC;

　　　C——法拉第系统总电容量,F;

　　　V——电压值,V;

　　　A——试样摩擦面积, m^2。

计算每个试样 3 次测试的平均值,作为该试样的测量值。取 6 块试样测试结果中的最大值,作为该样品的试验结果。

电荷面密度技术要求:对于非耐久型抗静电纺织品,洗涤前电荷面密度应不超过 7.0 $\mu C/m^2$;对于耐久型抗静电纺织品,洗涤前后电荷面密度均应不超过 7.0 $\mu C/m^2$。耐久型是指经多次洗涤仍保持特定性能的产品。

6.4.5　电荷量测定方法

1）原理

将试样按一定的条件在摩擦装置上进行摩擦,试样摩擦带电后投入到法拉第筒,测试试样的电荷量。中国国家标准 GB/T 12703.3 规定了采用电荷量法测试纺织品静电性能的方法。该试验方法适用于各类服装及其他纺织品，其他产品也可参考采用[13]。

2) 仪器

织物摩擦带电测试仪，主要包括：

法拉第筒：用来测试试样上的带电量，其结构如图 6-14 所示。

摩擦带电滚筒测试装置：滚筒的内表面及盖子的内表面包覆有标准布。

转鼓内衬摩擦材料：锦纶标准布，装置进样口周围也应包覆。

图 6-17 所示为摩擦带电滚筒机。

图6-17　摩擦带电滚筒机

3) 取样

如果需要，样品可按照 GB/T 8629—2001 中的 7A 程序洗涤或协商条件进行洗涤、烘干和调湿处理。调湿和试验用大气的环境条件为温度（20±2）℃，相对湿度（35±5）％，环境风速 0.1 m/s 以下。

每个产品至少取一件作为试样。

4) 测试步骤

a. 启动摩擦装置，使其温度达到（60±10）℃。

b. 将试样在模拟穿用状态下（扣上纽扣或拉链）放入摩擦装置，运转 15 min。

c. 运转完毕后，将试样从摩擦装置中取出投入到法拉第筒，测出试样的带电量。

d. 重复 5 次操作，每两次之间静置 10 min，并用消电器对试样及转鼓内的标准布进行消电处理。

e. 带衬里的制品，应将衬里翻转朝外，再次重复以上测试步骤。

5) 试验结果计算

以 5 次测量电荷量的平均值为试样的试验结果。

电荷量：试样与标准布摩擦一定时间后所带的电荷量，单位为 μC。

电荷量技术要求：对于非耐久型抗静电纺织品，洗涤前电荷量应不超过 0.6 μC/件；对于耐久型抗静电纺织品，洗涤前后电荷面密度均应不超过 0.6 μC/件。

6.4.6　电阻率测定方法

1) 原理

电阻率测定法是通过测试织物的表面电阻率和体积电阻率来表征织物的静电性能，适用于各类纺织品，不适应于铺地织物。中国国家标准 GB/T 12703.4 规定了电阻率法测试纺织品静电性能的方法。

对于非耐久型抗静电纺织品，洗涤前表面电阻率应达到表 6-7 的要求；对于耐久型抗静电纺织品，洗涤前后都应达到表 6-7 的要求。

表 6-7　表面电阻率技术要求

等级	要求/Ω
A 级	$<1\times10^7$
B 级	$\geqslant1\times10^7,<1\times10^{10}$
C 级	$\geqslant1\times10^{10},\leqslant1\times10^{13}$

2）测试参数

体积电阻：在一给定的通电时间之后，施加于与一块材料相对两个面上相接触的两个引入电极之间的直流电压对于该两个电极之间的电流的比值。

体积电阻率：沿试样体积电流方向的直流电场强度与稳态电流密度的比值。

表面电阻：在一给定的通电时间之后，施加于材料表面上的标准电极间的直流电压与电极之间电流的比值。

表面电阻率：沿试样表面电流方向的直流电场强度与单位长度的表面传导电流之比。

3）取样

如果需要，样品可按照 GB/T 8629—2001 中 7A 程序洗涤或协商条件进行洗涤、烘干和调湿处理。调湿和试验用大气的环境条件为温度（20±2）℃，相对湿度（35±5）％，环境风速 0.1 m/s 以下。试样的形状不限，不影响测试操作即可。

4）试验结果计算

a. 体积电阻率 ρ_V：

$$\rho_V=R_V\times\frac{A}{h} \tag{6-13}$$

式中：ρ_V——体积电阻率，$\Omega\cdot m$；

　　　R_V——测得的体积电阻，Ω；

　　　A——被保护电极的有效面积，m^2；

　　　h——试样的平均厚度，m。

b. 表面电阻率 ρ_S：

$$\rho_S=R_S\times\frac{L}{w} \tag{6-14}$$

式中：ρ_S——表面电阻率，Ω；

　　　R_S——测得的表面电阻，Ω；

　　　L——特定使用电极装置中被保护电极的有效周长，m；

　　　w——两电极之间的距离，m。

6.4.7　摩擦带电电压测定方法

1）原理

在一定的张力条件下，试样与标准布相互摩擦，测试在规定时间内产生的最高电压，以该电压值表征试样的静电性能。中国国家标准 GB/T 12703.5 规定了采用摩擦带电电压法测试纺织品静电性能的方法。该试验方法适用于各类纺织品,不适应于铺地织物。

对于非耐久型抗静电纺织品,洗涤前表面电阻率应达到表 6-8 的要求;对于耐久型抗静电纺织品,洗涤前后都应达到表 6-8 的要求。

表 6-8　摩擦带电电压技术要求

等级	摩擦带电电压/V
A 级	<500
B 级	≥500,<1 200
C 级	≥1 200,≤2 500

2) 取样

如果需要,样品可按照 GB/T 8629—2001 中的 7A 程序洗涤或协商条件进行洗涤、烘干和调湿处理。样品上随机取 4 组试样。

调湿和试验用大气的环境条件为温度(20±2)℃,相对湿度(35±5)%,环境风速 0.1 m/s 以下。

3) 测试步骤

按规定条件,在转动摩擦装置上摩擦试样,4 块试样分别装在样品夹上,与标准布摩擦。测定 1 min 内试样的最大带电电压。测试装置结构如图 6-18 所示。

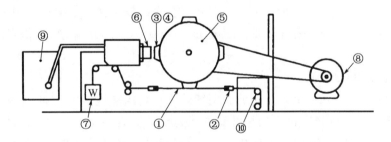

1—标准布　2—标准布夹　3—样品框　4—样品夹框　5—金属转鼓
6—测量电极　7—负载　8—电机　9—放大器及记录仪　10—立柱导轮

图 6-18　测试装置结构示意

4) 试验结果计算

计算 4 组试样带电电压的平均值作为试样的测试结果。

6.4.8　动态静电压测定方法

动态静电压测定方法用于纺织生产动态静电压的测试,适用于纺织厂各道工序中纺织材料和纺织器材静电性能的测定。测试的基本原理是根据静电感应原理,将测试电极靠近被测物体,电极感应到静电压,测试电路测出静电压值。中国国家标准 GB/T 12703.7 规定了采用动态静电压法测试纺织品静电性能的方法。

6.5　防紫外线性能测试

6.5.1　紫外线的基本特性

紫外线简称 UV,是电磁波谱中波长从 $10\sim400$ nm 辐射的总称,属于人眼不可见光范围。依据紫外线自身波长的不同,一般将紫外线分为 UVA、UVB、UVC 三个区域(长波紫外线、中波紫外线、短波紫外线)。

1) 长波紫外线(UVA)

波长为 $315\sim400$ nm,又称为长波黑斑效应紫外线。它有很强的穿透力,可以穿透大部分透明的玻璃以及塑料。日光中含有的长波紫外线中有超过 98% 能穿透臭氧层和云层到达地球表面,UVA 可以直达肌肤的真皮层,破坏弹性纤维和胶原蛋白纤维,将人体的皮肤晒黑。UVA 紫外线可透过完全截止可见光的特殊着色玻璃灯管,仅辐射出以 365 nm 为中心的近紫外光,可用于矿石鉴定、舞台装饰、验钞等场所。

2) 中波紫外线(UVB)

波长为 $280\sim315$ nm,又称为中波红斑效应紫外线,具有中等穿透力。它波长较短的部分会被透明玻璃吸收,日光中含有的中波紫外线大部分被臭氧层所吸收,只有不足 2% 能到达地球表面,在夏天和午后会特别强烈。UVB 紫外线对人体具有红斑作用,能促进体内矿物质代谢和维生素 D 的形成,但长期或过量照射会令皮肤晒黑,并引起红肿脱皮。紫外线保健灯、植物生长灯就是使用特殊玻璃(不透过 254 nm 以下的光)制作的,能发出在 300 nm 附近的紫外线。

3) 短波紫外线(UVC)

波长为 $200\sim280$ nm,又称为短波灭菌紫外线。它的穿透能力最弱,无法穿透大部分的透明玻璃及塑料。日光中含有的短波紫外线几乎被臭氧层完全吸收。短波紫外线对人体的伤害很大,短时间照射即可灼伤皮肤,长期或高强度照射还会造成皮肤癌。紫外线杀菌灯发出的就是短波紫外线。

自然界的紫外线主要来源于太阳。太阳光线分为 X 射线、紫外线、可视光线、红外线等,其中到达地球表面的光线为 UVA、UVB 紫外线,可视光线及红外线,但对人体最有影响、最具危害的是紫外线。近几十年来,由于人类的活动加剧,大量化学物质破坏了大气层中的臭氧层,有些地方甚至出现了臭氧层空洞,导致地球表面的紫外线辐射迅速增加,致使与紫外线相关的发病率不断增加。因此,纺织品的防紫外线性能也越来越受到各国的重视。

6.5.2　防紫外线性能测试

1) 原理

用单色或多色的紫外光源辐射试样,测定不同波长的紫外线透过试样的透射比,计算出总的光谱透射比,并计算试样的紫外线防护系数 *UPF* 值。仪器可采用平行光束照射试样,用一个积分球收集所有透射光线,也可采用光线半球照射试样,收集平行的透射光线。中国国家标准 GB/T 18830 规定了纺织品防紫外线性能的评定方法。

2) 仪器

织物防紫外线性能测试仪或具有织物防紫外线性能测试的紫外分光光度计。

图 6-19 是一个用于纺织品防紫外线性能测试的紫外分光光度计,仪器以氙灯为紫外光辐射源,氙灯发出的紫外光经过分光系统,分出某个波长的单色光或某个波长范围的单色光。以一定强度的该单色光去辐射试样,利用积分球、光电倍增管等去收集和测定穿透试样后的紫外光强度,从而得到不同波长的紫外线透过试样的透射比。

在地球表面测得的紫外线光谱在 290～400 nm,因此纺织品防紫外线性能测试用的紫外线光谱范围在 290～400 nm,分别测定试样 UVA(315～400 nm)、UVB(290～315 nm)波段总的透射比,并计算试样的紫外线防护系数。

3) 取样

样品按产品取样规范取样,并在标准大气下调湿处理。对于匀质材料,至少取 4 块有代表性

图 6-19　纺织品防紫外线性能测试仪

的试样,距布边 5 cm 以内的织物应舍去。对于具有不同色泽或结构的非匀质材料,每种颜色和每种结构至少要试验 2 块试样。试样尺寸应保证充分覆盖住仪器的紫外线辐射孔眼。

4) 测试步骤

(1) 开启仪器电源后,预热仪器。

(2) 对仪器进行校正,即在不放置试样的情况下,操作测试一遍,这时 UVA、UVB 的透射比应该是 100%。

(3) 将试样平整地放置在紫外线光源孔眼和接收传感器之间。

(4) 测试样品的 UVA、UVB 透射比,在 290～400 nm 之间每 5 nm 至少记录一次透射比。机器可以自动完成对试样的测试工作,直接给出非织造材料的紫外线透过率和紫外线防护系数 UPF。

(5) 更换试样重复步骤(3)和(4),直到试样测试完成。

图 6-20 是一种丙纶纺黏法非织造材料的紫外线透射比曲线图。

5) 试验结果计算

(1) 紫外线透射比:指有试样时的紫外线透射辐射通量与无试样时的紫外线透射辐射通量之比。

(2) 紫外线防护系数 UPF:皮肤无防护时计算出的紫外线辐射平均效应与皮肤有织物防护时计算出的紫外线辐射平均效应的比值。

计算试样 UVA、UVB 透射比的算术平均值 $T(UVA)_i$、$T(UVB)_i$、UPF_i,并计算所有

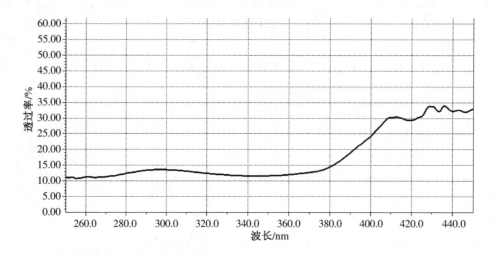

图 6-20　织物紫外线透过率曲线图

试样的平均值。

$$T(UVA)_i = \frac{1}{m}\sum_{\lambda=315}^{400} T_i(\lambda)\ , \ T(UVB)_i = \frac{1}{k}\sum_{\lambda=290}^{315} T_i(\lambda) \qquad (6\text{-}15)$$

式中：$T_i(\lambda)$ ——试样 i 在波长为 λ 时的光谱透射比；

　　　m ——315～400 nm 之间各自的测定次数；

　　　k ——290～315 nm 之间各自的测定次数。

$$UPF_i = \frac{\sum\limits_{\lambda=290}^{\lambda=400} E(\lambda)\times\varepsilon(\lambda)\times\Delta\lambda}{\sum\limits_{\lambda=290}^{\lambda=400} E(\lambda)\times T_i(\lambda)\times\varepsilon(\lambda)\times\Delta\lambda} \qquad (6\text{-}16)$$

式中：$E(\lambda)$ ——日光光谱辐照度（见 GB/T 18830 附录 A），W·m²/nm；

　　　$T_i(\lambda)$ ——试样 i 在波长为 λ 时的光谱透射比；

　　　$\varepsilon(\lambda)$ ——相对的红斑效应（见 GB/T 18830 附录 A）；

　　　$\Delta\lambda$ ——波长间隔，nm。

对于匀质材料，以所测试样中最低的 UPF 值作为样品的 UPF 值。当样品的 UPF 值大于 50 时，表示为"$UPF>50$"。对于非匀质试样，对于具有不同颜色或结构的非匀质材料，应对各种颜色或结构进行测试，以其中最低的 UPF 值作为样品的 UPF 值。当样品的 UPF 值大于 50 时，表示为"$UPF>50$"。

6）测试结果评定

国家标准 GB/T 18830—2009《纺织品防紫外线性能的评定》规定：纺织品紫外线防护系数 $UPF>40$，且平均的紫外线透射比 $T(UVA)<5$ ％时，可称为防紫外线产品。

防紫外线产品应该在标签上标识：当 $40<UPF\leqslant50$ 时，标为 UPF 40＋；当 $UPF>50$ 时，标为 UPF 50＋。

6.6 防电磁辐射性能测试

1) 原理

纺织品防电磁辐射效果一般用屏蔽效能(SE)评价,其定义为空间某点上未加屏蔽时的电场强度 E_0(或磁场强度 H_0、功率 W_0)与加屏蔽后该点的电场强度 E_1(或磁场强度 H_1、功率 W_1)的比值对数或定义为能量损耗比值的对数。

$$SE = 20\lg\left|\frac{E_0}{E_1}\right| = 20\lg\left|\frac{H_0}{H_1}\right| = 10\lg\left|\frac{W_0}{W_1}\right| \tag{6-17}$$

2) 测试装置

纺织品防电磁辐射装置主要由信号源(信号发射端)、试样夹持装置(如法兰同轴测试装置)、测量接收机(信号接收端)等组成。常用到的仪器有频谱分析仪、网络分析仪、波导管等。测试的基本过程是将试样放置在试样夹持装置上,将试样导电面朝着信号源方向,夹紧试样,测定在试样放置后和未放置试样时接收机接收到的电场强度或磁场强度或功率,由此计算出试样的电磁屏蔽效能。

3) 相关标准

目前,我国纺织品防电磁辐射检测相关的标准,主要有中国电子行业军用标准 SJ 20524—1995《材料屏蔽效能的测量方法》、中国航天工业行业标准 QJ 2809—1996《平面材料屏蔽效能的测试方法》、国家标准 GB/T 25471—2010《电磁屏蔽涂料的屏蔽效能测量方法》,以及国家标准 GB/T 33615—2017《服装电磁屏蔽效能测试方法》。

表 6-9 比较了上述四个电磁屏蔽效能测试方法。

表 6-10 给出了国家标准 GB/T 23463—2009 中规定的电磁屏蔽性能要求。

表 6-11 给出了国家标准 GB/T 26383—2011 中规定的电磁屏蔽性能要求。

表 6-9 电磁屏蔽效能测试方法

项目	SJ 20524—1995	QJ 2809—1996	GB/T 25471—2010	GB/T 33615—2017
测试原理	$SE = 20\lg(V_0/V_1)$ 或 $SE = 10\lg(P_0/P_1)$（V_0 为无屏蔽接收电压,V;V_1 为有屏蔽时接收电压,V;P_0 为无屏蔽接收功率,W;P_1 为有屏蔽时接收功率,W）	$SE = 20\lg(E_0/E_1)$（E_0 为无屏蔽时电场强度,V/m;E_1 为有屏蔽时电场强度,V/m）	$SE = 20\lg(V_0/V_1)$ 或 $SE = 10\lg(P_0/P_1)$（V_0 为无屏蔽接收电压,V;V_1 为有屏蔽时接收电压,V;P_0 为无屏蔽接收功率,W;P_1 为有屏蔽时接收功率,W）	$SE = 20\lg(E_0/E_1)$（E_0 为无屏蔽时电场强度,V/m;E_1 为有屏蔽时电场强度,V/m）

(续表)

项目	SJ 20524—1995	QJ 2809—1996	GB/T 25471—2010	GB/T 33615—2017
适用范围	金属薄板、非导电材料表面涂或镀层、金属网、导电薄膜、导电玻璃、导电介质板等平板型电磁屏蔽材料,有效频率范围为5~1 500 MHz	各向同性平面材料在0~1.5 GHz频率范围内	电磁屏蔽涂料,具有电磁屏蔽作用的涂层、镀层、导电薄膜等平板材料,有效频率范围为30~1 500 MHz	采用电磁屏蔽织物为主要原料生产的防电磁辐射服装、频率范围为800~6 000 MHz
测量条件	环境温度:(23±2)℃ 相对湿度:45%~75% 大气压力:86~106 kPa 试样平衡:48 h	环境温度:15~35℃ 相对湿度:20%~80% 试样平衡:48 h	环境温度:(23±2)℃ 环境相对湿度:(50±5)% 试样平衡:48 h	半电波暗室进行测试,地面铺设吸波材料;电波暗室电磁屏蔽效能>60 dB;环境温度:(23±5)℃;测试过程中温度波动±2℃;环境相对湿度:40%~80%;空气波动不影响穿着,环境电磁噪声不产生影响
试验设备	主要为法兰同轴测试装置	主要为法兰同轴测试装置	主要为法兰同轴测试装置	场强测量装置
试验方法	(1)信号源(跟踪信号源)、接收机测量方法 (2)信号源(跟踪信号源)、频谱分析仪测量方法 (3)网络分析仪测量方法	(1)信号源(跟踪信号源)、接收机测量方法 (2)信号源(跟踪信号源)、频谱分析仪测量方法 (3)网络分析仪测量方法	(1)信号源(跟踪信号源)、接收机测量方法 (2)信号源(跟踪信号源)、频谱分析仪测量方法 (3)网络分析仪测量方法	(1)信号发生器(发射天线) (2)人体模型(电场强度接收探头) (3)电场强度接受记录仪

表6-10 GB/T 23463—2009规定的屏蔽效能要求

防护等级	屏蔽性能 0.3~300.0 GHz	
	屏蔽率/%	屏蔽效能/dB
A级	≥99.99	≥50.00
B级	≥99.90	≥30.00
C级	≥99.00	≥10.00

表 6-11　GB/T 26383—2011 规定的屏蔽效能要求

项目		要求			
		多离子屏蔽面料	不锈钢合金纤维屏蔽面料	析镀金属离子	银纤维防辐射面料
屏蔽性能 30～5 000 MHz	屏蔽率/%	≥99.90	≥99.80	≥99.99	≥99.99
	屏蔽效能/dB	≥39.5	≥28.0	≥69.5	≥44.5

参考文献

[1] 黄秀丽.阻燃织物的应用和发展[J].中国纤检,2010(06):81-83.

[2] 郭秉臣.非织造布的性能与测试[M].北京:中国纺织出版社,1998.

[3] 焦晓宁,刘建勇.非织造布后整理[M].北京:中国纺织出版社,2008.

[4] GB/T 5454—1997:纺织品　燃烧性能试验　氧指数法[S].

[5] GB/T 5455—2014:纺织品　燃烧性能　垂直方向损毁长度、阴燃和续燃时间的测定[S].

[6] GB/T 14644—2014:纺织品　燃烧性能　45°方向燃烧速率的测定[S].

[7] FZ/T01028—2016:纺织品　燃烧性能　水平方向燃烧速率的测定[S].

[8] 刘茜,马艳丽.纤维集合体热传递性能的测试及研究方法[J].纺织导报,2014(4):92-95.

[9] GB/T 11048—1989:纺织品　保温性能试验方法[S].

[10] GB/T 11048—2018:纺织品　生理舒适性稳态条件下热阻和湿阻的测定[S].

[11] GB/T 12703.1—2009:纺织品　静电性能的评定　第1部分:静电压半衰期[S].

[12] GB/T 12703.2—2009:纺织品　静电性能的评定　第2部分:电荷面密度[S].

[13] GB T 12703.3—2009:纺织品　静电性能的评定　第3部分:电荷量[S].

[14] GB/T 12703.4—2010:纺织品　静电性能的评定　第4部分:电阻率[S].

[15] GB/T 12703.5—2009:纺织品　静电性能的评定　第5部分:摩擦带电电压[S].

[16] GB/T 12703.7—2010 纺织品　静电性能的评定　第7部分:动态静电压[S].

[17] GB/T 18830—2009:纺织品　防紫外线性能的评定[S].

[18] 孙润军,来侃,张建春.防电磁辐射纺织品屏蔽效果测试[J].毛纺科技,2004(9):63-64.

[19] 苏宇,胡淞月.防电磁辐射纺织品及测试标准和方法的探讨[J].天津纺织科技,2018(2):21-24.

第 7 章 其他性能测试

7.1 过滤性能测试

过滤性能是过滤材料及土工布最重要的性能指标,其主要项目有过滤效率、透过率、过滤阻力、滤速、容尘量、孔隙率、孔径及分布。干式过滤材料过滤性能测试方法主要有:钠焰法、油雾法、计数法、计重法、DOP法、比色法等。过滤性能测试方法较多,不同的应用场合所使用的测试方法不同。不同的方法测试原理不同,同一块试样测试得到的结果也不相同,不同方法测得的结果一般不能直接相互转换。中国国家标准GB/T 38413规定了纺织品细颗粒物过滤性能的试验方法;GB/T 6165规定了高效空气过滤器及滤料过滤性能的测试方法,该测试方法适应于高效、超高效滤料或过滤器的过滤效率和阻力的测试,亚高效滤料或过滤器的过滤效率和阻力的测试也可参考使用。对于高效空气过滤器和滤料,可以选用钠焰法、油雾法、计数法3种中的一种进行测试,对于超高效过滤器和滤料,应使用计数法进行测试过滤效率[1]。

7.1.1 钠焰法

1) 原理

在热空气中,氯化钠水溶液喷雾干燥后形成多分散相固体氯化钠气溶胶,多分散相固体氯化钠气溶胶的粒径分布绝大多数小于2 μm。对于滤料试验,发生试验气溶胶颗粒的质量中值直径约为0.4 μm,计数中值直径为(0.09±0.02) μm;对于过滤器试验,发生试验气溶胶颗粒的质量中值直径约为0.5 μm。在一定条件下,气溶胶穿过过滤器(滤料),分别在过滤器(滤料)前后采样送入燃烧器,在燃烧器内气溶胶中的钠原子被氢气火焰高温所激发,发出波长约589 nm的黄色特征光,其强度与气溶胶质量浓度成正比,钠光强度通过光电转换器转换为电流值,并以此确定过滤器对盐雾的过滤效率。

2) 仪器

测试仪器原理如图7-1所示,试验装置主要由氯化钠气溶胶发雾装置、气溶胶取样与检测装置三部分组成。滤料夹具的有效过滤面积为100 cm² (圆形),周边采用面密封。

用洁净压缩空气,将喷雾箱中质量浓度为2%的氯化钠水溶液经喷雾器雾化,形成含盐雾滴气溶胶;在蒸发管内与经过另一股干燥洁净的气相混合,使得雾滴中的水分蒸发,气流到达缓冲箱时,试验气溶胶已形成均匀的多分散相固体气溶胶。气溶胶经过缓冲箱后分2路,一路直接引到光度计的燃烧器,另一路经过滤料后也引导至燃烧器,气溶胶在氢气中燃烧,发出波长约589 nm的黄色特征光。测试过滤料前后管道内的静压力,并对过滤元件前

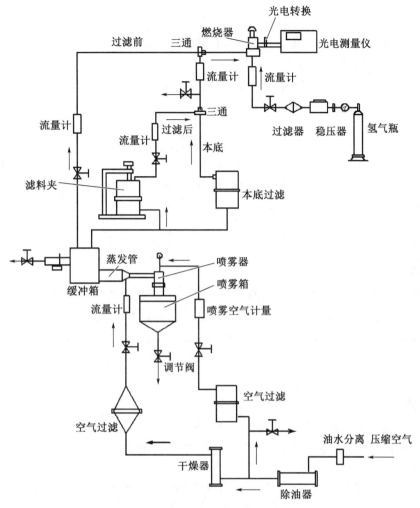

图 7-1　钠焰法原理流程示意

后的气溶胶进行交替取样,用钠焰光度计检测经过滤料前后的气溶胶的质量浓度。过滤前气溶胶取样检测时如果气溶胶浓度大于光度计的检测范围,则需要对气溶胶进行稀释。由于仪器存在本底光电流,即在没有气溶胶的情况下氢气燃烧也会产生一定的光电流,因此,测得的气溶胶光电流值应减去本底光电流值。该测试方法系统最高可测过滤效率99.999 9%。

3) 试验结果计算

根据氯化钠气溶胶浓度与钠光强度成比例,而钠光强度又可用光电流值表示,过滤器的过滤效率、透过率、过滤阻力则可按下列公式计算:

(1) 过滤效率 E:指对过滤元件进行试验时,过滤元件过滤后的气溶胶浓度与过滤前的气溶胶浓度之比的百分数。

$$E = \left(1 - \frac{A_2 - A_0}{n A_1 - A_0}\right) \times 100\% \tag{7-1}$$

式中：A_1——过滤前气溶胶光电流值，μA；

$\quad A_2$——过滤后气溶胶光电流值，μA；

$\quad A_0$——检测系统本底光电流值，μA；

$\quad n$——过滤器气溶胶稀释倍数。

（2）透过率 K：指对过滤元件进行试验时，过滤元件过滤掉的气溶胶浓度与过滤前的气溶胶浓度之比的百分数。

$$K = \frac{A_2 - A_0}{n A_1 - A_0} \times 100\% \tag{7-2}$$

（3）过滤阻力：一定试验风速或风量条件下，过滤元件前、后的静压差，单位：Pa。试验风量下过滤阻力可在微压计上直接读出。

7.1.2 油雾法

1）原理

在规定的试验条件下，将汽轮机油通过气化—冷凝式油汽发生炉人工发生油雾气溶胶，气溶胶粒子的质量平均直径为 $0.28 \sim 0.34~\mu m$。经过与空气充分混合均匀的油雾气溶胶通过被测过滤器，分别采集过滤器上下游的气溶胶，通过油雾仪或浊度计测量其散射光强度，散射光强度的大小与气溶胶浓度成正比，由此可求出过滤器的过滤效率。该测试方法系统最高可测过滤效率 99.999 9%。

2）仪器

油雾法测试仪器结构如图 7-2 所示。试验装置主要由油雾气溶胶发雾装置、光电雾室和透过率测定仪三部分组成。

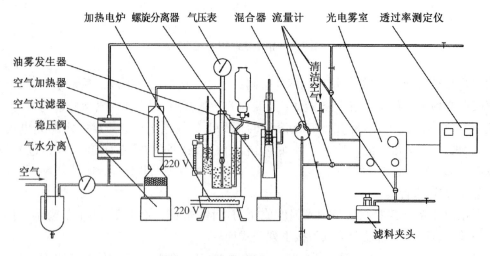

图 7-2　油雾法测试仪器结构示意

油雾发生装置的基本原理是通过电加热装置对油管内的发雾剂加热、蒸发、气化，压缩空气流高速通过喷嘴喷出，与油蒸气在混合室混合、冷凝，形成高浓度油雾气溶剂，在缓冲分离器中,流速突然减小,并与挡板撞击,大的油滴沉淀而被分离,只有较小的油雾随空气流流出,经螺旋分离器进一步分离,去掉粒子直径较大的油滴。通过调节压缩空气的压力、空气加热器的温度和加热电炉加热油雾发生炉的温度、发雾剂的量及调节螺旋分离器的位置等参数,可以控制所需要的油雾浓度和油雾粒子的质量平均直径。当发雾参数固定时,油雾气溶胶的粒径大小及分布和浓度基本保持不变。发雾剂采用 32 号或 46 号汽轮机油。滤料夹具的有效过滤面积为 50 cm^2(圆形),周边采用面密封。

3) 主要试验参数

(1) 油雾粒子平均质量直径:0.28～0.34 μm。

(2) 油雾浓度:一般为 1 000 mg/m^2,特殊需要时也可以使用 2 000～2 500 mg/m^2 或 250 mg/m^2。

(3) 风机风量:被测过滤器最大风量的 1.3 倍。油雾气溶胶通过被测滤料的比速,可根据使用条件确定,试验过程中应保持比速恒定。

4) 试验结果计算

(1) 过滤器透过率 P(%):

$$P = P' - P_0 \tag{7-3}$$

式中:P'——仪器测得的透过率值,%;

　　　P_0——仪器本底测得值,%。

(2) 过滤效率 E(%):

$$E = 100 - P \tag{7-4}$$

7.1.3　计数法

1) 原理

计数法分准单分散相气溶胶、单分散相气溶胶和多分散相气溶胶计数法。首先要发生相应的固态或液体气溶胶,其计数中值直径应在 0.1～0.3 μm。采集装置采集滤料前后的气溶胶,通过凝结核粒子计数器(CNC)或光学粒子计数器(OPC)测定其计数浓度值。然后计算出滤料的计数过滤效率。如果上游的粒子数量浓度超过了计数器的浓度范围,应该对采样的上游粒子浓度进行稀释后再测试。该系统最高可测效率应为 99.999 99%。

准单分散相气溶胶计数法用于高效过滤滤料,发生的气溶胶计数中值直径为 0.20～0.30 μm,粒子计数器测量其 0.2～0.3 μm 间的计数浓度值,然后算出计数过滤效率。

单分散相气溶胶计数法用于超高效过滤滤料,发生的气溶胶粒径范围应包括最易穿透的粒径,在试验的粒径范围内至少测定四个近似对数等距插值点,且至少分别有一点大于和小于最易穿透粒径。

多分散相气溶胶计数法用于超高效过滤滤料,发生的气溶胶粒径范围应包括最易穿透粒径,在试验的粒径范围内有四个近似几何分布的粒径区间,且至少分别有一点大于和小于最易穿透粒径(如 0.1～0.15 μm、0.15～0.2 μm、0.2～0.25 μm、0.25～0.3 μm)。光学粒子计数器(OPC)应有足够的分辨率,以满足测试要求。

2) 仪器

试验装置主要由气溶胶发生器、风道系统与检测装置三部分组成,测试仪器结构如图7-3所示。测量装置使用凝结核粒子计数器(CNC)或光学粒子计数器(OPC),粒子计数器在 $0.1 \sim 0.3~\mu m$ 粒径范围内应至少包括 $0.1~\mu m$、$0.2~\mu m$、$0.3~\mu m$ 三档。

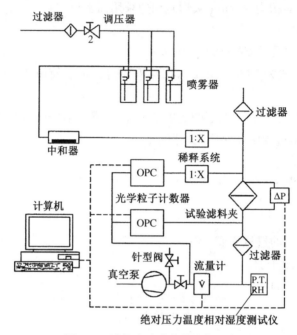

图 7-3　计数法试验装置结构示意

光学粒子计数器工作原理如图 7-4 所示。来自光源的光线,被透镜组聚焦于测量区域,当被测空气中的每一个微粒快速地通过测量区域时,便把入射光散射一次,形成一个光脉冲信号,这一信号经透镜组送至光电倍增管阴极,正比地转换成电脉冲信号,再经放大、甄别,拣出需要的信号,通过计数系统显示出来。电脉冲信号的高度反映微粒的大小,信号的数量反映微粒的个数。

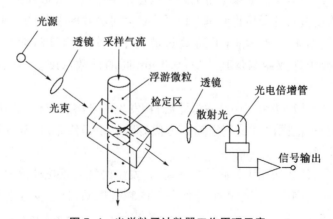

图 7-4　光学粒子计数器工作原理示意

3) 主要试验参数

(1) 气溶胶种类:气溶胶物质可以是 DEHS、DOP、NaCl 等。

(2) 测试气溶胶:用于试验 E 类及 F 类过滤器的多分散相气溶胶颗粒产生速率宜为 $10^8 \sim 10^{11}$ 粒/s;气溶胶计数中值直径在 $0.1 \sim 0.3\ \mu m$。

(3) 大多数情况下需要对上游气溶胶进行稀释,稀释倍数在 $10 \sim 1\ 000$,具体倍数取决于最初的气溶胶浓度和使用的测量设备,以保证测试的气溶胶浓度不会超过粒子计数器的最大饱和浓度。

4) 试验结果计算

利用气溶胶发生装置产生符合要求的气溶胶,采用压缩空气把气溶胶混合送入过滤系统的风道系统,气溶胶在过滤前取样口前应分布均匀。用气溶胶检测装置对滤料上游、下游的气溶胶分别取样,测量气溶胶某种粒径档的浓度。通过上游、下游气溶胶浓度之比计算出被测滤料的透过率或过滤效率。

(1) 过滤阻力检测:在试验风量下的检测得到的过滤段的阻力减去过滤器夹具的阻力即为过滤器阻力。

(2) 过滤效率检测:效率检测试验气溶胶应与试验空气均匀混合。为了测定粒径效率,应对要求的粒径范围进行至少三次试验,并选择较低值作为被测过滤器的计数法试验效率。进行效率试验时,可以用两台光学粒子计数器同时测量,也可以用一台光学粒子计数器先后在被测过滤器的上下游分别测量。

过滤效率 $E(\%)$:

$$E = \left(1 - \frac{A_2}{RA_1}\right) \times 100\% \tag{7-5}$$

式中:A_1——上游气溶胶粒子浓度,粒/m³;

　　　A_2——下游气溶胶粒子浓度,粒/m³;

　　　R——相关系数,指系统未安装被测过滤器,并保持稳定气溶胶浓度的条件下,下游与上游采样粒子浓度之比。

7.1.4　计重法

1) 原理

计重法一般用于测量用于预过滤的低效率过滤器,将称量过的末端过滤器和受试过滤器安装在风道系统中,向风道中送入一定质量的成分已知的人工尘,上风端连续发尘,在一定的条件下通过受试滤材,大部分粉尘被受试滤材捕集,穿过受试滤材的粉尘被末端过滤器捕集。每隔一段时间测量穿过过滤器的粉尘质量,根据发尘量和末端过滤器增加的质量,计算受试滤材的人工尘计重效率,再由此得到过滤器在该阶段按粉尘质量计算的过滤效率。最终的计重效率是各试验阶段效率依据发尘量而加权的平均值。国家标准 GB/T 12218 规定了计重法过滤效率测定方法。

试验用的尘源:大粒径、高浓度标准粉尘。粉尘的主要成分是经筛选的浮尘,再掺入规定量的细炭黑和短纤维。各个国家所用尘源不同。

计重法试验的终止试验条件为测试过程中达到规定或商定的终阻力值。终阻力值不同,计重效率也不同。

图 7-5 是一个滤料过滤性能测试系统实物照片,其中:1 是粉尘发生器,标准粉尘或实际工况粉尘从上面的发尘装置发生出来;2 是上游风道;3 是上游发尘量检测装置;4 是试样夹持口;5 是下游风道。仪器可以采用计重法测滤材的计重过滤效率,也可以接激光粒子计数器来测试滤料的计数效率。

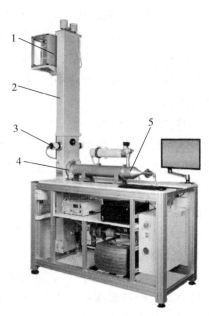

图 7-5　滤料过滤性能测试系统

2）试验结果计算

（1）计算任意一个发尘过程的平均计重效率 ($\overline{A_i}$)。

先计算任意一个发尘过程终了时的计重效率 (A_i)。在任意一个试验周期内,发尘量和末端过滤器集尘量之差与发尘量之比,即为受试滤材捕集灰尘粒子质量的能力,称为计重效率 A_i,以百分数（%）表示。

$$A_i = 100 \times (1 - W_{2i} / W_{1i}) \qquad (7-6)$$

式中:W_{1i}——人工尘发尘量,g;

　　W_{2i}——未被受试滤材捕集的人工尘质量,g。

以发尘量为横坐标,计重效率为纵坐标,将每个发尘过程终了时的计重效率标在该坐标系中,向 A_1 方向延长 $A_2 A_1$ 与纵坐标相交,相交数值即为 A_0。则任意一个发尘过程的平均计重效率:

$$\overline{A_i} = \frac{A_i + A_{i-1}}{2} \qquad (7-7)$$

（2）人工尘平均计重效率 A。

$$A = \frac{W_{11} \overline{A_1} + W_{12} \overline{A_2} + \cdots + W_{1f} \overline{A_f}}{W} \qquad (7-8)$$

式中:$\overline{A_1}$、$\overline{A_2}$、$\cdots$、$\overline{A_f}$——依次求出的各过程平均计重效率。

$$W = W_{11} + W_{12} + \cdots + W_{1f} \qquad (7-9)$$

式中:W——发尘的总质量,g;

　　W_{1f}——最后一次发尘直至达到终阻力时的发尘质量,g。

（3）容尘量 C(g)。容尘量为平均计重效率和发尘总质量的乘积。

$$C = A \times W \qquad (7-10)$$

7.1.5　比色法

比色法通常用于测量效率较高的一般通风用过滤器,试验台和试验粉尘与计重法所用相同。用装有高效滤纸的采样头在过滤器前后采样,利用高效滤纸的通光量反映其上面的粉尘量。每经过一段发尘试验,测量过滤器前后采样头上高效滤纸的通光量,通过比较滤纸通光量的差别,计算出过滤效率。最终的比色效率是试验全过程各阶段效率值依据发尘量加权的平均值。终止试验条件与计重法相似,过滤阻力达到规定的终阻力值则结束试验,终阻力值不同,比色效率就不同。比色法曾经是国外通行的试验方法,这种方法正逐渐被计数法所取代。参考标准:ANSI/ASHRAE 52.1-1992、EN 779-2002。

7.1.6　DOP 法

DOP(邻苯二甲酸二辛醋),是塑料工业一种常用的增塑剂。用 0.3 μm 的 POD 液滴做尘源测试高效过滤器过滤效率的方法称为 DOP 法,得出的过滤效率称为 DOP 效率。测量仪器为光度计。其基本原理是将 POD 液体加热成蒸汽,蒸汽在特定条件下冷凝成微小液滴,去掉过大和过小的液滴后留下 0.3 μm 的液滴作为尘源,这种方法也称为"热 POD 法"。也可以将 POD 液体用压缩空气吹散雾化成人工尘源,这种方法也称为"冷 POD 法"。微小 POD 液滴进入风道,测量过滤器前后气样的浊度,可确定过滤器对 0.3 μm 粉尘的过滤效率。DOP 用于高效过滤器的测试已经有近 40 年的历史,近几年来怀疑其所含环苯是致癌物质,现改用其他材料,如单分散相的 DOS(癸二酸二辛酯)、DEHS(癸二酸二异辛酯)、SPLS(聚苯乙烯乳胶球)等。参考标准:MIL‑STD‑282。

7.2　尺寸稳定性测试

非织造材料在实际使用和运输过程中,会受到各种外力、各种环境条件和使用状态的作用,其性能会发生变化。非织造材料的尺寸稳定性一般是指在非织造材料受到湿热、化学助剂、机械外力、光辐射等作用下,其尺寸维持不变的性能。常见的尺寸稳定性测试主要包括 2 个方面的内容,即:缩水率和热收缩率。

7.2.1　缩水率测试

缩水率是指织物在洗涤或浸水后纵横向尺寸收缩的百分数。

1) 缩水率的主要影响因素

(1) 纤维原料。纤维原料是影响缩水率的最主要因素。一般,吸水性好的纤维做成的制品的缩水率大,如各类天然植物纤维(棉、麻等)及再生纤维素纤维(黏胶纤维等)的吸水性能好,吸水后纤维膨胀,直径增大,长度缩短,缩水率大。羊毛等毛纤维制成的制品由于纤维表面存在鳞片,容易毡化,尺寸稳定性差,缩水率大。大部分合成纤维由于吸水性很差,其制品的尺寸稳定性较好。

(2) 产品结构。产品结构也是影响缩水率的重要因素,产品结构稳定、密度大的织物其尺寸稳定性好,机织物的尺寸稳定性要优于针织物。

(3) 产品加工工艺。产品的加工工艺对缩水率也有影响,一般在加工过程中受到的张力越大、温度越高、张力作用时间越长,则水洗后的尺寸稳定性就越差。

（4）产品的使用过程。产品在使用过程中的受力、温度、水洗时间、化学助剂的使用等,都对其尺寸稳定性有影响。

2）缩水率的测试方式

缩水率测试分为两种方式。

（1）静态处理测试。将试样在只进行浸泡而不发生机械作用的情况下测试。这种方法也称为浸水测试法。

（2）动态处理测试。将试样投入到洗液中进行机械洗涤,然后进行测试,它更接近于实际情况。这种方法也称为洗衣机测试法。

3）原理

按产品取样规定进行取样,在试样表面做好标记线,试样在洗涤和干燥前,在规定的标准大气中调湿并测量标记间距离,按规定的条件洗涤和干燥后,再次调湿并测量其标记间距离,并计算试样的尺寸变化率。

4）相关标准

GB/T 8628—2013《纺织品测定尺寸变化的试验中织物试样和服装的准备、标记及测量》。

GB/T 8629—2017《纺织品　试验用家庭洗涤和干燥程序》。

GB/T 8630—2013《纺织品　洗涤和干燥后尺寸变化的测定》。

FZ/T 70009—2012《毛纺织产品经洗涤后松弛尺寸变化率和毡化尺寸变化率试验方法》。

FZ/T 20009—2015《毛织物尺寸变化的测定　静态浸水法》。

ISO 5077/6330、IWS TM31、BS 4923、ENM 25077/26330、JIS L1909 等。

5）静态测试法(浸水测试法)

（1）取样。按相关产品的取样规则取样,试样尺寸为 500 mm×500 mm,并按图 7-6 所示在试样上做好标记线。标记线不应水洗后消失。

（2）测试步骤。

a. 在标准大气下按规定调湿处理。

b. 无张力状态下放置于两玻璃之间,测量试样标记尺寸 L_1。

c. 浸水,在水中添加 0.5 g/L 的高效润湿剂,浸润 2 h后,吸去多余的水分。

d. 烘燥(60±5 ℃)。

e. 在标准大气下按规定调湿处理,测量试样标记距离 L_2。

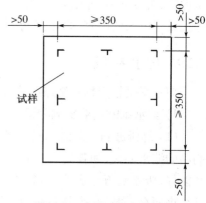

图 7-6　试样测量点的标记
（单位:mm）

（3）试验结果计算。分别计算长度方向(纵向)和宽度方向(横向)尺寸变化的平均距离占原尺寸的百分率。用负号(−)表示收缩,用正号(＋)表示伸长。

$$尺寸变化率 = \frac{L_2 - L_1}{L_1} \times 100\% \tag{7-11}$$

式中：L_1——织物浸水前的尺寸，mm；

L_2——织物浸水后的尺寸，mm。

6) 动态测试法(洗衣机测试法)

(1) 原理。试样放在专用的缩水率测试仪或家用洗衣机中，按规定的条件洗涤。洗涤后，脱去多余的水分并干燥。分别测量洗涤前后试样的纵横向标记尺寸，计算其纵横向尺寸变化率。

(2) 仪器。

a. 缩水率测试仪或家用洗衣机：可调节水位、转速，可脱水，有电加热装置。图 7-7 为专用的全自动缩水率试验机。

图 7-7　YG089N 全自动缩水率试验机

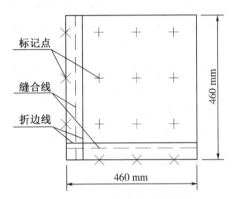

图 7-8　试样测量点的标记

b. 烘箱：试样可平摊放置在其中，且具有多层筛网，温度均匀，烘燥温度为(60±5)℃。

c. 平板压烫机。

(3) 取样。

不同产品的取样和标记要求不同，图 7-8 为试样测量点的标记示意图。试样尺寸为 500 mm×500 mm，在距布边 40 mm 处试样正面向外折叠熨平，并在距折痕线 30～35 mm 处缝合。标记距布边及缝迹至少 25 mm。

(4) 洗涤方法。依据 GB/T 8629 进行试验时，采用家庭洗涤及干燥程序，其中规定了所用设备的类型、试验用水、洗涤剂、陪洗织物的要求及洗涤、干燥程序等。

(5) 测试步骤。

a. 洗涤[需要加入陪洗织物，总洗涤载荷(总的织物质量)为 2 kg，其中试样质量不能大于总质量的一半]。按规定进行漂洗、脱水、烘箱烘燥或晾干或压烫干等，测量试样尺寸变化率。

(6) 试验结果计算。分别计算长度方向(纵向)和宽度方向(横向)尺寸变化的平均距离占原尺寸的百分率。用负号(一)表示收缩，用正号(+)表示伸长。

$$尺寸变化率 = \frac{L_2 - L_1}{L_1} \times 100\% \tag{7-12}$$

式中:L_1——织物洗涤前的尺寸,mm;

  L_2——织物洗涤后的尺寸,mm。

7.2.2 热收缩率测试

热收缩率是指织物在一定的湿热或干热条件下处理之后,织物纵横向尺寸的变化百分率。

1) 影响热收缩率的主要因素

(1) 纤维原料。纤维原料是影响热收缩率的最主要因素,纤维热收缩性能好则其制品的热收缩性能也好,一般来说天然植物纤维(如棉、麻)和植物再生纤维(如黏胶),羊毛等动物纤维的热收缩尺寸稳定性较好。而合成纤维(如涤纶、腈纶)热收缩尺寸稳定性较差。

(2) 产品结构。产品结构也是影响热收缩的重要因素,产品结构稳定、密度大的织物其尺寸稳定性好,机织物的尺寸稳定性要优于针织物。

(3) 产品加工工艺。产品在生产过程中不可避免地会受到机器的拉伸,从而有张力存在于产品上。一般在加工过程中受到的张力越大、张力作用时间越长,产品上存在的内应力就可能越大,受热后很容易消除张力,因此尺寸稳定性较差。

热收缩率测试方式主要有汽蒸热收缩和干热收缩两种。

2) 汽蒸热收缩率测定

(1) 原理。织物在不受压力的状态下,经过一定条件的蒸汽作用,测试织物受蒸汽作用前后的尺寸变化率。中国纺织行业标准 FZ/T 20021—2012 规定了织物汽蒸后尺寸变化率的测定方法。

(2) 仪器。织物汽蒸热收缩仪、剪刀、量尺、缝线、秒表等。

(3) 取样。试样尺寸为 300 mm×50 mm,按产品取样规则,试样长度方向沿样品的纵、横向各四个试样,分别称为纵向试样和横向试样,将试样放在标准大气条件中调湿 24 h,然后在试样上相距 250 mm 的两端点对称的各做一个标记,并测量标记间长度。

(4) 测试步骤。在织物汽蒸收缩仪中加入冷水,打开电源,使蒸汽发生器开始工作,使蒸汽速率达到70 g/min。将 4 块试样分别平放在试样架的各层,放入蒸汽缸内并立即关闭蒸汽缸门,并保持 30 s。从汽缸内取出试样,冷却 30 s 后再放入蒸汽缸内,如此反复处理 3 次。三次循环后把试样放置在光滑的平面上冷却。按规定方法调湿后,量取试样标记间的长度。

(5) 试验结果计算。

$$汽蒸尺寸变化率 = \frac{y_2 - y_1}{y_1} \times 100\%$$
                  (7-13)

式中:y_1——织物汽蒸前的尺寸,mm;

  y_2——织物汽蒸后的尺寸,mm。

3) 干热收缩率测定

(1) 原理。按产品取样规定进行取样,在试样表面做好标记线,在规定的标准大气中调湿并测量标记间距离,将试样放在规定温度的烘箱内受热或对试样压烫一定时间后取出,再次调湿并测量其标记间距离,并计算试样吸热后长宽方向的尺寸,计算尺寸变化率。不同的产品干热处理时的温度、时间等参数都不相同。

（2）相关标准。

GB/T 17031.2—1997《纺织品　织物在低压下的干热效应　第 2 部分:受干热的织物尺寸变化的测定》。

GB/T 31334.4—2016《浸胶帆布试验方法　第 4 部分:干热收缩率》。

GB/T 8632—2001《纺织品　机织物近沸点商业洗烫后尺寸变化的测定》。

FZ/T 01076—2019《粘合衬组合试样制作方法》。

FZ/T01082—2017《粘合衬干热尺寸变化试验方法》。

FZ/T 01085—2018《粘合衬剥离强力试验方法》。

FZ/T 10003—2011《帆布织物试验方法》。

FZ/T20014—2010《毛织物干热熨烫尺寸变化试验方法》。

（3）仪器。烘箱或热收缩仪、平板压烫机、钢尺(精确到毫米)、秒表。

（4）取样。试样尺寸如图 7-9 所示,裁取 290 mm×240 mm 的三块试样,并在试样上用笔画出 250 mm×200 mm 及中心正交线作为标记,标出纵、横方向。

（5）测试步骤。将划有标记线的试样在标准大气条件下调湿 24 h。在实验室标准大气条件下测量纵横向的各三线长度,精确到 0.5 mm,按 GB/T 17031.2 的规定使试样受到压烫机干热处理:温度 150 ℃,压力 0.3 kPa,时间 20 s。处理后试样在标准大气条件下调湿 4 h,测量试样的纵横向的各三线的长度,精确到 0.5 mm。

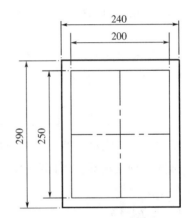

图 7-9　试样测量点的标记(单位:mm)

（6）试验结果计算。

$$干热尺寸变化率 = \frac{y_2 - y_1}{y_1} \times 100\% \qquad (7\text{-}14)$$

式中:y_1——织物吸热前的尺寸,mm;

　　　y_2——织物吸热后的尺寸,mm。

7.3　耐洗涤性能测试方法

耐洗涤性能一般是在一定条件下对样品进行水洗或干洗,测定洗涤前后试样的尺寸、表面外观、强力、热阻、颜色等性能变化情况,从而反映试样的耐洗涤性能。国家标准 GB/T 8629—2017 规定了纺织品试验用家庭洗涤和干燥程序,GB/T 8630—2013 规定了纺织品洗涤和干燥后尺寸变化的测定方法。

7.3.1　洗涤和干燥程序

1) 原理

利用特定规格的全自动洗衣机,使用标准洗涤剂及陪洗织物,按一定的程序对试样进行洗涤、脱水、干燥等处理。

2) 仪器及材料

(1) 全自动洗衣机,包括三种类型:A 型标准洗衣机——水平滚筒、前面加料;B 型标准洗衣机——垂直搅拌、顶部加料;C 型标准洗衣机——垂直波轮、顶部加料。

(2) 翻转式烘干机,包括三种类型:A1 型——通风式;A2 型——冷凝式;A3 型——鼓风式。

(3) 电热(干热)平板压烫仪。

(4) 悬挂干燥设施:绳、杆等。

(5) 干燥架:包括平摊晾干和平摊滴干。

(6) 陪洗织物:类型Ⅰ——100％棉;类型Ⅱ-50％聚酯纤维/50％棉;类型Ⅲ-100％聚酯纤维。

(7) 标准洗涤剂:有 6 种,主要根据洗涤剂中是否含有酶、磷、荧光增白剂等分类。

3) 试样及陪洗织物

试样需要在标准大气下进行调湿处理。

总的洗涤负荷:所有洗衣机总洗涤负荷(试样和陪洗物合计)2 kg。

试样与陪洗织物比例:试样量不应超过总洗涤载荷的一半。

陪洗织物的选择:纤维素纤维产品选用Ⅰ型陪洗织物,合成纤维及混纺产品选用Ⅱ型或Ⅲ型陪洗织物。

4) 洗涤程序

A 型标准洗衣机——13 种洗涤程序;

B 型标准洗衣机——11 种洗涤程序;

C 型标准洗衣机——7 种洗涤程序。

每种洗涤程序代表一种独立的家庭洗涤。这些洗涤程序主要规定了在加热、洗涤、漂洗过程中搅拌程度是正常、缓和还是柔和;洗涤时的水温、水位、洗涤时间、脱水时间;漂洗时的漂洗次数、漂洗水位、漂洗时间和脱水时间等。

洗衣机注水温度为 20 ℃,热带地区最低温度为 20 ℃。

洗涤完成后小心取出试样,不能拉伸或绞拧,然后按规定的干燥程序干燥。

5) 干燥程序

(1) 空气干燥。空气干燥有 A、B、C、D、E 五种程序,如果选择滴干,则洗涤程序结束后不能脱水,试样直接从洗衣机中取出。

程序 A——悬挂晾干:脱水后的试样展平悬挂在杆上,在自然环境的静态空气中晾干。

程序 B——悬挂滴干:试样不经脱水,悬挂在杆上,在自然环境的静态空气中晾干。

程序 C——平摊晾干:脱水后的试样平铺在水平筛网干燥架上,用手抚平褶皱,在自然环境的静态空气中晾干。

程序 D——平摊滴干:试样不经脱水,平铺在水平筛网干燥架上,用手抚平褶皱,在自然环境的静态空气中晾干。

程序 E——平板压烫:脱水后的试样平铺在平板压烫仪上,用手抚平重褶皱,试样压烫一个或多个短周期,直至烫干。

(2) 翻转干燥。洗涤程序结束后,立即取出试样和陪洗物,将其放入翻转烘干机中按规定程序进行翻转干燥。对于不同的干燥程序,干燥机的干燥温度、时间和湿度不同。

7.3.2　洗涤后性能变化测试方法

1) 原理

试样按规定要求洗涤后,测定洗涤前后试样的尺寸、表面外观、强力、热阻、颜色等性能变化情况,从而反映试样的耐洗涤性能。

2) 洗涤和干燥后尺寸变化测定

(1) 原理。试样在洗涤和干燥前,在规定的标准大气中调湿并测量尺寸,试样洗涤和干燥后,再次调湿并测量其尺寸,计算试样的尺寸变化率。国家标准 GB/T 8628—2013 规定了纺织品尺寸变化率的标记、测定方法,GB/T 8629—2017 规定了纺织品试验用家庭洗涤和干燥程序。

(2) 取样。试样的选取、尺寸、标记及测定按 GB/T 8628 或相关规定执行,每个样品尽可能取 3 个试样。

(3) 测试步骤。按照按 GB/T 8628 和 GB/T 8629 或相关的规定测试试样洗涤前后的尺寸。

(4) 试验结果计算。计算水洗尺寸变化率 $D(\%)$。

$$D = \frac{x_1 - x_0}{x_0} \times 100\% \tag{7-15}$$

式中:x_0——试样初始尺寸,mm;

　　x_1——试样处理后尺寸,mm。

3) 洗涤和干燥后其他性能变化测定

不同的产品或同一产品用在不同的地方对洗涤后性能变化的要求是不一样的,在相关产品标准中有具体的要求。一般是根据需要测试洗涤前后试样某些性能的变化情况。如:保暖絮片会测试洗涤后外观情况,是否有分层、毡化、破洞、起毛等现象,絮片洗涤前后强力变化率、热阻变化率等;热粘合衬布会测试洗涤后表面是否有起泡情况,剥离强力变化情况等;对于有色产品会测试洗涤后是否有褪色、沾色现象,表面状态的变化程度判定一般根据标样对比判断或与洗涤前试样相比较说明。

7.3.3　干洗

1) 原理

试样在四氯乙烯溶剂或同类溶剂中干洗后,用参照样评定外观变化的等级,测试干洗后尺寸等性能的变化程度。中国纺织行业标准 FZ/T 01083—2017 规定了粘合衬干洗后的外观及尺寸变化试验方法。

2）仪器

（1）干洗机。实验室用小型干洗机或程控全自动、全封闭干洗机，实验室用小型干洗机可作为常规试验用，程控全自动、全封闭干洗机作仲裁试验用。

（2）压烫机。

（3）恒温烘箱。

（4）标记打印装置。

3）取样

（1）开放式组合试样制作。剪取粘合衬试样 2 块，尺寸为 300 mm×300 mm，剪取标准面料 2 块，尺寸略大于粘合衬试样；1 块粘合衬试样与 1 块标准面料进行压烫，制成组合试样 2 块。将组合试样置于标准大气中平衡 4 h 后，用合适的标记打印装置在组合试样衬布一面打印三对 250 mm 间距的标记，如图 7-10 所示。

（2）封闭式组合试样制作。制作过程与开放式组合试样基本相同，不同的是剪取标准面料 4 块，开放式组合试样打印标记后将 1 块标准面料覆盖在压烫后试样的衬面，四周用包缝机将两层面料缝合，制作出组合试样 2 块。

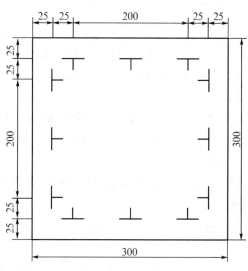

图 7-10　试样标记打印示意（单位：mm）

4）测试步骤

（1）将 3.8 L 四氯乙烯溶剂，加入 60 mL 去水山梨糖醇月桂酸酯和 4 mL 水混合，倒入干洗筒内。

（2）称重组合试样 225 g，如果组合试样不足，则以与试样织物相类似的织物（标准面料）作为陪衬布补足。

（3）将组合试样放入干洗筒内，室温下干洗 15 min，取出组合试样，脱液，将组合试样悬挂晾干。按上述过程重复干洗。干洗型粘合衬洗涤 5 次；耐洗型粘合衬、耐高温水洗型粘合衬洗涤 3 次。干洗完成后，拆除组合试样的缝线，组合试样用手摊平，悬挂晾干或自然挥发后采用烘箱干燥。有争议时，采用 GB/T862 程序 A（悬挂晾干）。将组合试样置于标准大气中平衡 4 h，测试样上每个方向上取三组测试数据。

5）试验结果计算

（1）在标准光源条件或北向自然光下进行目测对比，评定组合试样外观变化等级，以 2 块试样中等级低的 1 块试样等级为准。

（2）尺寸变化率的测定。分别计算长度方向（纵向）和宽度方向（横向）尺寸变化的平均距离占原尺寸的百分率。用负号(一)表示收缩,用正号(十)表示伸长。

$$尺寸变化率=\frac{L_2-L_1}{L_1}\times100\%$$ (7-16)

式中:L_1——试验前基准标记线之间的平均尺寸,mm;

L_2——试验后基准标记线之间的平均尺寸,mm。

7.4 耐老化性能测试

纺织品在使用过程中常常会受到光照、高低温、化学试剂、水分等因素的作用,会出现强度下降、色泽变化等老化现象,从而导致使用性能下降,寿命降低,因此纺织品的耐老化性能越来越受到社会的关注。

引起纺织品老化的主要因素包括光辐射、温度、氧气、水分和化学试剂等几个方面。

(1)光辐射。自然光辐射对纺织品耐老化性能的影响主要是来自太阳辐射中的紫外线。到达地球表面的紫外光虽然量很少,但其光子能量很大,对纺织材料的破坏性很大。近紫外线能够引起一般纺织纤维分子发生化学键的断裂,最终导致纺织材料的机械性能如强度、延伸率和弹性的降低,甚至材料变脆、龟裂。

(2)温度。过高的温度会对纤维大分子结构造成破坏,如材料表面颜色发生变化,强度下降等。

(3)氧气。纺织品在使用过程中由于氧气的存在,导致其使用过程中发生各种形式的氧化反应,包括光氧化、热氧化,从而引起纺织品性能下降或破坏。

(4)水分。虽然在室温下水不能单独与纤维大分子发生反应,但水分对纤维材料光、热降解的影响非常重要。水分扩散到材料内部后,会加速纤维大分子对氧的吸收;大气中的其他化学物质可以溶解于水而被纤维材料吸收,从而引起化学反应,有些材料还会发生水解现象,从而影响纤维制品的性能。

(5)化学试剂。如果纺织品应用的环境中存在有害化学试剂,如酸碱物质、强氧化剂等,会对纤维材料的性能产生不利影响。

7.4.1 耐热性能测试

1)原理

试样在一定温度下处理一定的时间,检查试样温度处理前后的变化,通过试样表面颜色、状态变化情况、尺寸变化情况、质量变化情况、强力变化情况等反映试样的耐热性能。国家标准 GB/T 6719—2009 附录 C 规定了滤料耐温性能测试方法。

2)测试步骤

在 3 m² 滤料样品上随机剪取 500 mm×400 mm 试样 4 块,取出其中一块试样,分别测定纵横向断裂强力 f_0 及断裂伸长率,其余三块分别测量其纵横向长度 L_0,标记后平行悬挂于高温烘箱内,以 2 ℃/min 的速度升温至该滤料最高连续使用温度后保持恒温并开始计时,24 h 后取出试样。试样冷却后分别测定纵横向长度 L_1、纵横向断裂强力 f_1 及断裂伸长率,计算试样经热处理后的纵横向断裂强力保持率 λ 及纵横向热收缩率 θ。

$$\lambda = \frac{f_1}{f_0} \times 100 \qquad (7\text{-}17)$$

$$\theta = \frac{L_0 - L_1}{L_0} \times 100 \qquad (7\text{-}18)$$

式中:λ——热处理后滤料的纵横向强力保持率,%;

    θ——热处理后滤料的纵横向热收缩率,%;

    f_0——热处理前滤料纵横向断裂强力的平均值,N;

    f_1——热处理后滤料纵横向断裂强力的平均值,N;

    L_0——未经热处理滤料的纵横向长度,mm;

    L_1——经热处理后滤料的纵横向长度,mm。

7.4.2 耐腐蚀性能测试

1)原理

在一定条件下,试样在酸碱等化学试剂溶液中浸泡一定时间,检查试样经化学试剂处理前后的变化,通过试样表面颜色、状态变化情况、尺寸变化情况、质量变化情况、强力变化情况等反映试样的耐化学试剂性能。

2)滤料的耐腐蚀性能测试

国家标准 GB/T 6719—2009 中的附录 D 规定了滤料耐腐蚀性能的测试方法。

在 3 m^2 滤料样品上随机剪取 500 mm×400 mm 试样 3 块,取出其中一块试样,按 GB/T 3923.1 分别测定纵横向断裂强力 f_0。将第二块浸在温度 85 ℃、质量分数 60% 的 H_2SO_4 溶液中,将第三块浸在质量分数为 40% 的 NaOH 常温溶液中。24 h 后,将它们取出,经过清水充分漂洗,并在通风橱中干燥,再按 GB/T3923.1 分别测定纵横向断裂强力 f_1。计算其纵横向断裂强力保持率 λ。

为测试滤料耐有机物的腐蚀性,可将上述酸碱溶液换成有机溶剂,按类似的方法测试其强力保持率。

$$\lambda = \frac{f_1}{f_0} \times 100\% \qquad (7\text{-}19)$$

式中:λ——酸、碱处理后滤料的纵横向强力保持率,%;

    f_0——酸、碱处理前滤料纵横向断裂强力的平均值,N;

    f_1——酸、碱处理后滤料纵横向断裂强力的平均值,N。

3)土工布耐酸碱性能测试

国家标准 GB/T 17632—1998 规定了土工布及其有关产品抗酸、碱液性能的试验方法。从样品上剪取三组试样,一组用作耐酸液的浸渍样,一组用作耐碱液的浸渍样,一组用作对照样。每组包括 5 块试样。试验用无机酸为 0.025 mol/L 的硫酸,试验用无机碱为氢氧化钙饱和悬浮液,例如可用约 2.5 g/L 的氢氧化钙。试验用液体的量应是试样质量的 30 倍以上,并应能使试样完全浸没。两种液体的温度均为 60 ℃,试样应在不受任何有效机械应力的情况下放置在容器中,试样之间、试样与容器壁之间以及试样与液体表面之间的距离至少为 10 mm。试样分别在两种液体中浸渍 3 d,浸渍过程中氢氧化钙应连续搅拌,硫酸每天至少搅拌一次。酸、碱处理结束后,拿出试样在水中进行清洗和烘干。

检查酸碱处理前后试样的变化情况:

(1) 表观检查。用肉眼检查浸渍样与对照样的差异,例如变色等。

(2) 质量变化。分别测定浸渍样和对照样的单位面积质量,计算其质量变化率。

(3) 尺寸变化率。测试浸渍样和水浸渍后的对照样尺寸,计算其尺寸变化率,用负号(一)表示收缩,用正号(＋)表示伸长。

(4) 断裂强力变化。分别测试酸、碱浸渍试样和对照样纵横向的断裂强力、断裂伸长率,并计算纵横向断裂强力保持率。

(5) 显微镜观察。用放大倍数为 250 的显微镜观察浸渍样和对照样之间的差异,给出定性的结论。

7.4.3　耐气候性能测试

1) 原理

试样经过模拟气候环境的处理(如日晒、雨淋、风吹等),测试试样处理前后的性能变化。也可以按一定的条件在室外实际环境下进行测试。中国国家标准 GB/T 31899—2015 规定了采用紫外光曝晒法测定纺织品耐气候性的试验方法。

2) 测试基本方法

试样在规定的紫外灯光源、冷凝和(或)喷淋环境条件下进行曝晒。比较曝晒后试样与原样的性能变化。

(1) 试验装置。由荧光紫外灯管、可加热的水盘、水喷淋系统、样品架以及用于控制和显示操作时间和温度单元的系统等组成。紫外灯管由 UVA(波长 315～400 μm)、UVB(波长 280～315 μm)型灯管构成,用以模拟自然日光辐射。曝晒区域任一点的辐照度至少应为此区域最大辐照度的 70%。潮湿系统用来模拟大气环境条件下的凝露或淋雨,可通过冷凝或水喷淋实现,通过加热水形成的水蒸气在试样的测试面产生凝露,并使所有样品均匀湿润。水喷淋能在规定条件下使水均匀地喷洒在试样测试面上。

(2) 取样。试样的尺寸和数量由曝晒后需要测试的性能所决定。试样架的有效曝晒区域一般为 900 mm×210 mm,试样裁取时应距离样品布边至少 50 mm 处取样。试样在试样架上应与灯管平面相平行。

(3) 试验条件。试验应在温度为 20～30 ℃ 的实验室环境条件下进行。根据试样的特性、最终使用环境,选择合适的单循环试验条件及循环次数。试样安装在试样夹上,应确保试样的使用面(正面)面对光源,并保证试样表面平整。

根据产品用途或双方协议选择表 7-1 的试验条件,调节试验设备。达到所需的试验条件后开始测试。在试验过程中要使试样均匀接受紫外光照和温度、湿度影响。曝晒区域任一点的辐照度介于此区域最大辐照度的 70%～90% 时,需对试样的位置进行周期性轮换,以保证试样接收到相同的辐射。测试结束后试样从试验机中取出,如果试样潮湿,可在室温下使其干燥。

(4) 检查曝晒前后试样的变化情况。

a. 按照相关标准规定的方法测定原试样和曝晒后试样的强力,并计算强力保持率 R。

$$R = \frac{F}{F_0} \times 100\% \tag{7-20}$$

式中:R——强力保持率,%;

F——试样曝晒后的强力,N;

F_0——未曝晒试样的强力,N。

b. 评定曝晒后试样的颜色变化。

c. 可根据需要或供需双方协议,测定和比较试样曝晒前后的其他性能变化,如外观变化等。

表 7-1　单循环试验条件

试验条件	灯管类型	单循环试验条件	适用的产品
试验条件 1	UVA 型	用 340 nm 处辐照度为 0.89 W/m² 的紫外光在黑板温度为 60 ℃条件下曝晒 8 h,接着在黑板温度为 50 ℃条件下冷凝 4 h	遮阳用织物等
试验条件 2		用 340 nm 处辐照度为 0.89 W/m² 的紫外光在黑板温度为 60 ℃条件下曝晒 8 h,然后用三级水喷淋 0.25 h,接着在黑板温度为 50 ℃条件下冷凝 3.75 h	建筑用织物等
试验条件 3		用 340 nm 处辐照度为 0.89 W/m² 的紫外光在黑板温度为 70 ℃条件下曝晒 8 h,接着在黑板温度为 50 ℃条件下冷凝 4 h	机动车外饰件材料等
试验条件 4	UVB 型	用 310 nm 处辐照度为 0.71 W/m² 的紫外光在黑板温度为 60 ℃条件下曝晒 4 h,接着在黑板温度为 50 ℃条件下冷凝 4 h	耐候性要求更高的产品

注:除非另有说明,一般使用 UVA 型荧光紫外灯。

7.4.4　耐氧化性能测试

1) 原理

将试样放置在一定温度和浓度的氧气环境中进行处理,测定处理前后试样性能的变化。国家标准 GB/T 17631—1998 规定了土工布及其有关产品抗氧化性能的试验方法。

2) 测试基本方法

试样悬挂于常规的实验室用非强制通风烘箱中,在规定温度下放置一定的时间,聚丙烯在 110 ℃下进行加热老化,聚乙烯在 100 ℃下进行加热老化。将对照样和加热后的老化样进行拉伸试验,比较它们的断裂强力和断裂伸长。

(1) 取样。从样品上剪取两组试样,一组用作加热老化的老化样,一组用作对照样。每组纵、横向各取 5 块试样。每块试样的尺寸至少300 mm×50 mm。机织物每块试样的尺寸至少300 mm×60 mm。土工布格栅试样在宽度上应保持完整的单元,在长度方向应至少有三个连接点,试样的中间有一个连接点。

(2) 调湿。试样在烘箱内老化前不需调湿。由于耐热试验过程中试样可能产生收缩,所以应将对照样在烘箱内相同温度下放置 6 h。进行拉伸性能试验前按 GB 6529 的规定对老化样和对照样进行调湿。

(3) 老化时间。对于起加强作用的土工布试样,或者使用时需要长时间拉伸的试样,聚丙烯需在烘箱内老化 28 d,聚乙烯老化 56 d。对于用作其他方面的土工布,聚丙烯需老化 14 d,聚乙烯老化 28 d。对照样应在相同温度的烘箱中放置 6 h。

(4) 拉伸性能测定。当规定的老化时间结束后,把试样取出,按规定调湿试样。按 GB/T 3923.1 测定拉伸性能,拉伸速度 100 mm/min。分别测试老化试样和对照样纵横向的强力和断裂伸长率。

(5) 试验结果计算。计算氧老化之后试样的断裂强力保持率 R_F(%)和断裂伸长保持率 R_ε(%),以此反映试样的抗氧化性能。

$$R_F = \frac{F_e}{F_c} \times 100\% \tag{7-21}$$

式中：F_e——试样老化后拉伸断裂强力,N;

　　　F_c——试样老化前拉伸断裂强力,N。

$$R_\varepsilon = \frac{\varepsilon_e}{\varepsilon_c} \times 100\% \tag{7-22}$$

式中：ε_e——试样老化后拉伸断裂伸长,mm;

　　　ε_c——试样老化前拉伸断裂伸长,mm。

参考文献

［1］GB/T 6165—2008:高效空气过滤器性能试验方法　效率和阻力[S].

［2］郭秉臣.非织造布的性能与测试[M].北京:中国纺织出版社,1998.

［3］GB/T 12218—1989:一般通风用空气过滤器性能试验方法[S].

［4］FZ/T 20009—2015:毛织物尺寸变化的测定　静态浸水法[S].

［5］FZ/T 20021—2012:织物经汽蒸后尺寸变化试验方法[S].

［6］GB/T 17031.2—1997:纺织品　织物在低压下的干热效应　第2部分:受干热的织物尺寸变化的测定[S].

［7］GB/T 8629—2017:纺织品　试验用家庭洗涤和干燥程序[S].

［8］GB/T 8628—2013:纺织品　测定尺寸变化的试验中织物试样的准备、标记及测量[S].

[9] FZ/T 01083—2017:粘合衬干洗后的外观及尺寸变化试验方法[S].

[10] GBT 6719—2009:袋式除尘器技术要求[S].

[11] GB/T 17632—1998:土工布及其有关产品 抗酸、碱液性能的试验方法[S].

[12] GB/T 31899—2015:纺织品 耐气候性试验 紫外光曝晒[S].

[13] GB/T 17631—1998:土工布及其有关产品 抗氧化性能的试验方法[S].

第8章　常见非织造材料及性能测试

8.1　医疗与卫生用非织造材料及性能测试

8.1.1　医疗与卫生用非织造材料的分类及特点

1) 医疗与卫生用非织造材料的分类

医疗与卫生用非织造材料是以非织造材料为基布,经过特殊加工和处理而制成的可用于医疗和卫生领域的产品,通常指应用于医疗、防护、保健及卫生用途的非织造材料。

由于非织造材料具有来源广、生产周期短、工艺灵活、功能多样、产品成本低的特点,在医疗卫生用品方面得到了广泛的应用,特别是在一次性医疗卫生用品方面具有更大的优势。与传统纺织品相比,非织造材料能有效地屏蔽细菌穿透,阻止交叉感染,减少尘屑和毛羽的脱落,提供了最佳的手术环境,降低了护理人员的劳动量,易储藏,易供应和更换,穿着方便,价格低。

医疗卫生用非织造材料根据用途的不同分为 2 大类,即医疗用非织造材料和卫生用非织造材料。其中医疗用非织造材料又分为 2 大类,即防护性医疗用品和功能性医疗用品。有时也将医疗卫生用产品分为医疗、卫生、保健、防护四类。

(1) 防护性医疗用品:指非用于身体进行直接接触治疗的用品,其功能是为了改善治疗区域的卫生环境,防止细菌穿透引起的间接传染和病毒交叉感染,提高治疗效果,缩短病症周期。通常具有防病毒、防渗透、抗菌、抗静电等功能,可以保护医护人员,减少患者感染的几率,这类产品主要包括防护服、手术衣帽、口罩、床单、罩布、手术巾等。

(2) 功能性医疗用品:是指为病人创伤提供辅助治疗的用品,可直接用于医疗操作或植入人体。这类产品主要包括纱布、绷带、缝合线、人造血管、人造皮肤、医用过滤材料及保健品等等。

(3) 卫生用非织造材料:主要用于家庭清洁和个人卫生护理领域,大多是一次性使用,一般由非织造材料经后整理而成。目前,市场上的一次性卫生制品包括婴儿纸尿裤、妇女卫生用品、老年失禁用品、卫生用清洁材料(婴儿擦布、日用清洁擦布)等,其中婴儿纸尿裤近年来发展较快。

2) 医疗与卫生用非织造材料性能特点

(1) 医疗与卫生用非织造材料用在不同场合所要求的性能侧重点不同,一般应具备如下性能特点:

a. 不与身体直接接触的产品:除满足一般纺织品的性能外,应手感柔软;有较高拉伸断裂强度;无残渣、无脱落;具有热封性;应能经得起各种消毒和洗涤处理。

b. 直接与身体接触的产品:除具备上述性能外,还应具备无菌、无毒性、不变质、无致敏、无致癌、不引起不适反应、不引起细胞中毒、低气味等。

c. 进入身体的产品:除满足上述性能外,还应具备生物相容性好;化学性能稳定,可降解或可吸收等。

可用作医疗制品的非织造材料有多种,对于要求较高的防护用品,主要使用 SMS 工艺加工、克重为 $30\sim70~g/m^2$ 的非织造材料。

(2) 卫生用非织造材料一般应具有轻薄、柔软、安全、舒适、贴身、高吸水性及不渗漏等性能。其中婴儿用纸尿片、成人尿失禁用护垫、妇女卫生用品等是医疗及卫生纺织品中使用量最大的部分,也是非织造材料中消费占比最高的部分。此类产品多以防漏、舒适、轻量化及超吸收性为最重要的性能要求。用于卫生制品的非织造材料有多种,除了短纤热风布、纺黏法热风布外,目前主要使用纺黏法热轧或 SMS 工艺制造的克重在 $8\sim25~g/m^2$ 之间的非织造材料。

8.1.2 一次性使用卫生用品的卫生要求

一次性卫生用品是指使用一次后即丢弃的、与人体直接或间接接触的、并为达到人体生理卫生或卫生保健(抗菌或抑菌)目的而使用的各种日常生活用品,产品性状可以是固体也可以是液体。非织造材料在一次性使用卫生用品方面有着广泛应用,是卫生用品里占比最高的产品,包括一次性使用手套或指套、纸巾、湿巾、卫生湿巾、电话膜、帽子、口罩、内裤、妇女经期卫生用品、尿布等排泄物卫生用品等。近年来,得益于庞大的人口规模以及观念普及,中国一次性卫生用品行业发展迅速。2013—2017 年期间复合年增长率约为 16.2%。具体产品方面,按照产品类别及不同年龄分布,一次性卫生用品主要分为婴儿纸尿裤、女性卫生用品、成人失禁用品及其他。其中,婴儿纸尿裤、女性卫生用品市场比重较大,合计占到九成以上。总体上讲,一次性卫生用品行业在未来发展仍具有很大的潜力。

一次性使用卫生用品卫生标准[1]:

一次性使用卫生用品的原料、生产过程、运输环节等必须要符合相应的卫生标准,国家标准对一次性使用卫生用品的产品、生产环境、原材料、生产过程、消毒、贮存、运输过程等方面的卫生要求和产品标识进行了规定。国家标准 GB 15979 规定了一次性使用卫生用品卫生标准。

1) 产品卫生指标要求

产品外观整洁,符合卫生用品固有性状,不能有异常气味与异物。不得对人皮肤与黏膜产生不良刺激与过敏反应及其他损害作用。产品须符合表 8-1 中微生物学指标。

卫生湿巾除必须达到表 8-1 中的微生物学标准外,对大肠杆菌和金黄色葡萄球菌的杀灭率须≥90%,如需标明对真菌的作用,还须对白色念珠菌的杀灭率≥90%,其杀菌作用在室温下至少须保持1年。

抗菌(或抑菌)产品除必须达到表 8-1 中的同类同级产品微生物学标准外,对大肠杆菌和金黄色葡萄球菌的抑菌率须≥50%(溶出性)或>26%(非溶出性),如需标明对真菌的作用,还须白色念珠菌的抑菌率≥50 %(溶出性)或>26 %(非溶出性),其抑菌作用在室温下至少须保持 1 年。

经环氧乙烷消毒的卫生用品出厂时,环氧乙烷残留量必须≤250 μg/g。

2) 生产环境卫生要求

产品的生产装配与包装车间空气中的细菌菌落总数应≤2 500 cfu/m³。工作台表面的细菌菌落总数应≤20 cfu/cm³。工人手表面细菌菌落总数应≤300 cfu/只手,并不得检出致病菌。

3) 原材料卫生要求

原材料应无毒、无害、无污染;原材料包装应清洁;影响卫生质量的原材料应不裸露;禁止使用废弃的卫生用品作为原材料或半成品。

4) 其他要求

对产品消毒效果的生物监测评价、测试方法、生产环境和过程卫生要求、消毒过程要求、包装、运输和储存要求,产品标示要求等方面都有相应的规定。

表 8-1　一次性卫生用品微生物指标要求

产品种类	微生物指标				
	初始污染菌[1] cfu/g	细菌菌落总数 cfu/g 或 cfu/mL	大肠菌群	致病性化脓菌[2]	真菌菌落总数 cfu/g 或 cfu/mL
手套或指套、纸巾、湿巾、帽子、内裤、电话膜		≤200	不得检出	不得检出	≤100
抗菌(或抑菌)液体产品		≤200	不得检出	不得检出	≤100
卫生湿巾		≤20	不得检出	不得检出	不得检出
口罩					
普通级		≤200	不得检出	不得检出	≤100
消毒级	≤10 000	≤20	不得检出	不得检出	不得检出
妇女经期卫生用品					
普通级		≤200	不得检出	不得检出	≤100
消毒级	≤10 000	≤20	不得检出	不得检出	不得检出
尿布等排泄物卫生用品					
普通级		≤200	不得检出	不得检出	≤100
消毒级	≤10 000	≤20	不得检出	不得检出	不得检出
避孕套		≤20	不得检出	不得检出	不得检出

1) 如初始污染菌超过表内数值,应相应地提高杀灭指数,使达到本标准规定的细菌与真菌限值。
2) 致病性化脓菌是指绿脓杆菌、金黄色葡萄球菌与溶血性链球菌。

8.1.3 卫生用水刺法非织造材料

水刺法非织造材料具有优良的悬垂性和极柔软的手感,且蓬松透气性好、强力高、吸湿性好、不易起毛、不含化学黏合剂。由于以上的诸多优点,水刺法非织造材料也被广泛应用于卫生材料、家庭生活用品、合成革基布、过滤材料、建筑补强防漏材料等领域。

医用卫生用品是水刺非织造材料最主要的应用领域,大致分为手术用品、医护用品,具体包括:伤口敷料、外科用罩布、绷带、手术衣帽、手术口罩、手术鞋罩、手术垫等。

家庭生活用品方面水刺非织布也有广泛的市场,用水刺法非织造材料做的擦拭布不伤物体表面、不留纤维屑,可用于擦拭精密仪器、相机镜头、玻璃制品、工艺品等。

另外在服装、装饰布领域也有水刺非织造材料的应用,如水刺法非织造材料经后整理或印花可做台布、窗帘布、汽车内饰、床罩等。

中国纺织行业标准 FZ/T 64012 规定了卫生用水刺法非织造材料的质量要求和测试方法。该标准规定了以各种纤维为原料、作为卫生用卷材的水刺法非织造材料产品的品质。其他医疗卫生用水刺法非织造材料可参照执行。

1) 分类

按照产品的断裂强力可以将产品分为 A、B、C 三类卫生用水刺法非织造材料,A 类断裂强力最大,B 类次之,C 类最小。

A 类包括用于防护服、医用床单、食品包装等产品。

B 类和 C 类包括湿巾、干巾、擦拭布、美容面膜、卫生巾、护垫等产品,强力要求高的选用 B 类,强力要求低的选用 C 类。

2) 技术要求

卫生用水刺法非织造材料的质量技术要求分为内在质量、微生物指标和外观质量。

(1) 内在质量。产品的内在质量要求见表 8-2 所示,主要包括单位面积质量偏差率、单位面积质量变异系数、断裂强力、液体吸收量、pH 值等指标。

表 8-2 卫生用水刺法非织造材料的内在质量要求

项目		要求		
		A 类	B 类	C 类
单位面积质量偏差率/%		±10		
单位面积质量变异系数/%≤	$M \leqslant 50$	7		
	$M > 50$	5		
厚度偏差/mm	$M \leqslant 50$	±0.06		
	$M > 50$	±0.08		

（续表）

项目		要求		
		A 类	B 类	C 类
断裂强力[a]（纵向、横向）/N　≥	$M \leqslant 30$	20	10	6
	$30 < M \leqslant 40$	30	15	7
	$40 < M \leqslant 50$	40	20	9
	$50 < M \leqslant 60$	50	25	14
	$60 < M \leqslant 70$	65	30	18
	$70 < M \leqslant 80$	80	40	22
	$M > 80$	100	50	26
幅宽偏差/mm	$W \leqslant 500$	±3		
	$500 < W \leqslant 1\,000$	±5		
	$W > 1\,000$	±8		
液体吸收量[b]/%≥	$M \leqslant 80$	700		
	$M > 80$	500		
pH 值		5.5～8.5		

注 1：M 表示单位面积质量，单位为 g/ m²；W 表示标称幅宽，单位为 mm。
注 2：pH 值为参考项。

[a] 断裂强力考核纵向和横向两个方向。
[b] 液体吸收量仅考核对吸水性有要求的产品。

（2）微生物指标。用于一次性使用卫生用品和其他有微生物指标要求的产品，细菌菌落总数应不超过 200 cfu/g。

（3）外观质量。布面均匀、平整，无明显折痕、破边破洞、油污斑渍，卷装整齐。

染色布或印花布的布面色差、同批色差和同匹色差，均不应低于 3 级。

3）内在质量的判定

内在质量按所有样品的测试结果作为该批的指标，各项指标均符合内在质量要求项，则判定该批产品内在质量合格，否则从该批中按规定重新取样，对不符合项目进行复验。如果复验结果符合要求，则判定该批产品的内在质量合格；如果复验结果仍不符合，则判定该批产品内在质量不合格。

4）微生物指标的判定

用于一次性使用卫生用品和其他有微生物指标要求的产品，所有样品的测试结果符合规定的微生物指标要求，则判定该批产品微生物指标合格，否则从该批中按规定重新取样，进行复验。如果复验结果符合要求，则判定该批产品的微生物指标合格；如果复验结果仍不符合，则判定该批产品微生物指标不合格。

5) 外观质量的判定

按规定对批样的每卷产品进行评定,如果所有卷均符合外观质量要求,则判定该批产品外观质量合格,否则按规定重新取样进行复验,如果复验合格,则判定该批产品外观质量合格,如果复验结果仍有不合格,则该批产品外观质量不合格。

6) 产品质量结果判定

内在质量、微生物指标和外观质量均符合规定时,则判定该批产品合格,否则判定该批产品不合格。

7) 产品性能测试涉及的主要标准

GB/T 250,GB/T 6529,GB/T 7573,GB 15979,GB/T 24218.1,GB/T 24218.2,GB/T 24218.3,GB/T 24218.6。

8.1.4 卫生用薄型非织造材料

薄型非织造材料在一次性卫生用产品的面料和包覆材料方面有巨大的市场,中国纺织行业标准 FZ/T 64005 规定了卫生用薄型非织造材料的质量要求和测试方法。标准规定了以短纤维为原料,纤网经热黏合加固而制成的薄型非织造材料的质量要求。该类布的单位面积质量为 $18\sim30$ g/m^2,适应于一次性卫生用产品的面料和包覆材料。

1) 分类

根据 FZ/T 64005 标准,热黏合型卫生用薄型非织造材料分为热轧型和热风型。热轧型是指短纤维经过混合、开松、梳理和成网后经热轧非织造工艺制成的薄型非织造材料。热风型是指短纤维经过混合、开松、梳理和成网后经热风非织造工艺制成的薄型非织造材料。

2) 技术要求

卫生用薄型非织造材料的质量要求分为理化性能和外观质量两个方面。

理化性能包括单位面积质量偏差率、单位面积质量变异系数、断裂强力、液体穿透性、荧光、pH 值、微生物指标、安全性能等。外观质量包括外观疵点、幅宽偏差率和每卷允许段数和段长等。

(1) 理化性能。

a. 产品的安全性能。应符合 GB 15401、GB 15979 的规定。

b. 产品的微生物指标。产品的微生物指标规定见表 8-3 所示。

表 8-3 微生物指标

细菌菌落总数/ (cfu·g^{-1})或(cfu·mL^{-1})	大肠菌群	致病性化脓菌	真菌菌落总数 (cfu·g^{-1})或(cfu·mL^{-1})
≤200	不得检出	不得检出	≤100

注:致病性化脓菌指绿脓杆菌、金黄色葡萄球菌与溶血性链球菌。

c. 产品的理化性能分等规定见表 8-4 所示。

表 8-4 理化性能分等规定

项目		一等品	合格品
单位面积质量偏差率/%		−6.0～+6.0	−7.0～+7.0
单位面积质量变异系数/%		≤4.5	≤5.0
断裂强力/N	纵向	≥19.0	≥17.0
	横向	≥3.5	≥3.0
液体穿透性/s	吸水性≥522%	≤3.0	≤3.5
	吸水性≥370%	≤8.0	≤8.5
荧光		无	
pH 值		5.5～7.5	

(2) 外观质量。疵点的轻微与明显的区分。距离布面 60 cm 处可见的疵点为明显疵点。主要疵点及外观质量分等规定见表 8-5 所示。

表 8-5 产品外观质量分等规定

项目			单位	一等品	合格品
外观疵点	破洞		个/100 m²	不允许	
	疵点	>100 mm²	处/(100 m×0.18 m)	不允许	
		1～100 mm²		不允许	≤20
		0.5～1 mm²		≤20	≤40
	卷边不良		m/100 m	≤8	≤10
	边不良		cm/100 m	不允许	≤30
	明显折痕		cm/100 m	≤50	≤100
	油污、油渍、浆斑、虫迹			不允许	不允许
	异色纤维			不允许	不允许
	幅宽偏差率		%	−2.0～+1.0	−2.5～+1.5
	拼接次数		次/1 000 m	1	2

注:异色纤维是指与主体原料颜色有差异的纤维;拼接最短长度不小于 200 m。

3) 质量判定

分等规定:产品的评等分为一等品、合格品,低于合格品的为不合格品。产品的评等以产品的理化性能和外观质量两个方面进行。

(1) 理化性能评等。产品的理化性能按批进行评等,有两项及以上内在质量同时降等时,以最低一项评等。

（2）外观质量评等。产品外观质量按卷进行评等,有两项及以上外观质量同时存在时,按严重一项评等。

（3）产品综合评等。产品综合等级以理化性能和外观质量评等中较低的等级评定。

4）产品性能测试涉及的主要标准

GB/T 4666,GB/T 7573,GB/T 15979,GB 18401;GB/T 24218.l,FZ/T 60005,FZ/T 60017。

8.1.5 熔喷法非织造材料

熔喷非织造材料在医疗卫生领域、过滤产品及保温产品方面有着大量的应用。中国纺织行业标准 FZ/T 64078—2019 规定了熔喷法非织造材料的质量要求和测试方法。

1）技术要求

（1）内在质量。产品内在质量分为基本项和选择项。

a. 基本项技术要求。基本项技术要求见表 8-6 所示,主要包括单位面积质量偏差率、单位面积质量变异系数、断裂强力、断裂伸长率及幅宽偏差等。

表 8-6　熔喷非织造材料的基本项技术要求

项目		规格/$(g \cdot m^{-2})$													
		10	15	20	30	40	50	60	70	80	90	100	110	120	150
幅宽偏差/mm		$-1 \sim +3$													
单位面积质量偏差率/%		±8			±7			±5				±4			
单位面积质量变异系数/%		≤7						≤6							
断裂强力/N	横向	≥2			≥6			≥10							
	纵向	≥4			≥9			≥15							
纵横向断裂伸长率/%		≥20													

注 1:规格以单位面积质量表示。标注规格介于表中相邻规格之间时,断裂强力按内插法计算相应考核指标;超出规格范围的产品,按合同执行。

注 2:内插法的计算公式:$Y = Y_1 + \dfrac{Y_2 - Y_1}{X_2 - X_1}(X - X_1)$,其中 X 为单位面积质量,Y 为断裂强力。

b. 选择项技术要求。对不同用途的产品其选择测试的项目不同。作为空气过滤材料的选择项包括厚度、过滤效率、透气率、阻燃性能、限（禁）用物质;作为保温材料的选择项包括热阻、透气率;作为吸油材料的选择项包括吸油时间、吸油量。选择项的标准值由供需合同规定。

（2）外观质量。外观质量要求见表 8-7 所示,主要包括同批色差、破洞、针孔、晶点、飞花、异物。

表 8-7　熔喷非织造材料外观质量要求

项目		要求
同批色差/级		4～5
破洞		不允许
针孔	不明显	≤10 个/100 cm²
	明显	不允许
晶点	面积<1 mm²	≤10 个/100 cm²
	面积≥1 mm²	不允许
飞花ᵃ		不允许
异物		不允许

ᵃ 仅考核用于民用口罩的熔喷法非织造材料。

注 1：晶点是指布面存在的点状聚合物颗粒。
注 2：飞花是指布面存在的已固结的由飞絮/飞花形成的纤维块或纤维条，表面有凸起感。

外观检验采用目测方法。检验光线以正常北光为准，如以日光灯照明时，照度不低于 400 lx，一般检验产品的正面，疵点延及 2 面时以严重的一面为准。

2）质量的判定

内在质量按所抽取样品的测试结果作为该批的指标，各项指标均符合要求，则判定该批产品内在质量合格，否则从该批中按规定重新取样，对不符合项目进行复验。如果复验结果符合要求，则判定该批产品的内在质量合格，如果复验结果仍不合格，则判定该批产品内在质量不合格。

外观质量的检验按所抽取样品的测试结果作为该批的指标，如果所有卷数均符合要求，则判定该批外观质量合格。否则从该批中按规定重新取样进行复验。如果复验结果符合要求，则判定该批产品外观质量合格，如果复验结果仍不合格，则判定该批产品外观质量不合格。

如果内在质量和外观质量均符合要求，则判定该批产品合格。

3）产品性能测试涉及的主要标准

GB/T 250，GB/T 4666，GB/T 5455，GB/T 11048，GB/T 14295，GB/T 24218.1，GB/T 24218.2，GB/T 24218.3，GB/T 24218.15，GB/T 26125，GB/T 32610，FZ/T 01130。

8.1.6　敷布生产用非织造材料

敷布是医疗过程中常用的材料，敷布可以是任何形状、形式或规格的片状材料，其主要作用是：清洁皮肤或创面；吸收手术过程中的体内渗出液；与创面护理常用药物一起使用；手术过程中支撑器官、组织等。敷布生产用非织造材料不能含有有害健康的物质，性能应稳定，灭菌前后在预期使用条件下不应释放出足以危害健康的物质。中国医药行业标准 YY/T 0472.1 和 YY/T 0472.2 分别规定了医用非织造材料敷布和成品敷布的质量要求和测试方法。

1) 敷布生产用非织造材料的主要性能指标及测试方法

(1) 液体吸收时间。液体吸收时间是指一个试验样品被试验液完全浸湿并将试验液吸入其内所需的时间。其基本测试原理是将一定质量(5 g)的试验样品松散地卷成一卷,放入一个筒状的丝篮(3 g)中,从距液面 25 mm 高处落入液面,测定试验样品完全浸湿所需的时间。试验所用液体如果是水则应采用三级水或去离子水。

(2) 液体吸收量。液体吸收量是指单位质量的试样吸收液体的质量,以百分比表示。基本测试原理是一定大小和质量(1 g)的非织造材料在液体中完全浸没一定时间(60 s)后,拿出试样垂直悬挂一定时间(120 s),沥去多余的液体,测定每单位质量的非织造材料吸收液体的质量,以百分比表示。试验所用液体如果是水则应采用三级水或去离子水。

(3) 断裂强力的测定方法。按 FZ/T 60005 条样法测试试样的断裂强度。

(4) 化学性能测定方法。

a. 水中溶出物。水中溶出物是指在一定条件下试样在水中溶出的物质质量占试样原始质量的百分比。基本测试原理是将一定质量的试样(7 g)放入一定量(700 mL)的三级水或去离子水中,煮沸一定时间(30 min),煮沸过程不断搅拌并补足损耗的水,然后将液体倒入容器中,并把试样中的水挤压出来合并在一起。趁热将液体经过孔径为 100 μm 的滤纸过滤。将一定量(400 mL)的滤出液进行蒸发,并在一定温度(105 ℃)下干燥至恒量,称量水中的溶出物质量,并计算水中溶出物的质量占试样质量的百分率。

b. 荧光。该试验是指试样在紫外光下观察评价非织造材料的荧光物质。其基本测试原理是采用 365 nm 波长的紫外光照射试样,检查试样是否有荧光反应。如果试样普遍显示均匀性荧光,说明非织造材料有可能是用荧光纤维或含有荧光物质(与纤维结构永久性结合)的纤维制造而成,需要进行更进一步的检测。采用上面水中溶出物的测定方法,对制备的经过滤和冷却后的水浸液进行荧光测试,用波长为 365 nm 的紫外光照射水浸液,并与空白水的荧光反应做比较,如果水浸液比空白水的荧光反应高,则表明有荧光物质从试样中浸出。

c. 水浸液酸碱度。试样水浸液酸碱度的测定采用 pH 计进行测定,试样水浸液的提取方法与上面 a 水中溶出物测定方法基本相同,水浸液冷却至 20 ℃,用 pH 计测量其 pH 值。

d. 非极性溶剂中的可溶性物质。试样在非极性溶剂中溶出物的测定原理是通过蒸发浸提液至干燥,计算非极性溶剂中溶出物的量,以试样原始质量的百分比标示。非极性溶剂采用分析纯乙醚或其他相对分子质量不超过 150 的非极性分析纯溶剂,如二氯甲烷。

e. 表面活性物质。采用定性的化学试验方法,测定非织造材料试样浸提液中阴离子、阳离子或非离子性表面活性物质。

2) 成品敷布的主要性能指标及测试方法

成品敷布的试验方法包括物理性能试验方法和化学性能试验方法。

成品敷布物理性能试验方法包括吸收量、吸水速率、结构强度、平面复合敷布的胀破强度(干态和湿态)、平面敷布的柔软性、湿态落絮、干态落絮。

化学性能试验方法包括水中溶出物、荧光、水浸液的酸碱度。

（1）物理性能试验方法。

a. 吸收量。敷布吸收量也称为保水力，是指把敷布浸入水中一定时间，然后经过沥水和压缩，测定敷布中吸收的水的质量。基本测试原理是将已知质量的敷布完全浸入三级水或去离子水中 10 s，取出敷布沥水 10 s，在样品上放一金属重物，使敷布表面均匀受力 2 kN/m², 30 s 后移开重物，测试吸水后敷布的质量，并计算出敷布的吸收量。

b. 吸水速率。将敷布轻轻平放在装于容器中的水的表面上，用敷布下沉或完全湿化所需要的时间来表征敷布的吸水速率。容器高至少 15 cm，直径足够大，能使敷布平放在水面上而不接触容器边缘。容器中三级去离子水深约 10 cm。基本测试过程：将敷布轻轻平放在水面上，记录敷布的上表面完全湿透或敷布完全下沉到水面以下所用的时间，单位为 s。

c. 结构强度。结构强度测试用于测量敷布结构的可靠性。只有当敷布是由不同部分组成，且在预期湿态和干态使用中彼此意外或预期分开时，才进行该项试验。该试验是在干态和湿态条件下测定不同部分从敷布上撕下或分离所需的力，也就是剥离强力。测试仪器为一般的强力机，拉伸速度为 100 mm/min。

d. 胀破强度。胀破强度测试用于评价敷布在干态和湿态状态下受到胀破应力时的表现。胀破强度是指当施加给圆形敷布面积内一个受控的、递增的压力时，敷布破裂所需的最小压力。

e. 柔软性。柔软性测试是通过斜面法测量弯曲长度来确定平面敷布的柔软性。该试验用于相同规格产品的比较。试验结果不完全表明舒适性，但可用于对产品划分等级。

f. 湿态落絮试验。湿态落絮测试用于测定敷布在水中时脱落的微粒和纤维。基本测试原理为将敷布浸没于水中一段时间，洗去松散的纤维，然后将水过滤。从水中回收的微粒数量即为测得的敷布湿态落絮数。

测试步骤：将敷布放入足够大的容器内，敷布可以自由运动，容器中注入三级水或去离子水，没过整个敷布，在振荡器上以 300～350 Hz 的频率振荡 10 min 后，将敷布取出，垂直无挤压沥水后，用孔径 1 μm 的滤膜过滤水，然后干燥滤膜，用显微镜或放大镜检验滤膜上回收的微粒数。

g. 干态落絮试验。干态落絮试验用以评价非织造材料在干态下落絮的趋势。落絮趋势可认为是非织造材料在操作过程中释放纤维和微粒的倾向。其测试基本原理是利用改进了的 Gelbo 扭曲法，样品在试验箱内经受一个扭转和压缩的综合作用，在此扭曲过程中从试验箱中抽出空气，用粒子计数器对空气中的微粒计数并分类。粒子尺寸可以包含0.3～25 μm。

测试步骤：清洁试样扭曲箱，在没有试样的情况下启动扭曲装置，测定没有试样时扭曲箱中微粒的大小和数量（C_0）；将试样固定在试验装置上，粒子计数器计数时间为 30 s，启动试样扭曲装置，同时启动粒子计数器，直到完成连续 10 次 30 s 的计数。记录各类大小粒子在每个时间段内的计数值。

落絮计算：对每个试样从 10 次计数的总量中减去 10 次空白计数值 $10 \times C_0$ 作为试样的落絮测试结果（Lt）。

$$Lt = t - (p \times C_0) \tag{8-1}$$

式中: t ——总的计数值;

p ——读数次数。

(2) 化学性能试验方法。水中溶出物、荧光和水浸液的酸碱度测试与敷布生产用非织造材料的水中溶出物、荧光和水浸液的酸碱度的测试方法类同。

8.1.7 纸尿裤(片、垫)

纸尿裤(片、垫)是卫生用品中占比很高的产品,产品中大量使用了非织造材料。国家标准 GB/T 28004 规定了产品的质量要求和测试方法。标准规定了由外包覆材料、内置吸收层、防漏底膜等制成的一次性使用的纸尿裤、纸尿片和纸尿垫(护理垫)的性能要求和测试方法。

1) 分类

按产品结构分为纸尿裤、纸尿片和纸尿垫(护理垫)。

按产品规格可分为小号(S 型)、中号(M 型)和大号(L 型)。

2) 技术要求

(1) 纸尿裤、纸尿片和纸尿垫的技术要求见表 8-8 所示,也可以按协议执行。

表 8-8　纸尿裤(垫、片)技术要求

指标名称		单位	婴儿纸尿裤	婴儿纸尿片	成人纸尿裤、尿片	纸尿垫(护理垫)
偏差	全长	%	±6			
	全宽		±8			
	条质量		±10			
渗透性能	滑渗量≤	mL	20		30	无渗出,无渗漏
	回渗量[a]≤	g	10.0	15.0	20.0	
	渗漏量≤	g	0.5			
pH		—	4.0~8.0			
交货水分≤		%	10.0			

[a] 具有特殊功能(如训练如厕等)的产品不考核回渗量。

(2) 产品应洁净,不掉色,防衬底膜完好,无硬质块,无破损等,手感柔软,封口牢固;松紧带黏合均匀,固定贴位置符合使用要求;在渗透性能试验时内置吸收层物质不应大量渗出。

(3) 产品的卫生指标执行 GB/T 15979 的规定。

(4) 产品所使用原料:绒毛浆应符合 GB/T 21331 的规定;高吸收性树脂应符合 GB/T 22905 的规定;不应使用回收原料生产纸尿裤、纸尿片和纸尿垫(护理垫)。

8.1.8 湿巾

1) 湿巾的分类

湿巾主要分为人体用湿巾和物体用湿巾两大类。

人体用湿巾分为普通湿巾和卫生湿巾。

物体用湿巾分为厨具用湿巾、卫具用湿巾和其他用途湿巾。厨具用湿巾是指用于清洁厨房物体(如供气灶、油烟机等)的湿巾。卫具用湿巾是指用于清洁卫生间物体(如洗手盆、马桶、浴缸等)的湿巾。国家标准 GB/T 27728 规定了非织造材料、无尘纸及其他原料制造的湿巾的产品质量和测试方法。

2) 技术要求

(1)湿巾的技术指标应符合表 8-9 或合同规定的要求。

(2)人体用湿巾卫生指标、物体用湿巾微生物指标应符合 GB 15979 一次性使用卫生用品卫生标准的规定。

(3)湿巾不应有掉毛、掉屑现象。

(4)湿巾不得使用有毒有害原料。人体用湿巾只可用原生纤维作原料,不得使用任何回收纤维状物质作原料。

表 8-9　湿巾技术要求

指标名称		单位	规定		
			人体用湿巾	厨具用湿巾	卫具用湿巾
偏差	长度≥	%	−10		
	宽度≥		−10		
含液量[a]	≥	倍	1.7		
横向抗张强度[b]	≥	N/m	8.0		
包装密封性能[c]		—	合格		
pH		—	3.5∼8.5	—	—
去污力		—	—	合格	—
腐蚀性	金属腐蚀性	—	—	合格	—
	陶瓷腐蚀性	—	—	—	合格
可迁移性荧光增白剂		—	无	—	
尘埃度[b]总数	≤	个/m²	20		
其中	0.2∼1.0 mm² ≤		20		
	>1.0 mm²且 ≤2.0 mm² ≤		1		
	>2.0 mm²		不应有		

[a]仅非织造材料生产的湿巾考核含液量;
[b]非织造材料生产的湿巾不考核横向抗张强度和尘埃度;
[c]仅软包装考核包装密封性。

8.1.9　手术单、手术服和洁净服

手术单、手术服和洁净服是医院的必备用品,其中使用了大量的非织造材料。中国医

药行业标准 YY/T 0506.2—2016 规定了病人、医护人员和器械用手术单、手术服和洁净服的性能要求和测试方法。

1）技术要求及测试方法

手术衣、手术单和洁净服的基本技术要求见表 8-10、表 8-11、表 8-12 所示。其指标要求和测试方法应按表中规定执行。

表 8-10　手术衣性能要求

性能名称	试验方法	单位	要求			
			标准性能		高性能	
			产品关键区域	产品非关键区域	产品关键区域	产品非关键区域
阻微生物穿透-干态	YY/T 0506.5	cfu	不要求	≤300[a]	不要求	≤300[a]
阻微生物穿透-湿态	YY/T 0506.6	I_B	≥2.8[b]	不要求	6.0[b,c]	不要求
洁净度-微生物	YY/T 0506.7	cfu/dm^2	≤300	≤300	≤300	≤300
洁净度-微粒物质	YY/T 0506.4	IPM	≤3.5	≤3.5	≤3.5	≤3.5
落絮	YY/T 0506.4	log$_{10}$（落絮计数）	≤4.0	≤4.0	≤4.0	≤4.0
抗渗水性	GB/T 4744	cm H$_2$O	≥20	≥10	≥100	≥10
胀破强力-干态	GB/T 7742.1	kPa	≥40	≥40	≥40	≥40
胀破强力-湿态	GB/T 7742.1	kPa	≥40	不要求	≥40	不要求
断裂强力-干态	GB/T 24218.3	N	≥20	≥20	≥20	≥20
断裂强力-湿态	GB/T 24218.3	N	≥20	不要求	≥20	不要求

[a] 试验条件：挑战菌浓度为 10^8 cfu/g 滑石粉，振动时间为 30 min。

[b] 用 YY/T 0506.6 试验时，在 95％的置信水平处的 I_B 的最小显著性差异为 0.98。这是区分两个材料之间有所不同的最小差异。小于等于 0.98 I_B 的材料变动可能无差异；而大于 0.98 I_B 则可能有差异。（95％的置信水平意味着进行 20 次试验，至少有 19 次是正确的）

[c] 本部分中，I_B =6.0 时，意味着无穿透。I_B =6.0 是最大可接受值。

表 8-11　手术单性能要求

性能名称	试验方法	单位	要求			
			标准性能		高性能	
			产品关键区域	产品非关键区域	产品关键区域	产品非关键区域
阻微生物穿透-干态	YY/T 0506.5	cfu	不要求	≤300[a]	不要求	≤300[a]
阻微生物穿透-湿态	YY/T 0506.6	I_B	≥2.8[b]	不要求	6.0[b,c]	不要求
洁净度-微生物	YY/T 0506.7	cfu/dm^2	≤300	≤300	≤300	≤300

（续表）

性能名称	试验方法	单位	要求			
			标准性能		高性能	
			产品关键区域	产品非关键区域	产品关键区域	产品非关键区域
洁净度-微粒物质	YY/T 0506.4	IPM	≤3.5	≤3.5	≤3.5	≤3.5
落絮	YY/T 0506.4	$\log_{10}$（落絮计数）	≤4.0	≤4.0	≤4.0	≤4.0
抗渗水性	GB/T 4744	cm H_2O	≥30	≥10	≥100	≥10
胀破强力-干态	GB/T 7742.1	kPa	≥40	≥40	≥40	≥40
胀破强力-湿态	GB/T 7742.1	kPa	≥40	不要求	≥40	不要求
断裂强力-干态	GB/T 24218.3	N	≥15	≥15	≥20	≥20
断裂强力-湿态	GB/T 24218.3	N	≥15	不要求	≥20	不要求

[a] 试验条件:挑战菌浓度为 10^8 cfu/g 滑石粉,振动时间为 30 min。

[b] 用 YY/T 0506.6 试验时,在 95% 的置信水平处的 I_B 的最小显著性差异为 0.98。这是区分两个材料之间有所不同的最小差异。小于等于 0.98 I_B 的材料变动可能无差异;而大于 0.98 I_B 则可能有差异。(95% 的置信水平意味着进行 20 次试验,至少有 19 次是正确的)

[c] 本部分中,I_B=6.0 时,意味着无穿透。I_B=6.0 是最大可接受值。

表 8-12　洁净服性能要求

性能名称	试验方法	单位	要求[b]
阻微生物穿透-干态	YY/T 0506.5	cfu	≤300[a]
洁净度-微生物	YY/T 0506.7	cfu/dm^2	≤300
洁净度-微粒物质	YY/T 0506.4	IPM	≤3.5
落絮	YY/T 0506.4	$\log_{10}$(落絮计数)	≤4.0
胀破强力-干态	GB/T 7742.1	kPa	≥40
断裂强力-干态	GB/T 24218.3	N	≥20

[a] 试验条件:挑战菌浓度为 10^8 cfu/g 滑石粉,振动时间为 30 min。

[b] 由于洁净服宜与手术衣一起使用,而不能代替手术衣。性能要求适用于洁净服的所有产品区域。

8.1.10　医用一次性防护服

一次性医用防护服是为医务人员在工作时接触具有潜在感染性的患者血液、体液、分泌物以及空气中的颗粒物等提供阻隔、防护作用的医用一次性防护服装。国家强制性标准 GB 19082—2009 规定了医用一次性防护服技术要求和测试方法。

1) 技术要求

(1) 外观。防护服应干燥、清洁、无霉斑,表面不允许有粘连、裂缝、孔洞等缺陷;防护服连接部位可采用针缝、黏合或热黏合等加工方式。针缝的针眼应密封处理,针距每 3 cm 应为 8～14 针,线迹应均匀、平直,不得有跳针。黏合或热黏合等加工处理后的部位,应平整、密封,无气泡。装有拉链的防护服拉链不能外露,拉头应能自锁。

（2）结构。防护服由连帽上衣和裤子组成,可分为连身式结构和分身式结构。防护服的结构应合理,穿脱方便,结合部位严密。袖口、脚踝口采用弹性收口,帽子面部收口及腰部采用弹性收口、拉绳收口或搭扣。

（3）液体阻隔功能。

a. 抗渗水性:防护服关键部位静水压应不低于 1.67 kPa。

b. 透湿:防护服材料透湿量应不小于 2 500 g/(m² · d)。

c. 抗合成血液穿透性:防护服抗合成血液穿透性应不低于 2 级的要求。

d. 表面抗湿性:防护服外侧面沾水等级应不低于 3 级的要求.

（4）断裂强力。防护服关键部位材料的断裂强力应不小于 45 N。

（5）断裂伸长率。防护服关键部位材料的断裂伸长率应不小于 15%。

（6）过滤效率。防护服关键部位材料及接缝处对非油性颗粒的过滤效率应不小于 70%。

（7）阻燃性能。具有阻燃性能的防护服应符合下列要求:

a. 损毁长度不大于 200 mm。

b. 续燃时间不超过 15 s。

c. 阴燃时间不超过 10 s。

（8）抗静电性。防护服的带电量应不大于 0.6 μC/件。

（9）静电衰减性能。防护服材料静电衰减时间不超过 0.5 s。

（10）皮肤刺激性。原发刺激记分应不超过 1。

（11）微生物指标。防护服应符合 GB 15979—2002 中微生物指标的要求,见表 8-13。包装上标志有"灭菌"或"无菌"字样或图示的防护服应无菌。

（12）环氧乙烷残留。经环氧乙烷灭菌的防护服,其环氧乙烷残留量应不超过 10 μg/g。

表 8-13　防护服微生物指标

细菌菌落总数 /(cfu · g⁻¹)	大肠菌群	绿脓杆菌	金黄色葡萄球菌	溶血性链球菌	真菌菌落总数 /(cfu · g⁻¹)
≤200	不得检出	不得检出	不得检出	不得检出	≤100

8.1.11　口罩

1）口罩的类型

国内外口罩种类很多,标准也很多,根据外形可分为平板口罩、折叠口罩和杯状三种;根据佩戴方式可分为头戴式、耳戴式和颈戴式;按适用范围可分为医用口罩(普通医用口罩、医用外科口罩、医用防护口罩)、颗粒物防护口罩、保暖口罩和其他特殊行业用口罩;按使用次数可分为一次性使用口罩和可多次重复使用口罩等。

最具有代表性的口罩有日常防护性口罩、自吸过滤式防颗粒物呼吸器、一次性使用医用口罩、医用外科口罩、医用防护口罩等。

2）日常防护性口罩

日常防护性口罩主要用于日常生活中空气污染环境下滤除颗粒物所佩戴。国家标准 GB/T 32610—2016 规定了日常防护性口罩的质量标准和测试方法。

（1）防护效果分级。日常防护性口罩分为四个防护效果级别，见表 8-14 所示。不同级别口罩适合在不同的空气污染情况下使用。各级口罩在相对应的空气污染环境下应能降低吸入颗粒物（PM$_{2.5}$）的浓度≤75 $\mu g/m^3$（空气质量指数类别良及以上）。

表 8-14　不同防护效果级别适用的环境空气质量

防护效果级别	A 级	B 级	C 级	D 级
适用空气质量指数类别	严重污染	严重及以下污染	重度及以下污染	中度及以下污染

（2）技术要求。

a. 基本要求。口罩应能安全牢固地护住口、鼻。口罩原材料不应使用再生料、含高毒性、致癌性或潜在致癌性物质以及已知的可导致皮肤刺激或其他人体不良反应的材料，其他限制使用物质的残留量应符合相关要求，无异味。口罩不应存在可触及的锐利角和锐利边缘，不应对佩戴者构成伤害。口罩应便于佩戴和摘除，在佩戴过程中无明显的压迫感或压痛现象，对头部活动影响较小。

b. 外观要求。口罩表面不应有破损、油污斑渍、变形及其他明显的缺陷。

c. 内在质量。口罩的内在质量见表 8-15 所示。

表 8-15　日常防护用口罩内在质量指标

项目		要求
耐摩擦色牢度（干/湿）[a]/级 ≥		4
甲醛含量/(mg · kg^{-1}) ≤		20
pH 值		4.0～8.5
可分解致癌芳香胺染料[a]/(mg · kg^{-1})		禁用
环氧乙烷残留量[b]/(μg · g^{-1}) ≤		10
吸气阻力/Pa ≤		175
呼气阻力/Pa ≤		145
口罩带及口罩带与口罩体的连接处断裂强力/N ≥		20
呼气阀盖牢度[c]		不应出现滑脱、断裂和变形
微生物	大肠菌群	不得检出
	致病性化脓菌[d]	不得检出
	真菌菌落总数/(cfu · g^{-1}) ≤	100
	细菌菌落总数/(cfu · g^{-1}) ≤	200
口罩下方视野≥		60°

[a] 仅考核染色和印花部分。
[b] 仅考核经环氧乙烷处理的口罩。
[c] 仅考核配有呼气阀的口罩。
[d] 指绿脓杆菌、金黄色葡萄球菌与溶血性链球菌。

d. 过滤效率分级。过滤效率分为Ⅰ级、Ⅱ级和Ⅲ级,对应的过滤效率指标如表8-16所示。

表8-16 过滤效率级别及要求

过滤效率分级		Ⅰ级	Ⅱ级	Ⅲ级
过滤效率/%≥	盐性介质	99	95	90
	油性介质	99	95	80

e. 防护效果。不同防护效果级别口罩的防护效果要求如表8-17所示。

表8-17 不同防护效果级别口罩的防护效果要求

防护效果级别	A级	B级	C级	D级
防护效果/%≥	90	85	75	65

当口罩防护效果级别为A级时,过滤效率应达到Ⅱ级及以上;当口罩防护效果级别为B级、C级、D级时,过滤效率应达到Ⅲ级及以上。

(3) 主要性能指标及测试方法。

a. 吸气阻力测试方法。图8-1是吸气阻力测试装置示意图,主要由试验头模、呼吸管道、测压计、微压计、流量计、调节阀、切换阀、抽气泵、空气压缩机等组成。开动抽气泵,头模不佩戴口罩时将通气量调节至85 L/min,这时系统阻力设定为0。然后将被测试样佩戴在头模上,并确保面罩与试验头模的密合性。再将通气量调节至85 L/min,测定并记录吸气阻力。通气量为85 L/min的条件下,阻力应不大于175 Pa。

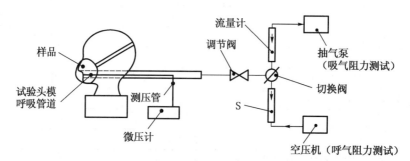

图8-1 呼吸阻力检测装置示意

b. 呼气阻力测试方法。测试原理及装置与吸气阻力测试基本相同,开动空气压缩机,头模不佩戴口罩时将通气量调节至85 L/min,这时系统阻力设定为0。然后将被测试样佩戴在头模上,并确保面罩与试验头模的密合性。再将通气量调节至85 L/min,测定并记录呼气阻力。通气量为85 L/min的条件下,阻力应不大于145 Pa。

c. 过滤效率测试方法。测试原理:通过气溶胶发生器发生一定浓度及粒径分布的气溶胶颗粒,以规定气体流量通过口罩罩体,使用适当的颗粒物检测装置检测通过口罩罩体前后的颗粒物浓度。以气溶胶通过口罩罩体后颗粒物浓度减少量的百分比来评价口罩罩体对颗粒物的过滤效率。

NaCl 颗粒物过滤效率检测系统：NaCl 颗粒物的浓度不超过 30mg/m³，计数中位径（CMD）为(0.075±0.020)μm。

油性颗粒物过滤效率检测系统：测试介质为 DEHS 或其他适用油类（如石蜡油）颗粒物，颗粒物浓度不超过 30 mg/m³，计数中位径（CMD）为(0.185±0.020)μm。

测试环境温度为 25 ℃，相对湿度为 30%。

测试流量为(85±4)L/min(如采用多重过滤元件，应平分流量，以双过滤元件为例，每个过滤元件的检测流量应为(42.5±2)L/min)；用适当的夹具将口罩罩体或过滤元件气密连接在检测装置上；检测开始后，记录试样的过滤效率，采样频率>1 次/min。检测应持续到口罩罩体上颗粒物加载至 30 mg 为止。

d. 防护效果测试方法。测试原理：通过气溶胶发生器发生一定浓度及粒径分布的气溶胶颗粒，以规定气体流量通过口罩，使用适当的颗粒物检测装置检测通过口罩过滤前后的颗粒物浓度。通过计算气溶胶通过口罩后颗粒物浓度减少量的百分比来评价口罩对颗粒物的防护效果。

防护效果测试装置如图 8-2 所示。测试仓为具有较大观察窗的可密闭仓室，大小应便于检测人员操作。测试介质从仓的顶部均匀送入，测试结束后，由仓的底部开口排出。测试介质 NaCl 颗粒物在测试仓内有效空间的初始浓度为 20～30 mg/m³，颗粒物的空气动力学粒径分布应为 0.02～2 μm，质量中位径约为 0.6 μm。玉米油颗粒物在测试仓内有效空间的初始浓度为 20～30 mg/m³，颗粒物的空气动力学粒径分布应为 0.02～2 μm，质量中位径约为 0.3 μm。气溶胶浓度监测装置气体采样流量为 1～2 L/min，采样频率>1 次/min；测试环境温度为 25 ℃，相对湿度为 30%；呼吸模拟器模拟正弦气流，呼吸频率 20 次/min，呼吸流量 30 L/min。

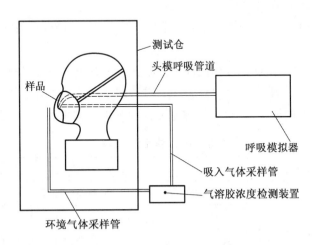

图 8-2　防护效果测试装置示意

测试步骤：将口罩牢固地佩戴在适当尺寸的头模上，打开呼吸模拟器和气溶胶浓度监测装置，检测记录通过头模呼吸管道进入头模的气体内颗粒物浓度（即口罩内颗粒物的本底浓度 C_0）。关闭呼吸模拟器，将测试介质导入测试仓内，使仓内测试介质的浓度达到规定的浓度,打开呼吸模拟器。监测装置记录仓内测试介质浓度 C_1,以及通过头模呼吸管道吸入气体中的介质浓度 C_2。持续 1 h 监测整个测试过程中 C_1、C_2 的数值,计算该样品的防护效果。

防护效果(P):

$$P = [(C_1 - C_2 + C_0)/C_1] \times 100\%$$ (8-2)

式中:C_0——被测面罩内颗粒物本底浓度,mg/m³;

C_1——实验过程中测试仓内测试介质浓度,mg/m³;

C_2——实验过程中通过头模呼吸管道吸入气体内的测试介质浓度,mg/m³。

进行测试时,应同时监测 C_1 和 C_2 的数值,并计算每个采样时刻样品的防护效果,以整个测试过程中所获得的防护效果的最小值作为该样品的防护效果。

3)自吸过滤式防颗粒物呼吸器

自吸过滤式防颗粒物呼吸器是指靠佩戴者呼吸来克服部件气流阻力的防护用品。国家标准 GB/T 2626—2019 规定了自吸过滤式防颗粒物呼吸器的质量标准和测试方法。该标准规定的防护对象为各种颗粒物。其主要技术要求和测试方法如下:

(1)面罩的类型。

a. 密合型面罩。指能罩住鼻、口的与面部密合的面罩,或能罩住眼、鼻和口的与头面部密合的面罩。密合性面罩分为半面罩和全面罩。

半面罩。是指能覆盖口和鼻,或覆盖口、鼻和下颌的密合型面罩。

全面罩。是指能覆盖口、鼻、眼睛和下颌的密合型面罩。

b. 按结构分,面罩可分为随弃式面罩、可更换式面罩和全面罩三类。

随弃式面罩,主要由滤料构成面罩主体的不可拆卸的半面罩,有或无呼气阀,一般不能清洗用,任何部件失效时即应废弃。

可更换式面罩,有单个或多个可更换过滤元件的密合型面罩,有或无呼吸气阀,有或无呼吸导管。

(2)过滤元件分类及级别。过滤元件是指滤料或过滤组件,按过滤性能分为 KN 和 KP 两类。KN 类只适用于过滤非油性颗粒物,KP 类适用于过滤油性和非油性颗粒物。

过滤元件级别:根据过滤效率水平,过滤元件的级别分类见表 8-18 所示。

表 8-18 过滤元件的级别

过滤元件的类型	面罩类别		
	随弃式面罩	可更换式面罩	全面罩
KN 类	KN90	KN90	
	KN95	KN95	KN95
	KN100	KN100	KN100
KP 类	KP90	KP90	
	KP95	KP95	KP95
	KP100	KP100	KP100

（3）标记。随弃式面罩和可更换式面罩的过滤元件应标注级别,级别用执行标准号与过滤元件类型和级别的组合方式标注。

示例 1:KN95 过滤元件的标记为 GB/T 2626—2019 KN 95。

示例 2:KP90 过滤元件的标记为 GB/T 2626—2019 KP 90。

（4）技术要求。

a. 材料。对人体应无害;结构上应尽可能具有较小的死腔和较大的视野;全面罩的镜片不应出现结雾等影响视觉的情况;面罩的结构应能保证与面部的密合。结构安全可靠,更换元件方便。

b. 过滤效率。用 NaCl 颗粒物检测 KN 类过滤元件,用邻苯二甲酸二辛酯(DOP)或性质相当的油类颗粒物(如石蜡油)检测 KP 类过滤元件。不同类别和级别的过滤元件过滤效率见表 8-19 所示。

表 8-19　过滤效率要求

过滤元件的类别和级别	用氯化钠颗粒物检测	用油类颗粒物检测
KN90	≥90.0%	不适用
KN95	≥95.0%	
KN100	≥99.97%	
KP90	不适用	≥90.0%
KP95		≥95.0%
KP100		≥99.97%

测试基本要求:采用 NaCl 颗粒物过滤效率检测系统,NaCl 颗粒物的浓度不超过 200 mg/m^3,计数中位径(CMD)为(0.075±0.020)μm。

油性颗粒物过滤效率检测系统:测试介质为 DOP 或其他适用油类(如石蜡油)颗粒物,颗粒物浓度不超过 200 mg/m^3,计数中位径为(0.185±0.020)μm。

测试环境温度为 25 ℃,相对湿度为 30%。

测试流量为(85±4)L/min(如采用多重过滤元件,应平分流量,以双过滤元件为例,每个过滤元件的检测流量应为(42.5±2)L/min;若多重过滤元件有可能单独使用,则按单一过滤元件测试条件测试)。检测应一直持续到过滤效率达到了最低点为止,或持续到滤料上已经累积指定质量的颗粒物为止。

c. 泄露性。

总泄漏率 TIL:指在实验室规定检测条件下,受试者吸气时从包括过滤元件在内面罩的所有部件泄漏入面罩内的模拟剂浓度与面罩外空气中模拟剂浓度的比值,用百分比表示。

泄漏率 IL:指在实验室规定检测条件下,受试者吸气时从除过滤元件以外的面罩所有其他部件泄漏入面罩内的模拟剂浓度与面罩外空气中模拟剂浓度的比值,用百分比表示。

测试原理:在规定的试验条件下,受试人员戴好面罩及有关测试装置,在一定浓度模拟剂的测试仓内呼吸,检测测试仓内和面罩内模拟剂的浓度,计算泄露率。泄露率检测系统示意图见图 8-3 所示。一个密闭仓室的大小可容许受试者完成规定动作,模拟剂从仓内顶部均匀送入,并在仓的下部由排气口排出。模拟剂为 NaCl 颗粒物,浓度为 $4\sim12$ mg/m³,颗粒物的空气动力学粒径分布应为 $0.02\sim2$ μm,质量中位径约为 0.6 μm;模拟剂为油类颗粒物,对人体应无害,如玉米油、石蜡油等;颗粒物浓度为 $20\sim30$ mg/m³,颗粒物的空气动力学粒径分布应为 $0.02\sim2$ μm,质量中位径约为 0.3 μm;测试时,颗粒物采样流量为 $1\sim2$ L/min,受试者戴好面罩和测试系统,进入检测室,按顺序完成 5 个动作,即:头部静止不说话、左右转动头部、低头抬头、大声说话、头部静止不说话各 2 min,同时检测记录每个动作过程中面罩内外模拟剂的浓度,计算泄露率。

随弃式面罩的泄漏率指标要求见表 8-20 所示。

表 8-20　随弃式面罩的 TIL

滤料级别	以每个动作的 TIL 为评价基础时(即 10 人×5 个动作),50 个动作中至少有 46 个动作的 TIL	以人的总体 TIL 为评价基础时,10 个受试者中至少有 8 个人的总体 TIL
KN90 或 KP90	<13%	<10%
KN95 或 KP95	<11%	<8%
KN100 或 KP100	<5%	<2%

d. 呼吸阻力。呼吸阻力测试是将面罩戴在测试头模上进行测试的,测试原理和测试过程与 GB/T 32610—2016 中的呼吸阻力相同测试类似。呼吸阻力要求见表 8-21 所示。

表 8-21　呼吸阻力要求

面罩类别	吸气阻力/Pa			呼气阻力/Pa
	KN95 或 KP95	KN95 或 KP95	KN95 或 KP95	
随弃式面罩,无呼吸阀	≤170	≤210	≤250	同吸气阻力
随弃式面罩,有呼吸阀	≤210	≤250	≤300	≤150
包括过滤元件在内的可更换式半面罩和全面罩	≤250	≤300	≤350	

e. 死腔。死腔是指从前一次呼气中被重新吸入的气体体积,用吸入气体中二氧化碳的体积分数表示。

死腔结果的平均值要求不大于 1%。

f. 视野。面罩的视野应满足表 8-22 所示的要求。

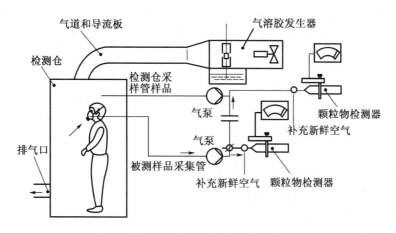

图 8-3　TIL 与 IL 检测系统示意

表 8-22　视野要求

视野	面罩类别		
	半面罩	全面罩视窗种类	
		大眼窗	双眼窗
下方视野	≥35°	≥35°	≥35°
总视野	不适用	≥70％	≥65％
双目视野	≥65％	≥55％	≥24％

g. 其他

标准对面罩的其他一些性能也做了要求,主要有呼吸阀质量、头带承受的力、连接及连接部件质量、镜片、气密性、可燃性、清洗及消毒、实用性等。

4) 一次性使用医用口罩

一次性使用医用口罩用于普通医疗环境中佩戴,阻隔口腔和鼻腔呼出或喷出污染物的一次性口罩。中国医药行业标准 YY/T 0969—2013 规定了一次性使用医用口罩的质量标准和测试方法。其技术要求:

(1) 细菌过滤效率应不小于 95％。细菌过滤效率测试方法见 YY/T 0469—2011 中的细菌过滤效率(BFE)试验方法。所用的细菌为金黄色葡萄球菌,细菌气溶胶颗粒直径(MPS)为(3.0±0.3)μm。

(2) 通气阻力:口罩两侧进行气体交换的通气阻力不大于 49 Pa/cm²。测试部位:取口罩中心部位进行测试,试验用气体流量需调整至(8±0.2)L/min,样品测试区直径为 25 mm。

(3) 微生物指标:非灭菌性口罩的微生物指标应满足表 8-23 所示的要求。灭菌性口罩应无菌。

表 8-23　口罩微生物指标要求

细菌菌落总数/ (cfu·g⁻¹)	大肠菌群	绿脓杆菌	金黄色葡萄球菌	溶血性链球菌	真菌
≤100	不得检出	不得检出	不得检出	不得检出	不得检出

环氧乙烷残留:口罩如经环氧乙烷灭菌或消毒,其环氧乙烷残留量应不超过 10 μg/g。
生物学评价:

(4) 细胞毒性:不大于 2 级。

(5) 皮肤刺激:原发刺激记分应不大于 0.4。

(6) 迟发型超敏反应:不大于 1 级。

5) 医用外科口罩

医用外科口罩是指临床医务人员在有创口操作等过程中所佩戴的一次性口罩。用以覆盖住口鼻及下颌,为防止病原体微生物、体液、颗粒物等的直接透过提供物理屏障。中国医药行业标准 YY/T 0469—2011 规定了医用外科口罩的质量标准和测试方法。其技术要求:

(1) 合成血液穿透。合成血液是指由红色染料、表面活性剂、增稠剂和蒸馏水组成的混合物,其表面张力和黏度可以代表血液和其他体液,并具有与血液相似的颜色。

2 mL 合成血液以 16.0 kPa(120 mmHg)压力,从内径 0.84 mm 的针管沿水平方向喷向口罩外侧面,10 s 内口罩内侧面不应出现渗透现象。

(2) 过滤效率。细菌过滤效率应不小于 95%。所用的细菌为金黄色葡萄球菌,细菌气溶胶颗粒直径(MPS)为 $(3.0\pm0.3)\mu m$。对非油性颗粒物的过滤效率不小于 30%。颗粒物为氯化钠气溶胶。粒数中值直径(CMD)为 $(0.075\pm0.02)\mu m$。

(3) 通气阻力。口罩两侧进行气体交换的通气阻力不大于 49 Pa/cm²。取口罩中心部位进行测试,试验用气体流量需调整至 (8 ± 0.2)L/min,样品测试区直径为 25 mm。

(4) 微生物指标。非灭菌性口罩的微生物指标应满足表 8-23 所示的要求。灭菌性口罩应无菌。

口罩如经环氧乙烷灭菌或消毒,其环氧乙烷残留量应不超过 10 μg/g。

(5) 细胞毒性:不大于 2 级。

(6) 皮肤刺激:原发刺激指数应不大于 0.4。

(7) 迟发型超敏反应:无。

6) 医用防护口罩

医用防护口罩用于医疗工作环境下,是过滤空气中的颗粒物,阻隔飞沫、血液、体液、分泌物等的自吸过滤式医用防护口罩。国家标准 GB 19083—2010 规定了医用防护口罩的质量和测试方法。其技术要求:

(1) 口罩应覆盖佩戴者的口鼻部,应有良好的面部密合性,表面不得有破洞、污渍,不应有呼气阀。

(2) 过滤效率:在气体流量为 85 L/min 的情况下,口罩对非油性颗粒过滤效率的要求见表 8-24 所示。氯化钠气溶胶粒数中值直径(CMD)为(0.75±0.02)μm。

表 8-24　过滤效率等级

等级	过滤效率 ％
1 级	≥95
2 级	≥99
3 级	≥99.97

(3) 气流阻力:在气体流量为 85 L/min 情况下,口罩的吸气阻力不大于 343.2 Pa。

(4) 表面抗湿性:口罩外表面沾水等级不低于 GB/T 4745—1997 中的 3 级规定。

(5) 合成血液穿透:2 mL 合成血液以 10.7 kPa(80 mmHg)压力喷向口罩外侧面后,口罩内侧面不应出现渗透现象。

(6) 微生物指标:非灭菌性口罩的微生物指标应满足表 8-25 所示的要求。灭菌性口罩应无菌。

表 8-25　口罩微生物指标

细菌菌落总数/ (cfu·g^{-1})	大肠菌群	绿脓杆菌	金黄色葡萄球菌	溶血性链球菌	真菌菌落总数/ (cfu·g^{-1})
≤200	不得检出	不得检出	不得检出	不得检出	≤100

(7) 环氧乙烷残留:口罩如经环氧乙烷灭菌或消毒,其环氧乙烷残留量应不超过 10 μg/g。

(8) 阻燃性能:所用材料不应具有易燃性,续燃时间应不超过 5 s。

(9) 皮肤刺激:原发性刺激记分应不大于 1。

(10) 密合性:口罩设计应提供良好的密合性,口罩总合适因数不低于规定值。

口罩密合性是指口罩周边与具体使用者面部的密合程度。合适因数是指人在佩戴口罩模拟作业活动中,定量测试口罩外部检验剂浓度和漏入内部的浓度之比。

8.2　非织造过滤材料

8.2.1　过滤材料主要特点及性能测试项目

过滤是指将一种分散相从一种连续相中分离出来的过程,连续相是载流相,而分散相是粒子状的分散材料,即分离、捕集分散于气体、液体或较大颗粒状物质中的小颗粒状物质或微小粒子的一种方法或技术。通俗地讲,过滤就是通过过滤介质两侧的压力差,阻碍大颗粒物质通过,使小颗粒物质通过的一种操作。

过滤材料,也称滤料,是一种用于过滤的具有较大内表面和适当孔隙的物质,它能有效地捕获和吸附固体颗粒或液体粒子,使之从混合物质中分离出来。

1) 分类

(1) 按加工方法分:机织、非织、滤纸三大类。

(2) 按用途分:干式滤料和湿式滤料。用于气-固相(气溶胶)分离的称为干式滤料,用于液—液相、液-固相分离的称为湿式滤料。

(3) 按功能分:空气净化滤料、液体滤料、防毒滤料、防爆滤料、抗菌滤料、耐高温滤料等。

2) 非织造过滤材料的特点

非织造过滤材料是20世纪中期随着非织造技术的发展而发展起来的,由于非织造材料在过滤方面的应用具有非常大的优势,因此非织造滤材发展迅速,很快取代了大量传统的机织、针织滤料,应用于各行各业。非织造的各种加工技术,如针刺法、纺黏法、熔喷法、湿法等几乎都适用于过滤材料的生产。过滤材料主要应用于滤芯、汽车过滤、空气过滤、膜过滤、液体过滤和滤袋空气过滤等方面,其中滤袋空气过滤发展速度最快,其次是膜过滤。

非织造过滤材料的主要优势:过滤效率高;过滤速度快,阻力低;使用寿命长;加工性能好;成本低,经济合理。

3) 空气过滤基本机理

纤维制成的过滤材料,其孔径一般在十几到几十微米之间,却能捕集小于 $0.1~\mu m$ 的微尘,可见,过滤不单纯是宏观上的筛分作用。过滤理论认为,捕集比滤材孔目大的颗粒是靠滤材的筛分作用,而捕集较小的颗粒则是靠滤材的内部纤维捕集作用。其过滤机理大致如下:

(1) 拦截作用。对于粒径在亚微米范围的小尘粒,可以认为没有惯性,尘粒随着气流流线运动,当流线紧靠纤维表面时,尘粒由于与纤维表面发生接触而被拦截(阻留)下来,这种作用称为拦截作用。拦截作用如图8-4所示。

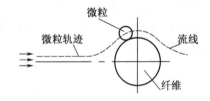 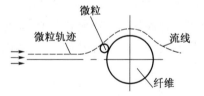

图 8-4　纤维对尘粒的拦截作用　　　　图 8-5　尘粒与纤维的惯性撞击作用

(2) 惯性撞击作用。由于纤维错综排列,故气流在纤维层内穿过时,其流线要多次转弯,此时,若尘粒质量较大或速度(可以看成等于气流速度)较大,则尘粒受惯性力作用,不能随气流转弯,仍保持其原有的运动方向,便会与纤维碰撞,并附着在纤维上。惯性作用随尘粒质量和过滤风速的增加而增大。惯性撞击作用如图8-5所示。

(3) 扩散作用。气体分子的热运动对空气中细微尘粒($<1~\mu m$)的碰撞,使尘粒也随之作布朗运动。尘粒越小,布朗运动越显著。例如,常温下 $0.1~\mu m$ 的尘粒每秒钟的扩散距离达 $17~\mu m$,比纤维间距离大几倍至几十倍,这就有更大的可能与纤维接触,并附着在纤维上;

而大于 0.3 μm 的尘粒,其布朗运动减弱,一般不足以靠布朗运动使其离开流线而碰撞到纤维上。尘粒越小和过滤速度越低,扩散作用就越显著。扩散作用如图 8-6 所示。

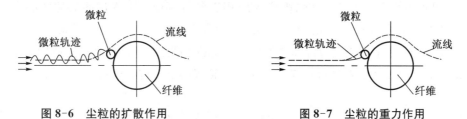

图 8-6　尘粒的扩散作用　　　　　　图 8-7　尘粒的重力作用

(4) 重力作用。含尘气流通过纤维层时,尘粒在重力作用下,产生脱离流线的位移而沉降到纤维表面上,这种作用只有在尘粒较大(>5 μm)时才存在。对小尘粒(<0.5 μm)的过滤,完全可以忽略重力作用。重力作用如图 8-7 所示。

(5) 静电作用

当含尘气流通过纤维滤料时,由于气流摩擦,纤维和尘粒都可能带上电荷,从而增加了纤维吸附尘粒的能力。静电作用如图 8-8 所示。

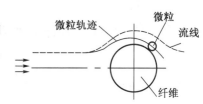

图 8-8　尘粒与纤维间的静电作用

4) 主要测试项目

根据过滤材料具体的用途不同,其性能要求的侧重点也有差异,其主要的性能测试项目如下:

(1) 物理性能:单位面积质量、厚度等。

(2) 力学性能:拉伸断裂强度、抗撕裂强度等。

(3) 过滤性能:过滤效率(除尘效率、除杂效率)、滤阻、纳污率(容尘量)、滤速(水通量)。

(4) 其他:孔隙率、透气性、尺寸稳定性、耐磨性、耐温性、耐化学性、耐湿性、耐压缩性。

5) 主要性能指标及测试方法

过滤性能是过滤材料最重要的性能指标,其主要项目有:过滤效率、透过率、过滤阻力、滤速、容尘量、孔隙率、孔径及分布。过滤性能测试方法较多,不同的应用场合所使用的测试方法不同。干式过滤材料过滤性能的测试方法主要有:钠焰法、油雾法、计数法、计重法、DOP 法、比色法等。

参考标准:

GB/T 6165—2008《高效空气过滤器性能试验方法　效率和阻力》。

GB/T 38413—2019《纺织品　细颗粒物过滤性能试验方法》。

GB/T 12218—1989《一般通风用空气过滤器性能试验方法》。

JG/T 404—2013《空气过滤器用滤料》。

GB/T 6719—2009《袋式除尘器技术要求》。

8.2.2　空气过滤器用过滤材料

空气过滤器是通过多孔过滤材料的作用从气固两相流中捕集粉尘,并使气体得以净化的设备。一般用于洁净车间、洁净厂房、实验室及洁净室,或者用于电子机械通信设备等的防尘。空气过滤器有粗效过滤器、中效过滤器、高效过滤器及亚高效等型号,各种型号有不同的标准和使用效能。空气过滤器被广泛应用于各行各业。空气过滤器的核心是过滤材料,它直接决定着空气过滤器的过滤效果、使用寿命及成本等。中国建筑工程行业标准 JG/T 404—2013 规定了空气过滤器用滤料质量标准和测试方法,标准主要适用于由玻璃纤维、合成纤维、天然纤维、复合材料或者其他材质做成的空气过滤材料。

1)分类

(1)按过滤性能分类。按过滤性能滤料可分为超高效、高效、亚高效、高中效、中效和粗效过滤材料。

(2)按滤料所用原料分类。按材质将滤料可分为玻璃纤维、合成纤维、天然纤维和其他。

(3)按滤料用途分类。按用途滤料可分为通风空调净化用和通风除尘用过滤材料。

2)技术要求

(1)检验项目。滤料性能检验项目如表 8-26 所示。

表 8-26　检验项目表

序号	检验项目	出厂检验	型式检验	测试方法	要求
1	外观	√	√	目测	见外观要求
2	定量	√	√	GB/T451.2	差异≤5%
3	厚度	√	√	GB/T451.3	差异≤10%
4	挺度	—	√	GB/T452.1	差异≤10%
5	抗张强度	√	√	GB/T 12941	差异≤10%
6	效率	√*	√	见过滤性能测试方法	见过滤性能要求
7	阻力	√*	√		
8	容尘量	√	√		

* 仅对高效和超高效滤料有规定。

(2)外观要求。滤料材质整体应分布均匀,整体不应有明显污渍、裂纹、擦伤和杂质等。滤料结构应牢固,应无剥离现象。

(3)过滤性能要求。a. 高效滤料的过滤性能应满足表 8-27 的规定。

表 8-27　高效滤料的过滤性能要求

级别	额定滤速/($m \cdot s^{-1}$)	效率/%	阻力/Pa
A	0.053	$99.9 \leqslant E \leqslant 99.99$	≤320
B	0.053	$99.99 \leqslant E \leqslant 99.999$	≤350
C	0.053	$99.999 \leqslant E$	≤380

b. 超高效滤料的过滤性能应满足表 8-28 的规定。

表 8-28　超高效滤料的过滤性能要求

级别	额定滤速/(m·s⁻¹)	效率/%	阻力/Pa
D	0.025	99.999≤E≤99.999 9	≤220
E	0.025	99.999 9≤E≤99.999 99	≤270
F	0.025	99.999 99≤E	≤320

c. 亚高效、高中效、中效和粗效滤料的过滤性能应满足表 8-29 的规定。

表 8-29　亚高效、高中效、中效和粗效滤料的过滤性能要求

级别	性能指标			
	额定滤速/(m·s⁻¹)	效率/%		阻力/Pa
亚高效(YG)	0.053	粒径≥0.5 μm	95≤E<99.9	≤120
高中效(GZ)	0.100		70≤E<95	≤100
中效 1(Z1)	0.200		60≤E<70	≤80
中效 2(Z2)			40≤E<60	
中效 3(Z3)			20≤E<40	
粗效 1(C1)	1.000	粒径≥2.0 μm	50≤E	≤50
粗效 2(C2)			20≤E<50	
粗效 3(C3)		标准人工尘计重效率	50≤E	
粗效 4(C4)			10≤E<50	

d. 除尘滤料的过滤性能应满足表 8-30 的规定。

表 8-30　除尘滤料的过滤性能要求

项目	额定滤速/(m·s⁻¹)	效率/%	残余阻力/Pa
静态除尘	0.017	99.5≤E	—
动态除尘	0.033	99.9≤E	≤300

e. 其他。对于合成纤维滤料,应进行静电消除处理。对于高效和超高效滤料,可给出最易穿透粒径和最低过滤效率。在标称滤料的效率和阻力时,应标明其检测工况的温度和

相对湿度。

容尘性能：粗效、中效、高中效、亚高效和高效滤料应有容尘量指标，并给出容尘量与阻力的关系曲线。滤料容尘量的实测值不应小于产品标称值的 90%。

（4）产品性能测试涉及的主要标准。

高效滤料的效率和阻力应按 GB/T 6165—2008 中 6.2 规定的方法进行试验。

超高效滤料的效率和阻力应按 JG/T 404—2013 附录 A 规定的方法进行试验。

亚高效、高中效、中效和粗效滤料的计重效率和阻力应按 JG/T 404—2013 附录 A 规定的方法进行试验，粗效滤料的计重效率和阻力应按 JG/T 404—2013 附录 B 规定的方法进行试验。

除尘滤料的效率和阻力应按 JG/T 404—2013 附录 C 规定的方法进行试验。

滤料的静电消除处理按应按 JG/T 404—2013 附录 D 规定的方法进行试验。

滤料最易穿透粒径和最低过滤效率应按 JG/T 404—2013 附录 E 规定的方法进行试验。

容尘性能：亚高效、高中效、中效和粗效滤料的容尘性能应按 JG/T 404—2013 附录 B 规定的方法进行试验，高效滤料的容尘性能按 JG/T 404—2013 附录 F 规定的方法进行试验。

8.2.3 袋式除尘器用过滤材料

袋式除尘器属于干式滤尘装置，它由纺织、非织过滤布制作而成，袋式除尘器具备高效性（一般都在 99% 以上，甚至达到 99.99% 以上）、稳定性以及可靠性，在发电、冶金、建材、化工等产业以及日常生产中都有大量的应用。滤袋材料是滤袋的核心部件，不仅影响除尘器的使用寿命，还影响除尘器的长期运作及处理效果，它不仅要满足过滤性能的要求，还要满足耐高温、耐腐蚀、抗折、耐磨、机械强度高、使用寿命长、使用成本低等工程应用要求。国家标准 GB/T 6719—2009 规定了袋式除尘器用过滤材料的质量标准和测试方法，标准适用于以纤维滤料制造过滤元件的袋式除尘器的设计、制造、使用，袋式除尘器用滤料及滤袋的设计、制造、使用，袋式除尘器的性能检测。

1）主要性能指标

滤料需要测试的性能指标很多，应用在不同的场合需要测试的项目有所不同，对于同一项性能指标，不同类型的滤料（机织、非织、玻纤、复合）测试方法有可能也不一样。需要测试的指标主要如下：

单位面积质量、厚度、幅宽、透气率、断裂强力、断裂伸长率、过滤阻力（洁净滤料的阻力系数和滤料的残余阻力）、滤尘性能（静态除尘效率和动态除尘效率）、织物经纬密度、耐高温性能（热处理后强力保持率、热收缩率）、体积密度、孔隙率、孔径及分布、专项性能（防静电性能、耐腐蚀性能、疏水性、疏油性、阻燃性能）。

2）技术要求

（1）滤料的形态性能。滤料的形态性能包括单位面积质量、厚度和幅宽。其实测值和标称值的差异应符合表 8-31 的规定。

表 8-31 滤料形态性能指标实测与标称值的偏差要求

项目	滤料	
	非织造滤料	织造滤料
单位面积质量	±5	±3
厚度	±10	±7
幅宽	+1	+1

（2）滤料透气性。透气率的实测值与标称值的偏差不得超过表 8-32 的规定。

表 8-32 滤料透气率的偏差要求

项目	滤料	
	非织造滤料	织造滤料
透气率	±20	±15

（3）滤料形态和透气率 CV 要求。滤料形态和透气率测试数据的 CV 值（离散率）应符合表 8-33 的要求。

表 8-33 滤料形态和透气率 CV 值

项目	滤料	
	非织造滤料	织造滤料
单位面积质量	≤3	≤1
厚度	≤3	≤1
透气率	≤8	≤8

（4）滤料强力和伸长率。普通及高强低伸型滤料的强力与伸长率应符合表 8-34 的规定,玻璃纤维滤料应符合表 8-35 的要求。长度>3 m 的滤袋宜选用高强低伸型滤料,并考核所选高强低伸型滤料的经向定负荷伸长率。

表 8-34 滤料的强力和伸长率要求

项目		滤料类型			
		普通型		高强低伸型	
		非织造	织造	非织造	织造
断裂强力/N	经向	≥900	≥2 200	≥1 500	≥3 000
	纬向	≥1 200	≥1 800	≥1 800	≥2 000
断裂伸长率/%	经向	≤35	≤27	≤30	≤23
	纬向	≤50	≤25	≤45	≤21
经向定负荷伸长率/%		—			≤1

注:样条尺寸为 5 cm×20 cm。

表 8-35　玻璃纤维滤料的强力要求

项目		滤料类型	
		非织造滤料	织造滤料
断裂强力/N	经向	≥2 300	≥3 400
	纬向	≥2 300	≥2 400

注:样条尺寸为 5 cm×20 cm。织造滤料单位面积质量为 500 g/m²。

(5)滤料阻力特性。滤料的阻力特性以洁净滤料的阻力系数和滤料的残余阻力值表示,其数值应符合表 8-36 的要求。

表 8-36　滤料的阻力特性

项目	滤料类型	
	非织造滤料	织造滤料
洁净滤料阻力系数	≤20	≤30
残余阻力/Pa	≤300	≤400

(6)滤料的滤尘性能。滤料的滤尘性能以其静态除尘率和动态除尘率表示,其数值应符合表 8-37 的要求。

表 8-37　滤料的滤尘性能要求

项目	滤料类型	
	非织造滤料	织造滤料
静态除尘效率/%	≥99.5	≥99.3
动态除尘效率/%	≥99.9	≥99.9

(7)滤料的耐温性能。耐温性能以其热处理后的热收缩率与断裂强力保持率表示,其数值应符合表 8-38 的要求。

表 8-38　滤料的热收缩率和断裂强力保持率要求

项目	经向	纬向
连续工作温度下 24 h 热收缩率/%	≤1.5	≤1
连续工作温度下 24 h 断裂强力保持率/%	≥100	≥100
瞬时工作温度下断裂强力保持率/%	≥95	≥95

瞬时工作温度与连续工作温度按生产厂商在滤料参数中给出的温度进行测试。瞬时工作按瞬时温度下加热 10 min,在室温下冷却 10 min,再加热冷却往复循环 10 次后测试。

(8)专项技术要求。具有特殊功能的滤料,除应符合上面的规定外,还应达到滤料专项功能的规定指标。

a. 防静电滤料的静电特性应符合表 8-39 的规定。

表 8-39 防静电滤料的静电特性

考核项目	最大限值
摩擦荷电电荷密度/$(\mu C \cdot m^{-2})$	<7
摩擦电位/V	<500
半衰期/s	<1
表面电阻/Ω	$<10^{10}$
体积电阻/Ω	$<10^{9}$

b. 滤料耐腐蚀性以滤料经酸或碱性物质溶液浸泡后的强力保持率表示,其值应符合表 8-40 的规定。

表 8-40 滤料的耐腐蚀特性要求

项目	经向	纬向
酸(或碱)处理后断裂强力保持率/%	$\geqslant 95$	$\geqslant 95$

c. 疏水滤料的疏水性能以淋水等级标示,淋水等级不小于 4 级。

d. 疏油滤料的疏油性等级大于 3 级。

e. 阻燃型滤料于火焰中只能阴燃、不能产生火焰,离开火焰,阴燃自行熄灭。

8.3 土工布及性能测试

8.3.1 土工布的作用及应用领域

1) 土工布

国家标准 GB/T 13759—2009 中对土工布的定义:在岩土工程和土木工程中与土壤和(或)其他材料相接触使用的一种平面状、可渗透的、由聚合物(天然或合成)组成的纺织材料,可以是机织的、针织的或非织造的。

美国材料试验学会 ASTM 对土工布的定义:一切和地基、土壤、岩石、泥土或任何其他建筑材料一起使用,并作为人造工程、结构、系统的组成部分的纺织物,叫做土工布。

2) 土工布的作用

(1) 防护。通过使用土工布或土工布有关产品可以防止或限制岩土工程中特定材料的局部破损。如图 8-9 所示。应用范围:

a. 河岸、海岸、边坡的防冲刷防护。

b. 防止土体、边坡的水土流失和冻害。

c. 路基中的反裂保护。

d. 水面或固体废料堆积的封闭防护等。

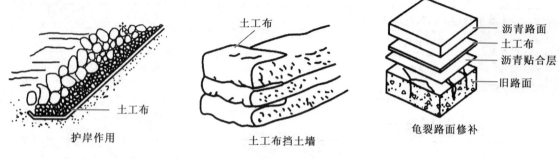

图 8-9　土工布的防护应用

（2）隔离。防止相邻的不同土壤和（或）其他填料等介质的混合,如图 8-10 所示。其应用范围：

　　a. 铁路道碴和路基间。

　　b. 铁路路基和地基间。

　　c. 公路碎石和地基间。

　　d. 坝中各种筑坝的材料间。

　　e. 坝基和地基间等。

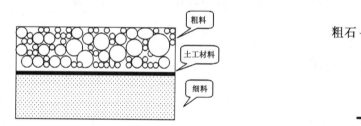

图 8-10　土工布的隔离应用

（3）过滤。在液体压力的作用下,液体通过土工布或土工布有关产品,同时保持土壤及其他颗粒不流失,如图 8-11 所示。其应用范围：

　　a. 坝脚滤层。

　　b. 储水坝、尾矿坝的初期坝上游坝面滤层。

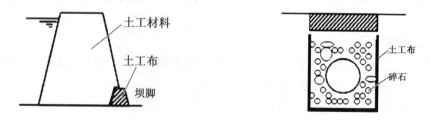

图 8-11　土工布的过滤应用

c. 堤、河、海岸护坡滤层。

d. 水闸下游护坝滤层。

e. 地下隧道周边滤层等。

（4）加强。利用土工布或土工布有关产品的应力-应变性能改善土壤或其他建筑材料的力学性能,如图 8-12 所示。其应用范围:

　　a. 各种建筑的基础,如公路、铁路、堤坝,运动场等的地基。

　　b. 边坡和挡土墙。

　　c. 坝体中。

　　d. 隧道周边等。

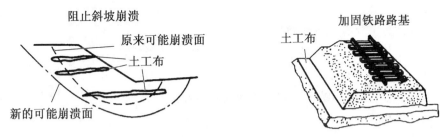

图 8-12　土工布的加强应用

（5）排水。收集降水、地下水和(或)其他液体,并沿土工布或土工布有关产品平面进行传输,如图 8-13 所示。其应用范围:

　　a. 土工膜下面或边坡防护面下的排水。

　　b. 河、渠道的周边排水。

　　c. 隧洞地下工程周边排水。

　　d. 人工填地(如运动场、机场等)地基排水。

　　e. 各种建筑物周边排水等。

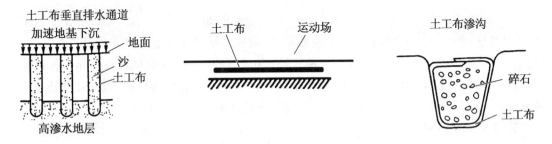

图 8-13　土工布的排水应用

（6）防渗。水利工程中的储水和输水建筑物均需要防止水的大量渗漏,以利于各种工业液体储存,如图 8-14 所示。防渗的应用范围:

　　a. 堤坝、闸的防渗,坝基和闸基防渗,坝面防渗,坝的斜墙防渗,闸的护坡防渗。

　　b. 输水、输油、输液通道防渗,河道水渠、排污河、油料及液体或废料运输的通道防渗。

c. 蓄液库防渗(各种水容体),水池、养鱼池、化学液储放池,盐场卤水池,污物存放池。

d. 屋顶和储水气建筑的防渗等。

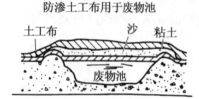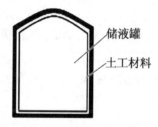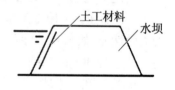

图 8-14　土工布的防渗应用

3) 分类

按加工方式分主要有以下几类:

(1) 非织造土工布。

a. 短纤维针刺土工布。

b. 纺黏法土工布:采用纺丝成网后经针刺固结直接制成。

(2) 机织土工布。

(3) 针织土工布。

(4) 编织土工布。

(5) 复合土工布。

4) 非织造土工布的特点

与机织物和针织物相比,非织造土工布有如下特点:

(1) 工艺流程简单,生产速度高,成本低,速度提高 2.5～100 倍。

(2) 幅宽大。非织造土工材料幅宽一般 2～5 m,高的可达 20 m。

(3) 孔隙范围大。非织造材料的孔隙可根据需要进行调整,可以很大或很小,最小可达 0.05 mm 左右,而机织物的孔隙一般要大的多。

(4) 蓬松性和透水性好。

加工非织造土工布的原料一般为丙纶或涤纶、锦纶,也有用维纶和乙纶。加工方法有纺黏-热轧法、纺黏-针刺法和短纤维干法成网-针刺法。纺黏非织造土工布的性能好、成本低、效率高,但投资大,换改品种时不方便。短纤维针刺非织造土工布的成本和售价都较高,但投资小,换改品种容易,适合多品种、小批量。另外非织造材料与机织物、针织物或薄膜复合在一起形成复合土工布或复合土工布膜,将具有更好的综合性能。

5) 主要应用领域

(1) 水利工程:海堤、江堤、湖堤达标工程,水库加固工程,围垦工程,防汛抢险。

(2) 公路铁路航空港工程:软基加固处理,边坡防护,路面防反射裂缝结构层,排水系统,绿化隔离带。

(3) 电工工程:核电站基础工程,火电灰坝工程,水电站工程。

6) 主要性能测试指标

(1) 物理性能:定量、厚度、孔隙率。

（2）力学性能：拉伸断裂性能、撕裂性能、握持强度、顶破强度、落锥穿透等。

（3）水力学性能：有效孔径、垂直渗透系数、水平渗透系数。

（4）土工布与土相互作用：拉拔试验、剪切摩擦试验、瘀堵等。

（5）耐久性：抗老化、耐腐蚀、霉变。

8.3.2　短纤维针刺非织造土工布

国家标准 GB/T 17638—2017 规定了以合成短纤维为原料，经干法成网、针刺加固而成的短纤针刺非织造土工布、短纤针刺复合土工布等其他类似产品的质量要求和测试方法。

1）分类

（1）按所使用的原料可分为涤纶、丙纶、锦纶、维纶、乙纶等针刺土工布。

（2）按结构可分为普通型和复合型针刺土工布。

2）技术要求

土工布的技术要求分为内在质量和外观质量。

（1）内在质量。内在质量分为基本项和选择项。基本项技术要求见表 8-41 所示。选择项主要包括动态穿孔、刺破强力、纵横向强度比、平面内水流量、湿筛孔径、摩擦因数、抗磨损性能、蠕变性能、拼接强度、定负荷伸长率、定伸长负荷等。选择项的值由供需双方协商确定。

表 8-41　基本项技术要求

项目		标称断裂强度/(kN·m⁻¹)								
		3	5	8	10	15	20	25	30	40
1	纵横向断裂强度/(kN·m⁻¹) ≥	3.0	5.0	8.0	10.0	15.0	20.0	25.0	30.0	40.0
2	标称断裂强度对应伸长率/%	20~100								
3	顶破强力/kN	0.6	1.0	1.4	1.8	2.5	3.2	4.0	5.5	7.0
4	单位面积质量偏差率/%	±5								
5	幅宽偏差率/%	−0.5								
6	厚度偏差率/%	±10								
7	等效孔径 $O_{90}(O_{95})$/mm	0.07~0.20								
8	垂直渗透系数/(cm·s⁻¹)	$K×(10^{-1}~10^{-3})$，其中 $K=1.0~9.9$								
9	纵横向撕破强力/kN　　　≥	0.10	0.15	0.20	0.25	0.40	0.50	0.65	0.80	1.00
10	抗酸碱性能(强力保持率)/% ≥	80								
11	抗氧化性能(强力保持率)/% ≥	80								
12	抗紫外线性能(强力保持率)/% ≥	80								

注 1：实际规格介于表中相邻规格之间，按线性内插法计算相应考核指标；超出表中范围时，考核指标由供需双方协商确定。

注 2：第 4~6 项标准值按设计或协议。

注 3：第 9~12 项为参考指标，作为生产内部控制，用户有要求的按实际设计值考核。

（2）外观质量。外观疵点分为轻缺陷和重缺陷，如表8-42所示。每种产品上不允许有重缺陷，轻缺陷每200 m²不超过5个。

表8-42　外观疵点的评定

序号	疵点名称	轻缺陷	重缺陷	备注
1	布面不匀、折痕	不明显	明显	
2	杂物	软质，粗≤5 mm	硬质；软质，粗＞5 mm	
3	边不良	≤300 cm，每50 cm计一处	＞300 cm	
4	破损	≤0.5 cm	＞0.5 cm；破损	以疵点最大长度计
5	其他	参照相似疵点评定		

4）产品性能测试涉及的主要标准

GB/T 15788，GB/T 14800，GB/T 13763，GB/T 14799，GB/T 17634，GB/T 13761，GB/T 15789，GB/T 13762，GB/T 4666，GB/T 17633，GB/T 17630，GB/T 17635.1，GB/T 17636，GB/T 17631，GB/T 17632，GB/T 17637，GB/T 16989，GB/T 19978，GB/T 31899，GB/T 3923.1。

8.3.3　长丝纺黏针刺非织造土工布

国家标准GB/T 17639—2008规定了以聚合物为原料，经纺丝、铺网、针刺加固而成的长丝纺黏针刺非织造土工布的技术要求和测试方法。

1）分类

（1）按所使用的原料可分为涤纶、丙纶、锦纶、维纶、乙纶等长丝纺黏针刺土工布。

（2）按结构可分为普通型和复合型针刺土工布。

2）技术要求

土工布的技术要求分为内在质量和外观质量。

（1）内在质量。内在质量分为基本项和选择项。基本项的内容见表8-43所示，其中第1～6项为考核项，第7～9项为参考项。选择项主要包括动态穿孔、刺破强力、纵横向强度比、平面内水流量、湿筛孔径、摩擦因数、抗紫外线性能、抗氧化性能、抗磨损性能、蠕变性能、拼接强度、定负荷伸长率、定伸长负荷和断裂伸长率等。选择项的值由供需双方协商确定。

表8-43　基本项技术要求

项目		指标								
标称断裂强度/(kN·m⁻¹)		4.5	7.5	10	15	20	25	30	40	50
1	纵横向断裂强度/(kN·m⁻¹)≥	4.5	7.5	10.0	15.0	20.0	25.0	30.0	40.0	50.0
2	纵横向标准强度对应伸长率/%	40～80								
3	CBR顶破强力/kN　　≥	0.8	1.6	1.9	2.9	3.9	5.3	6.4	7.9	8.5
4	纵横向撕破强力/kN　≥	0.14	0.21	0.28	0.42	0.56	0.70	0.82	1.10	1.25

(续表)

	项目	指标								
5	等效孔径 $O_{90}(O_{95})$/mm	0.05～0.20								
6	垂直渗透系数/(cm·s^{-1})	$K \times (10^{-1}～10^{-3})$,其中 $K=1.0～9.9$								
7	厚度/mm　　　　≥	0.8	1.2	1.6	2.2	2.8	3.4	4.2	5.5	6.8
8	幅宽偏差/%	−0.5								
9	单位面积质量偏差/%	−5								

注1：规格按断裂强度,实际规格介于表中相邻规格之间,按线性内插法计算相应考核指标；超出表中范围时,考核指标由供需双方协商确定。

注2：实际断裂强度低于标准强度时,标准强度对应伸长率不作符合性判定。

注3：第8～9项标准值按设计或协议。

(2) 外观质量。外观疵点分为轻缺陷和重缺陷,如表 4-44 所示。每种产品上不允许有重缺陷,轻缺陷每 200 m² 不超过 5 个。

表 8-44　外观疵点评定

序号	疵点名称	轻缺陷	重缺陷	备注
1	杂物	软质,粗≤5 mm	硬质;软质,粗>5 mm	
2	边不良	≤300 cm 时,每 50 cm 计一处	>300 cm	
3	破损	≤0.5 cm	>0.5 cm;破损	以疵点最大长度计
4	其他	参照相似疵点评定		

3) 产品性能测试涉及的主要标准

抗紫外线性能测试按 GB/T 16422.1～16422.3 进行。其他测试项目和方法同 8.3.2 4)。

8.4　非织造粘合衬及性能测试

8.4.1　非织造粘合衬及特点

1) 用途

粘合衬是指在衬布基布上均匀涂布热熔胶的衬布。常用的粘合衬布有机织布、针织布和非织造布。

非织造粘合衬又称热熔衬,是以非织造材料为基布的热熔粘合衬布。它属于服装、鞋帽等的专用辅料,主要用于服装、鞋帽等的内层,起补强和增加弹性、使服装挺括等作用。

非织造粘合衬主要用于上衣前身,也可用于门襟、领圈、袖口、袋口等局部黏合。除用于机织面料服装外,也可用于针织丝绸服装。

2) 分类

(1) 按非织造布品种分,可分为化学黏合法非织造布粘合衬、热轧黏合法非织造布粘合衬、热轧＋经编非织造布粘合衬、其他。

（2）按涂层工艺分，可分为热熔转移法粘合衬、撒粉法粘合衬、粉点法粘合衬、浆点法粘合衬、双点法粘合衬、网膜复合法粘合衬。

（3）按热熔胶的种类分，可分为高密度聚乙烯、低密度聚乙烯、聚醋酸乙烯酯类、聚丙烯酸酯类、聚酰胺类、聚酯类、聚氨酯类、纤维素类、橡胶类等。

3）特点

非织造粘合衬的特点是定量轻、回弹好、缩率小、价格低、使用方便、厚薄变化范围大、适应性强等，易与各类面料相配，尤其是适应了当今服装轻、薄、软、挺的发展潮流。目前非织造粘合衬已占到服装用粘合衬的 60%以上，而且用量还在不断增加。

4）加工方法

非织造粘合衬由基布和热熔胶组成。基布一般为用化学黏合剂饱和浸渍法或热轧法制成的薄型非织造材料；热熔胶的种类有聚乙烯、共聚酰胺、共聚酯、乙烯-醋酸乙烯共聚物等。热熔胶施加到基布上的方法一般有撒粉法、粉点法、浆点法、双点法和热熔转移法等。非织造加工方式的多元化为非织造粘合衬的成网方式和加工方式的多项选择提供了强大的基础，并且这些不同技术的复合还可以形成不同性能的非织造粘合衬，极大地扩展了衬布的应用领域。

8.4.2 非织造粘合衬主要技术要求

中国纺织行业标准 FZ/T 64009—2000 规定了非织造热熔粘合衬布的质量要求和测试方法。

1）内在质量

内在质量包括单位面积质量、水洗尺寸变化、干热尺寸变化、剥离强力、耐洗色牢度、黏合后洗涤外观变化、黏合后热熔胶渗料。优等品还需增加涂布均匀性、横向断裂强力、手感的要求。

（1）单位面积质量。单位面积质量的标称值和实测值的差异要求见表 8-45 所示，其中不同类别衬布、不同单位面积质量的衬布要求的差异值不同。

表 8-45　单位面积质量公差要求

指标 衬布类别	标称单位面积质量/ $(g \cdot m^{-2})$	允许公差/% 不超过		
		优等品	一等品	合格品
丝绸衬	20～30	±5	±7	±8
裘皮衬	30～40	±6	±8	±9
外衣衬	30～50	±5	±7	±8
衬衣衬	≥50	±4	±6	±7

（2）剥离强力。粘合衬布与被黏合面料之间的剥离强力要求见表 8-46 所示。

表 8-46　剥离强力技术要求

指标 衬布类别	剥离强力/(N·(5×10)cm⁻¹) 不低于					
	水洗或干洗前			水洗或干洗后		
	优等品	一等品	合格品	优等品	一等品	合格品
丝绸衬	6	5	4	4	3	2
裘皮衬	6	5	4	—	—	—
外衣衬	10	8	6	8	6	4
衬衣衬	12	10	8	10	8	6

注　1. 除只耐干洗衬布外,均测定水洗后剥强。
　　2. 洗涤前后有一项剥强不合格,则视为不合格。
　　3. 如衬布剥强大于衬布断裂强力,则视为合格。

（3）水洗尺寸变化。粘合衬布水洗后尺寸变化要求见表 8-47 所示。

表 8-47　水洗尺寸变化技术要求

指标 项目	水洗尺寸变化/% 不低于		
	优等品	一等品	合格品
纵向	−1.0	−1.3	−2.0
横向	−1.0	−1.0	−1.5

（4）干热尺寸变化。粘合衬布纵横向干热尺寸变化要求见表 8-48 所示。

表 8-48　干热尺寸变化技术要求

指标 项目	干热尺寸变化/% 不低于		
	优等品	一等品	合格品
纵横向	−1.3	−1.5	−2.0

（5）洗涤后外观尺寸变化。粘合衬布洗涤后外观尺寸变化要求见表 8-49 所示。

表 8-49　洗涤后外观尺寸变化技术要求

洗涤方法 和外观 衬布类别		洗涤方法		洗涤后外观/级					
		水洗 程序	干洗 次数	水洗			干洗		
				优等品	一等品	合格品	优等品	一等品	合格品
丝绸衬	耐洗型	7A	3	4～5	4	3	4～5	4	3
	干洗型		5	—	—	—	4～5	4	3
裘皮衬		—	—	—	—	—	—	—	—
外衣衬	耐洗型	7A	3	4～5	4	3	4～5	4	3
	干洗型		5	—	—	—	4～5	4	3
衬衣衬		3A	—	4～5	4	3	—	—	—

注:各种服装衬布不同,所选用的面料及试验条件不同,如用户有特殊需要,可另订协议。

（6）染色牢度。如果为有色衬布，则色牢度的考核以在实际使用中不影响面料外观与服装使用为原则，由供需双方商定。

（7）黏合后热熔胶渗料。面料正面不允许有渗料。

（8）横向断裂强力、涂布均匀性、手感。优等品必须考核横向断裂强力、涂布均匀性、手感。具体要求见表 8-50 所示。

表 8-50　优等品断裂强力、涂布均匀性、手感技术要求

指标＼项目	横向断裂强力/[N·(5×10)cm^{-1}]	涂布均匀性/%	手感
优等品	薄型 30 g/m² 以下 ≥2.5	±10	符合标样或 4 级
	厚型 30 g/m² 以上 ≥3.5		

3）外观质量

（1）局部性疵点按表 8-51 中的规定执行。

（2）散布性疵点采用以疵点程度不同逐级降等的办法。

（3）轻微疵点和不影响服装外观的疵点，不予评定。

（4）疵点的轻微与明显的区分，按 GB/T 250 以单层检验评定，3～4 级以上为轻微；3 级以下为明显，或在距离布面 60 cm 处可见的疵点为明显疵点。

非织造热熔粘合衬外观质量要求见表 8-51。未列入本标准的疵点，按相似疵点进行评定。

表 8-51　非织造热熔粘合衬布技术要求评等规则

项目		评等规定		
		优等品	一等品	合格品
内在质量	单位面积质量允许公差/% 见表 8-45	符合标准	符合标准	符合标准
	剥离强力/[N·(5×10)cm^{-1}] 见表 8-46	符合标准	符合标准	符合标准
	水洗尺寸变化/% 见表 8-47	符合标准	符合标准	符合标准
	干热尺寸变化/% 见表 8-48	符合标准	符合标准	符合标准
	黏合后洗涤外观变化 见表 8-49	符合标准	符合标准	符合标准
	耐洗色牢度：白布沾色 按规定指标	符合标准	符合标准	低于标准
	黏合后热熔胶渗料 正面渗料	不允许	不允许	不允许
	优等品 横向断裂强力/[N·(5×10)cm^{-1}] 薄型 30 g/m² 以下	≥2.5	—	—
	薄型 30 g/m² 以上	≥3.5	—	—
	优等品 涂布均匀性/% 按规定指标	±10	—	—
	优等品 手感 标样级	4	—	—

（续表）

项目				评等规定		
				优等品	一等品	合格品
外观质量	局部性疵点	漏点，直径 0.5～1 cm/(个·100 m^{-2})		5	10	15
		杂质、异物，1～3 mm²/(个·100 m^{-2})		5	10	15
		折皱，宽 2 mm/(m·100 m^{-2})		20	50	80
		卷边不齐/(m·100 m^{-2})　　　≤		6	8	10
		切边不良/(cm·100 m^{-2})　　　≤		10	20	40
		掉粉		不允许	不允许	不允许
		油污、污渍、浆斑、虫迹		不允许	不允许	不允许
		明显折边、紧边、边扎破		不允许	不允许	不允许
	散布性疵点	色纤维		不允许	不允许	不允许
		幅宽公差/cm		+2.0	+2.0	+2.0
				−1.0	−1.5	−2.0
		色差级	同类布样	3	3	2～3
			参考样	2～3	2～3	2
			包装 箱内卷与卷	4	3～4	—
			箱与箱	3～4	3	—
每卷允许段数、段长				2 段，每卷不低于 10 m	3 段，每段不低于 5 m	4 段，每段不低于 5 m

4) 产品性能测试涉及的主要标准

GB/T 4667，GB/T 4669，GB/T 3921.1，GB/T 250，GB/T 251，GB/T 8629，FZ/T 01082，FZ/T 01083，FZ/T 01084，FZ/T 01085，FZ/T 01081，FZ/T 60005，FZ/T 64009。

8.5　非织造絮片及性能测试

8.5.1　非织造保暖絮片分类及特点

非织造絮片种类很多，应用也非常广泛，其主要的类型如下：

1）按用途分类

（1）用于床上用品的保暖材料：主要包括用于被褥的喷胶棉、仿丝棉、仿羽绒棉及热熔棉，这类材料也可用于防寒服。

特点：单位面积质量轻，蓬松度高，静止空气含量大，保暖性好，可以整体洗涤，加工工艺简单，价格便宜。

（2）用于保暖服装的保暖材料：主要包括太空棉、丙纶熔喷保健棉、舒适性覆膜针刺毡等。

特点：单位面积质量重，厚度薄，蓬松度适中，弹性好，抗拉伸能力较床上用絮片强，保形性好，并有较好的保暖性和舒适性。

2）按加工方式分类

（1）喷胶棉。喷胶棉是将液体黏合剂喷洒在蓬松纤维层的两面，喷洒时的压力及下部真空吸液的吸力使部分黏合剂渗入纤维层的中间，由此将纤维网的外部和内部都黏合起来而成的制品。纤维间的交接点被黏接，而未被彼此黏接的纤维仍有相当大的自由度。同时，在三维网状结构中，仍保留有许多容有空气的空隙。因此，纤维层具有多孔性、高蓬松性的保暖作用。

对喷胶棉的要求是保暖性和蓬松性好，手感柔软，并具有一定的机械强度。

（2）热熔棉。热熔棉是在蓬松的纤维网中混入一定比例的低熔点纤维，然后在一定温度下进行烘燥，使低熔点纤维熔融，进而将纤维网中的纤维黏合在一起而生产的产品。热熔棉也称为热风棉、羽绒棉、仿丝棉。由于这种方式无论在纤维网表面还是在纤维网里面的黏合点都均匀分布，所以热熔棉的手感柔软，蓬松度好，机械强度高，耐洗涤，各项性能均有较大的改善。良好的性能使之成为喷胶棉的替代品。

（3）针刺棉。针刺棉采用短纤维为原料，经过梳理、成网方式形成一定厚度的纤维网，然后经过针刺加固，形成针刺棉。

采用不同种类纤维、不同单位面积质量及不同的针刺密度，可以形成不同用途的针刺棉，其用途相当广泛，除了服装、被褥外，也可用于产业领域中的保温隔热场合。

（4）太空棉。太空棉也称金属棉或宇航棉，它是由薄型非织造絮片和铝钛合金反射层及表面保护层复合而成的一种薄型服装用保温材料。所用的非织造絮片采用热熔黏合法或针刺加固而成，选用的纤维一般为涤纶短纤维，选用的薄膜一般是聚乙烯塑料薄膜，铝钛合金是用高压真空喷涂到塑料薄膜上的。铝钛合金喷涂到薄膜上后一般还需要喷洒防老化剂，以防止铝钛合金被氧化。

太空棉是一种超轻、超薄的高效保温材料，用于服装具有轻、薄、软、挺、美、牢等许多优点，不仅可以用于冬季防寒，还可以防辐射、隔热。利用太空棉可以加工成各种服装，尤其适合特种的作业环境。

（5）复合絮片。

a. 毛型非织造复合絮片。它是以毛（羊毛、羊绒、驼毛、兔毛等）为主要原料，使用非织造技术生产的保暖絮片。以单层或多层薄型材料为复合基布，同毛絮片一起经针刺复合加工而成。

b. 远红外非织造复合絮片。它是利用远红外纤维与其他纤维混合,采用针刺法复合加工而成的一种保暖絮片。由于使用了具有保健功能的远红外纤维,因此此类絮片除了具有常规的保暖功能外,还具有抗菌、除臭的功能。

c. 膜类复合保暖材料。它是一种用于风冷环境下的保暖新材料,是利用非织造絮片作为蓄热层,某种薄膜作为防风层,通过涂层或浆点方式复合在一起形成具有高效保暖效果的保温材料。

它所用的蓄热保暖材料层多为针刺、水刺或毡类非织造产品,原料选择广泛,可用合成纤维中的三维高卷曲中空涤纶、腈纶,天然纤维可用羊毛、驼毛、兔毛、羽绒、棉、蚕丝等。

8.5.2　喷胶棉

中国纺织行业标准 FZ/T 64003—2011 规定了以涤纶短纤维为主要原料,经梳理成网,对纤网喷洒液体黏合剂,再经热处理制成的喷胶棉絮片的品质和测试方法。

1) 分类

喷胶棉絮片按加工工艺可分为轧光、烫光、不烫光等类型。

2) 技术要求

喷胶棉产品的评等分为一等品、合格品,低于合格品的为不合格品。

产品的评等分为理化性能和外观质量两个方面。理化性能包括纤维含量偏差率、纤维含油率、单位面积质量偏差率、蓬松度、压缩回弹性能、耐水洗性、安全性能。外观质量包括外观疵点、幅宽偏差率和每卷允许段数和段长。

(1) 理化性能。产品的安全性能应符合 GB 18383、GB 18401 的规定。产品的理化性能分等规定见表 8-52。

表 8-52　理化性能分等规定

项目		一等品	合格品
纤维含量偏差率/%		按 FZ/T 01053 的要求考核	
纤维含油率/%		≤1.0	
单位面积质量偏差率/%	<100 g/m²	−6.0～+6.0	
	100～200 g/m²	−5.0～+5.0	
	>200 g/m²	−4.0～+4.0	
蓬松度/(cm³·g⁻¹)		≥70	≥60
压缩回弹性能	压缩率/%	≥45	≥40
	回复率/%	≥75	≥70
耐水洗性		水洗 3 次,不露底,无明显破损,分层	

(2) 外观质量。疵点的轻微与明显的区分:在距离絮片 60 cm 处可见的疵点为明显疵点。未列入本标准的疵点,按相似疵点进行评定。喷胶棉絮片的外观质量分等规定见表 8-53。

表 8-53　外观质量分等规定

项目		一等品	合格品
外观疵点	破边	不允许	深入布边 3 cm 以内，长 5 cm 及以下，每 20 m 内允许 2 处
	纤维分层		不明显
	破洞		不允许
	厚薄均匀性	均匀	无明显不均匀
	油污、斑渍	不允许	面积在 5 cm² 及以下，每 20 cm² 内允许 2 处
	漏胶	不允许	不明显
	起毛	不允许	不明显
幅宽偏差率/%		−1.0～+1.0	−1.5～+1.5
每卷允许段数、段长		100 m 以上 3 段，100 m 及以下为 2 段，每段不低于 6 m	

注：幅宽偏差最低为±1 cm。

3）产品性能测试涉及的主要标准

GB/T 2910，FZ/T 01057，GB/T 6504，GB/T 24218.1，FZ/T 64003，GB/T 8629。

8.5.3　非织造毛复合絮片

中国纺织行业标准 FZ/T 64006—2015 规定了以毛或毛与其他纤维混合材料为絮层原料复合加工而成的絮片的质量要求和测试方法。

1）分类

产品按用途可分为服装用、被褥用和其他填充用。

规格：单位面积质量（g/m²）推荐系列 40，60，80，100，120，150，200，250，300，350，400，500 等。

2）技术要求

产品的评等分为理化性能和外观质量两个方面。理化性能包括纤维含量偏差率、纤维含油率、单位面积质量偏差率、蓬松度、压缩回弹性能、耐水洗性、安全性能。外观质量包括外观疵点、幅宽偏差率和每卷允许段数和段长。

（1）理化性能。产品的安全性能应符合 GB 18383、GB 18401 的规定。

毛复合絮片产品的评等分为优等品、一等品、合格品。

质量评定以卷为单位，品质等级由内在质量和外观质量综合评定，以其中最低的品质等级作为该卷的品质等级。

产品的理化性能分等规定见表 8-54。

226

表 8-54　毛复合絮片内在质量要求

序号	项目		指标		
			优等品	一等品	合格品
1	毛纤维含量偏差/% ≥		按 GB/T 29862 考核		
2	单位面积质量偏差/% ≥	≤150 g/m²	−5.0	−7.0	−9.0
		>150 g/m²	−3.0	−5.0	−7.0
3	热阻/(m²·K·W⁻¹) ≥	≤100 g/m²	0.192	0.144	0.090
		>100~200 g/m²	0.300	0.240	0.120
		>200~300 g/m²	0.360	0.300	0.160
		>300 g/m²	0.420	0.360	0.220
4	水洗性能ᵃ	尺寸变化率ᵇ/%	−4.0~2.0	−5.0~3.0	−6.0~3.0
		外观变化	基本不变	轻微	明显
5	透气率/(mm·s⁻¹) ≥		180		
6	蓬松度/(cm³·g⁻¹) ≥		55	45	35
7	压缩弹性率/% ≥		90	80	75
8	钻绒/级 ≥		4	3.5	3

注:钻绒为参考项。
ᵃ使用说明中标注非水洗的产品不考核水洗性能。
ᵇ尺寸变化率仅考核含有机织物、针织物、薄型非织造材料的复合絮片。

（2）外观质量要求。疵点的轻缺陷和重缺陷见表 8-55 所示。每卷不能有重缺陷,轻缺陷每 100 m² 优等品不超过 8 个,一等品不超过 12 个,合格品不超过 15 个。在距离絮片 60 cm 处可见的疵点为明显疵点。未列入本标准的疵点,按相似疵点进行评定。

表 8-55　毛复合絮片外观质量要求

序号	疵点名称	轻缺陷	重缺陷
1	分层,厚薄段,拼搭不良	不影响总体效果	影响总体效果
2	折痕、针迹条纹、拉毛	每 100 cm	>300 cm
3	杂质	软质粗≤3 mm	硬质;软质粗>3 mm
4	边不良,刺破	每 50 cm	>200 cm
5	油污渍	每 10 cm	>50 cm
6	破损,锈渍	≤2 cm	>2 cm
7	有效幅宽偏差率	—	超过−2%
8	散布性疵点	不影响总体效果	影响总体效果

注 1:以长度度量的轻缺陷疵点,超过极限值的划段计数。
注 2:未列出的疵点参照相似疵点评定。

3) 产品性能测试涉及的主要标准

GB/T 2910，FZ/T 01057，GB/T 6504，GB/T 11048，GB/T 24218.1，GB/T 18383，GB/T 24442.1，GB/T 8629，GB/T 8630，GB/T 5453，GB/T 12705.2。

8.5.4 非织造化纤复合絮片

中国纺织行业标准 FZ/T 64020—2011 规定了以化纤为主要原料(化纤≥50%)经复合加工而成的化纤复合絮片以及其他类似的产品技术要求和测试方法。

1) 分类

产品按用途可分为服装用、被盖用和其他填充用。

规格：单位面积质量(g/m²)推荐系列 40，60，80，100，120，150，200，250，300，350，400，500 等。

2) 技术要求

产品的安全性能应符合 GB 18383、GB 18401 的规定。

化纤复合絮片产品的评等分为优等品、一等品、合格品。

质量评定以卷为单位，品质等级由内在质量和外观质量综合评定，以其中最低的品质等级作为该卷的品质等级。

（1）理化性能。产品的理化性能分等规定见表 8-56。

表 8-56　化纤复合絮片内在质量要求

序号	项目		指标		
			优等	一等	合格
1	纤维含量偏差/%		按 GB/T 29862 考核		
2	单位面积质量偏差/% ≥	≤150 g/m²	−5.0	−7.0	−9.0
		>150 g/m²	−3.0	−5.0	−7.0
3	热阻/(m²·K·W⁻¹) ≥	≤100 g/m²	0.160	0.120	0.090
		>100~200 g/m²	0.250	0.200	0.120
		>200~300 g/m²	0.300	0.250	0.160
		>300 g/m²	0.350	0.300	0.220
4	水洗性能	尺寸变化率/%	−4.0~2.0	−5.0~3.0	−6.0~3.0
		外观变化	基本不变	轻微	轻微
5	透气率/(mm·s⁻¹) ≥		180		
6	蓬松度/(cm³·g⁻¹) ≥		55	45	35
7	压缩弹性率/% ≥		90	80	75

注1：使用说明中标注非水洗的产品不考核水洗性能。

注2：尺寸变化率仅考核含有机织物、针织物、薄型非织造材料的复合絮片。

（2）外观质量。疵点的轻缺陷和重缺陷见表 8-57 所示。每卷不能有重缺陷，轻缺陷每

100 m² 优等品不超过 8 个, 一等品不超过 12 个, 合格品不超过 15 个。

表 8-57　化纤复合絮片外观质量要求

序号	疵点名称	轻缺陷	重缺陷
1	分层, 厚薄段, 拼搭不良	明显, 每处	严重, 每处
2	折痕、针迹条纹、拉毛	每 100 cm	>300 cm
3	杂质	软质粗≤3 mm	硬质; 软质粗>3 mm
4	边不良, 刺破	每 50 cm	>200 cm
5	油污渍	每 10 cm	>50 cm
6	破损, 锈渍	≤2 cm	>2 cm
7	有效幅宽偏差率	—	超过 −2%
8	散布性疵点	不影响总体效果	影响总体效果

注 1: 以长度度量的轻缺陷疵点, 超过极限值的划段计数。
注 2: 未列出的疵点参照相似疵点评定。

3) 产品性能测试涉及的主要标准

GB/T 4666, GB/T 24218.1, GB/T 11048, GB/T 5453, GB/T 8629, GB/T 8630, GB/T 24442.1, GB/T 2910。

8.5.5　警服用保暖絮片

中国公共安全行业标准 GA 353—2008 规定了警服用保暖絮片质量要求和测试方法。

1) 分类

警服用保暖絮片可分为复合毛涤絮片、涤纶仿丝棉絮片、超细纤维絮片。其中超细纤维絮片按加工工艺可分为超细梳理型絮片、超细熔喷絮片。超细熔喷絮片按材料组成又分为超细熔喷涤丙双组分絮片和超细熔喷丙纶纤维絮片。

2) 技术要求

(1) 产品结构。

a. 复合毛涤絮片: 复合基＋絮片＋复合基形式。

b. 仿丝棉絮片、超细梳理型絮片: 单层絮片形式。

c. 超细熔喷絮片: 复合基＋絮片形式。

(2) 产品规格。产品规格见表 8-58 所示。

表 8-58　保暖絮片产品规格

产品名称	幅宽/cm		单位面积质量/(g·m⁻²)			
复合毛涤絮片			300	200		160
涤纶仿丝棉絮片	150	180	200		120	
超细梳理型絮片			200	150		120
超细熔喷涤丙双组分絮片	150		200	150		100
超细熔喷丙纶絮片	150		100			

（3）原料规格。复合毛涤絮片材料规格见表 8-59 所示。

表 8-59　复合毛涤絮片材料规格

材料组成		线密度/dtex	纤维长度/mm
复合基	三维卷曲中空涤纶纤维	2.8～3.3	38～51
	涤纶短纤维	1.7	38
	改性低熔点涤纶短纤维	2.2～4.0	38～51
絮层	羊毛	直径(23～25)μm	—
	涤纶短纤维	1.7	38
	改性低熔点涤纶短纤维	2.2～4.0	38～51
	三维卷曲中空涤纶纤维	2.8～3.3	38～51

涤纶仿丝棉絮片材料规格见表 8-60 所示。

表 8-60　涤纶仿丝棉絮片材料规格

组成		线密度/dtex	纤维长度/mm
主体纤维	三维卷曲中空涤纶纤维	2.8～3.3	38～51
黏结纤维	改性低熔点涤纶纤维	2.2～4.0	38～51

超细梳理型絮片材料规格见表 8-61 所示。

表 8-61　超细梳理型絮片材料规格

组成		线密度/dtex	纤维长度/mm
主体纤维	特种结构涤纶纤维	1.8～2.2	38～51
黏结纤维	低熔点共聚物聚酯	1.8～2.2	38～51

超细熔喷涤丙双组分絮片原料规格见表 8-62 所示。

表 8-62　超细熔喷涤丙双组分絮片原料规格

组成		纤度/D
纤维组分一	聚烯纤维(聚丙烯)	<1
纤维组分二	聚酯纤维	<6.5

超细熔喷丙纶絮片材料为聚丙烯，纤度小于 1 D。

（4）外观质量。产品外观质量要求见表 8-63 所示。

表 8-63　外观质量要求

疵点名称	允许限度
破洞	不允许
拉毛	每卷内不超过 2 处不连续轻微拉毛，每处拉毛面积不大于 100 cm²
表面油污	每卷不应有深色油污；每卷不大于 3 cm² 浅色油污限 3 处
烘焦、板结	不允许
平整度	最厚最薄处质量偏差率极限为 10%

（5）物理性能。复合毛涤絮片物理性能要求见表8-64所示。

表 8-64　复合毛涤絮片物理性能

项目		指标			允许偏差
		300 g/m²	200 g/m²	160 g/m²	
幅宽/cm		150、180			不低于
单位面积质量/(g・m⁻²)		300	200	160	−5%～+7%
絮层单位面积质量ᵃ/(g・m⁻²)		210	120	80	不低于
絮层含毛量/%		60			−5
热阻/(m²・K・W⁻¹)		0.400	0.320	0.240	不低于
洗后热阻保持率/%		70			不低于
抗拉强度/(N・g⁻¹)	纵向	8			不低于
	横向	30			不低于
蓬松度/(cm³・g⁻¹)		35			不低于
压缩弹性率/%		80			不低于

ᵃ不含复合基。

涤纶仿丝棉絮片物理性能要求见表8-65所示。

表 8-65　涤纶仿丝棉絮片物理性能

项目		指标		允许偏差
		200 g/m²	120 g/m²	
幅宽/cm		150、180		不低于
单位面积质量/(g・m⁻²)		200	120	−5%～+7%
热阻/(m²・K・W⁻¹)		0.350	0.220	不低于
洗后热阻保持率/%		80		不低于
抗拉强度/(N・g⁻¹)	纵向	5		不低于
	横向	25		不低于
蓬松度/(cm³・g⁻¹)		55		不低于
压缩弹性率/%		85		不低于

超细梳理型絮片物理性能见表8-66所示。

表 8-66　超细梳理型絮片物理性能

项目		指标			允许偏差
		200 g/m²	150 g/m²	120 g/m²	
幅宽/cm		150、180			不低于
单位面积质量/(g·m⁻²)		200	150	120	−5%~+7%
热阻/(m²·K·W⁻¹)		0.450	0.400	0.350	不低于
洗后热阻保持率/%		70			不低于
抗拉强度/(N·g⁻¹)	纵向	5	5	5	不低于
	横向	15	25	30	不低于
蓬松度/(cm³·g⁻¹)		55			不低于
压缩弹性率/%		85			不低于

超细熔喷涤丙双组分絮片物理性能见表 8-67 所示。

表 8-67　超细熔喷涤丙双组分絮片物理性能

项目		指标			允许偏差
		200 g/m²	150 g/m²	100 g/m²	
幅宽/cm		150			不低于
单位面积质量/(g·m⁻²)		200	150	100	−5%~+7%
絮层复合非织造布单位面积质量/(g·m⁻²)		16	16	16	±10%
热阻/(m²·K·W⁻¹)		0.45	0.35	0.20	不低于
洗后热阻保持率/%		80			不低于
抗拉强度/(N·g⁻¹)	纵向	24	18	7	不低于
	横向	16	12	10	不低于
蓬松度/(cm³·g⁻¹)		30			不低于
压缩弹性率/%		70			不低于

超细熔喷丙纶絮片物理性能见表 8-68 所示。

表 8-68　超细熔喷丙纶絮片物理性能

项目		指标	允许偏差
幅宽/cm		150	不低于
单位面积质量/(g·m⁻²)		100	−5%~+7%
絮层复合非织造布单位面积质量/(g·m⁻²)		14	±10%
热阻/(m²·K·W⁻¹)		0.155	不低于
洗后热阻保持率/%		80	不低于
抗拉强度/(N·g⁻¹)	纵向	25	不低于
	横向	20	不低于

3) 产品性能测试涉及的主要标准

GB/T 4667，FZ/T 60003，GB/T 11048，GB/T 8629，FZ/T 64006，GB/T 2910，GB/T 14335，GB/T 14336。

参考文献

[1] GB 15979—2002：一次性使用卫生用品卫生标准[S].

[2] FZ/T 64012—2013：卫生用水刺法非织造布[S].

[3] FZ/T 64005—2011：卫生用薄型非织造布[S].

[4] FZ/T 64078—2019：熔喷法非织造布[S].

[5] YY/T 0472.1—2004：医用非织造布敷布试验方法　第 1 部分：敷布生产用非织造布[S].

[6] YY/T 0472.2—2004：医用非织造布敷布试验方法　第 2 部分：成品敷布[S].

[7] GB/T28004—2011：纸尿裤(片、垫)[S].

[8] GB/T 27728—2011：湿巾[S].

[9] YY/T 0506.2—2016：病人、医护人员和器械用手术单、手术服和洁净服　第 2 部分：性能要求和实验方法[S].

[10] GB 19082—2009：医用一次性防护服技术要求[S].

[11] GB/T32610—2016：日常防护性口罩[S].

[12] GB/T 2626—2019：呼吸防护　自吸过滤式防颗粒物呼吸器[S].

[13] YY 0969—2013：一次性使用医用口罩[S].

[14] YY 0469—2011：医用外科口罩[S].

[15] GB 19083—2010：医用防护口罩技术要求[S].

[16] 熊杰.产业用纺织品[M].北京：知识产权出版社，2006.

[17] JG/T 404—2013：空气过滤器用滤料[S].

[18] GB/T 6719—2009：袋式除尘器技术要求[S].

[19] 王产久.建筑材料工艺原理[M].北京：中国建材工业出版社，2006.

[20] GB/T 17638—2017：土工合成材料　短纤针刺非织造土工[S].

[21] GB/T 17639—2008：土工合成材料　长丝纺黏针刺非织造土工布[S].

[22] FZ/T 64009—2000：非织造热熔粘合衬布[S].

[23] FZ/T 64003—2011：喷胶棉絮片[S].

[24] FZ/T 64006—2015：复合保温材料　毛复合絮片[S].

[25] FZ/T 64020—2011：复合保温材料　化纤复合絮片[S].

[26] GA 353—2008：警服材料　保暖絮片[S].

第9章　来样分析和产品鉴别

来样分析和产品鉴别是企业日常的重要技术工作。许多企业生产的相当比例的产品都是客户来样定制的,接到来样订单后,需要对样品进行详细和准确的分析,确定来样的品种、原料和加工工艺、产品成本等,进而组织生产,提供符合客户要求的产品;在企业自主开发产品过程中,需要通过对先进材料的分析,学习先进的设计理念和方法,对企业新产品的开发起到启发和借鉴作用;在企业日常生产、外协加工、产品营销和售后服务方面,相关人员需要掌握鉴别产品质量的基本方法,判断产品质量是否符合要求,分析质量问题产生的原因等。因此,来样分析和产品鉴别是企业正常生产、产品开发的关键环节之一。

9.1　来样分析的内容和基本方法

1) 来样分析的内容

非织造产品种类繁多,来样分析的内容很多,但对不同的产品和具体的客户分析的侧重点会有所不同。来样分析的主要内容:

(1) 外观:主要包括产品表面状况、图案、手感、光泽、气味等。

(2) 原料及加工方式:纤维种类和含量、成网方式、加固方式等。

(3) 结构参数:厚度、单位面积质量、密度、孔隙率、孔径、纤维取向分布等。

(4) 机械性能:拉伸性能、压缩性能、耐磨性能等。

(5) 化学性能:化学稳定性、耐酸碱等化学试剂性能、染色性能、有害物质含量等。

(6) 其他性能:耐热性、吸湿性、通透性、耐光性、老化性、导电性及一些功能性等。

2) 来样分析的方法

来样分析和产品鉴别的方法也很多,但总体分为经验分析法和仪器分析法两大类。在实际工作中经验分析法和仪器分析法一般都是结合应用的。

(1) 经验分析法:凭借对纤维原料性能及各种非织造生产技术所加工产品的特征的认识,通过直接观察或借助放大镜、普通显微镜观察,以及对样品进行触摸等方式,对样品进行初步的分析和判断。这是一种简单、粗略的方法,但也是一种非常重要和常用的方式,对人员的专业素养和经验要求很高。经验分析方法应用得好,可以有效地减少来样分析和产品鉴别的整体工作量,提高分析速度。

(2) 仪器分析法:借助测试仪器对样品进行特征性能测试分析,根据测试结果判别样品的原料、结构及生产工艺方法等。这种方法可以实现分析定量化,是产品验证、试制和检验的依据。

9.2　非织造材料常用纤维的鉴别

纤维是非织造材料的基本原料,决定着非织造材料的根本性能,纤维成分及含量的测定是非织造材料来样分析和产品鉴别中最为重要的一项内容。由于非织造材料用纤维种类非常广泛,众多的产品中,既有单用一种纤维,也有用两种或两种以上的纤维混合而成,因此对非织造材料纤维进行准确的鉴别是一项很复杂的工作。

(1) 纤维鉴别的原理。各种纤维虽然在外观形态及内在性能方面有许多相似的地方,但也有许多不同之处,纤维的鉴别就是在熟悉各种纺织纤维性能和形态的基础上进行的,根据各种纤维的外观形态特征和内在性质、成分,采用物理或化学等各种方法,将不同的纤维区分开来。因此要对各种纤维的性能十分清楚。所谓纺织纤维的鉴别,就是了解各种纺织品的成分和组成。

(2) 试样的准备。试样准备的是否正确对纤维检验结果至关重要,选取的试样应具有充分的代表性。试样的大小应至少包含一个完整的循环图案或组织。如果试样存在不均匀性,应该在每个不同的部分逐一取样。如果试样上附着整理剂、涂层、染料等物质,则可能掩盖纤维的特征,干扰鉴别结果的准确性,应选择适当的方法将其除去,但去除过程中不能损伤纤维或使纤维的性质有任何改变。

(3) 纤维鉴别的步骤。纤维鉴别一般有三大步骤,首先要确定纤维的大类,如天然纤维、合成纤维、无机纤维等;接下来,在确定大类的基础上判断纤维的品种,确定是这类纤维里的哪个具体品种,如合成纤维中的涤纶、丙纶等;最后一步是验证,根据初步确定纤维品种,按该纤维应该具有的性能进行验证确认。

(4) 纤维鉴别的方法。常用的鉴别方法很多,有感官鉴别法(或称手感目测法)、燃烧法、显微镜法、化学溶解法、药品着色法、熔点法、密度法、双折射法、X 衍射法和红外吸收光谱法等等。其中最常用且最方便的是感官鉴别法和燃烧法,在实验室对纺织品纤维的成分进行鉴别时,最常采用的检验方法有溶解法、燃烧法和显微镜法三种。

通常情况下,先通过手感目测,结合显微镜法将待测纤维进行大致分类。其中天然纤维素纤维(如棉、麻等)、部分再生纤维素纤维(如黏胶纤维等)、动物纤维(如羊毛、羊绒、兔毛、驼绒、羊驼毛、马海毛、牦牛绒、蚕丝等),这些纤维因其独特的形态特征用显微镜法即可鉴别。合成纤维、部分人造纤维(如莫代尔、莱赛尔等)及其他纤维在经显微镜初步鉴别后,再采用燃烧法、溶解法等一种或几种方法进行进一步确认后最终确定待测纤维的种类。

我国纺织行业标准 FZ/T 01057—2007 规定了纺织纤维鉴别的试验方法。该标准主要包括 9 个部分:第 1 部分是标准通用说明;第 2~8 部分是纺织纤维鉴别试验方法,分别是燃烧法、显微镜法、溶解法、含氯含氮呈色反应法、熔点法、密度梯度法、红外光谱鉴别方法、双折射率测定方法等。

1) 感官鉴别法(手感目测法)

感官鉴别法是最简单、最方便的方法,也是最常用的方法,它不需要什么仪器设备,但需要有丰富的实践经验。根据纤维外观形态、色泽、手感及手拉强度等,可以大致分类出纤维的类别。经验丰富的专业技术人员,可以通过手感目测的方式区分出天然纤维、化学纤维或无机纤维等大类。一般天然纤维光泽柔和,手感好,纤维细度、长度整齐度差,含有一定的杂质,色泽均匀性较差;化学纤维长度整齐度高,色泽均匀性好,并有较强的光亮度,几乎没有杂质;无机纤维手感粗硬,纤维发脆。天然纤维中棉纤维细且柔软,长度偏短;羊毛纤维较长,有天然卷曲,弹性很好。黏胶纤维的干、湿状态强力差异大。氨纶丝具有非常大的弹性,在室温下它的长度能拉伸至五倍以上。

2) 燃烧法

由于纤维的化学组成不同,燃烧特征也不相同。燃烧法鉴别纤维的原理是当纤维靠近火焰、接触火焰和离开火焰的状态及燃烧时产生的气味和燃烧后的残留物特征来区别不同的纤维。燃烧法是鉴别天然纤维及辨别天然纤维和合成纤维的常用方法之一。我国纺织行业标准 FZ/T 01057.2 规定了采用燃烧法鉴别纺织纤维的方法。

常见纤维燃烧性能见表 9-1 所示。

表 9-1　常见纤维燃烧性能

纤维种类	燃烧状态			燃烧时的气味	残留物特征
	靠近火焰	接触火焰	离开火焰		
棉、竹纤维、莱赛尔、莫代尔纤维	不熔不缩	立即燃烧	迅速燃烧	纸燃味	细而软的灰黑絮状
麻、黏胶、铜氨纤维	不熔不缩	立即燃烧	迅速燃烧	纸燃味	细而软的灰白絮状
蚕丝	熔融卷曲	卷曲、熔融、燃烧	略带闪光燃烧有时自灭	烧毛发味	松而脆的黑色颗粒
醋纤	熔缩	熔融燃烧	熔融燃烧	醋味	硬而脆不规则黑块
大豆蛋白纤维	熔缩	缓慢燃烧	继续燃烧	特异气味	黑色焦炭状硬块
牛奶蛋白改性聚丙烯腈纤维	熔缩	缓慢燃烧	继续燃烧有时自灭	烧毛发味	黑色焦炭状,易碎
聚乳酸纤维	熔缩	熔融缓慢燃烧	继续燃烧	特异气味	硬而黑的圆珠状
涤纶	熔缩	熔融燃烧冒黑烟	继续燃烧有时自灭	有甜味	硬而黑的圆珠状
腈纶	熔缩	熔融燃烧	继续燃烧冒黑烟	辛辣味	黑色不规则小珠,易碎
锦纶	熔缩	熔融燃烧	自灭	氨基味	硬淡棕色透明圆珠状
维纶	熔缩	收缩燃烧	继续燃烧冒黑烟	特有香味	不规则焦茶色硬

（续表）

纤维种类	燃烧状态			燃烧时的气味	残留物特征
	靠近火焰	接触火焰	离开火焰		
氯纶	熔缩	熔融燃烧冒黑烟	自灭	刺鼻气味	深棕色硬块
偏氯纶	熔缩	熔融燃烧冒烟	自灭	刺鼻药味	松而脆的黑色焦炭状
氨纶	熔缩	熔融燃烧	开始燃烧后自灭	特异气味	白色胶状
芳纶 1414	不熔不缩	燃烧冒黑烟	自灭	特异气味	黑色絮状
乙纶、丙纶	熔缩	熔融燃烧	熔融燃烧液态下落	石蜡味	灰白色蜡片状
聚苯乙烯纤维	熔缩	收缩燃烧	继续燃烧冒黑烟	略有芳香味	黑而硬的小球状
碳纤维	不熔不缩	像烧铁丝一样发红	不燃烧	略有辛辣味	原有状态
金属纤维	不熔不缩	在火焰中燃烧并发光	自灭	无味	硬块状
石棉	不熔不缩	在火焰中发光,不燃烧	不燃烧、不变形	无味	不变形,纤维略变深
玻璃纤维	不熔不缩	变软,发红光	变硬,不燃烧	无味	变形,呈硬珠状
酚醛纤维	不熔不缩	像烧铁丝一样发红	不燃烧	稍有刺激性焦味	黑色絮状
聚砜酰胺纤维	不熔不缩	卷曲燃烧	自灭	带有浆料味	不规则硬而脆的粒状

3）显微镜观察法

纺织纤维的横截面形状和纵面形态往往都各有特征,特别是天然纤维和某些化学纤维具有自己特有的形态特征。通过显微镜观察纤维的纵面、横截面形态特征,可以识别纤维的种类。我国纺织行业标准 FZ/T 01057.3 规定了采用显微镜观察法鉴别纺织纤维的方法。

常见纤维纵面和横截面形态见表 9-2 所示。

表 9-2　常见纤维纵面和横截面形态

纤维名称	横截面形态	纵面形态
棉	有中腔,呈不规则的腰圆形	扁平带状,稍有天然转曲
苎麻	腰圆形,有中腔	纤维较粗,有长形条纹及竹状横节
亚麻	多边形,有中腔	纤维较细,有竹状横节
大麻	多边形、扁圆形、腰圆形等,有中腔	纤维直径及形态差异大,横节不明显

（续表）

纤维名称	横截面形态	纵面形态
黄麻	多边形,有中腔	有长形条纹,横节不明显
竹纤维	腰圆形,有空腔	纤维粗细不匀,有长形条纹及竹状横节
桑蚕丝	三角形或多边形,角是圆的	有光泽,纤维直径及形态有差异
柞蚕丝	细长三角形	扁平带状,有微细条纹
羊毛	圆形或近似圆形(或椭圆形)	表面粗糙,有鳞片
黏胶纤维	锯齿形	表面平滑,有清晰条纹
莫代尔纤维	哑铃形	表面平滑,有沟槽
莱赛尔纤维	圆形或近似圆形	表面平滑,有光泽
聚乳酸纤维	圆形或近似圆形	表面平滑,有的有小黑点
涤纶	圆形或近似圆形及各种异形截面	表面平滑,有的有小黑点
腈纶	圆形,哑铃状或叶状	表面光滑,有沟槽和(或)条纹
锦纶	圆形或近似圆形及各种异形截面	表面光滑,有小黑点
维纶	腰子形(或哑铃形)	扁平带状,有沟槽
氯纶	圆形、蚕茧形	表面平滑
氨纶	圆形或近似圆形	表面平滑,有些呈骨形条纹
芳纶 1414	圆形或近似圆形	表面平滑,有的带有疤痕
丙纶	圆形或近似圆形	表面平滑,有的带有疤痕
聚四氟乙烯纤维	长方形	表面平滑
碳纤维	不规则的碳末状	黑而匀的长杆状
金属纤维	不规则的长方形或圆形	边线不直,黑色长杆状
石棉纤维	不均匀的灰黑糊状	粗细不匀
玻璃纤维	透明圆珠形	表面平滑、透明

4) 溶解法

各种纺织纤维的溶解性能不同,根据其在不同化学试剂中的可溶性能把纤维区别开来。但往往一种溶剂可以溶解多种纤维,因此用溶解法鉴别纤维时,要连续进行不同溶剂溶解试验才能确认所鉴别纤维的种类。溶解法在鉴别产品的混合成分时,可先用一种溶剂溶解一种成分的纤维,再用另一种溶剂溶解另一种成分的纤维。这种方法也可用来分析产品中各种纤维的成分和含量。溶剂的浓度和温度不同时,纤维的可溶性不同。中国纺织行业标准 FZ/T01057.4 规定了采用溶解法鉴别纺织纤维的方法。该标准中介绍了溶解法鉴别纤维的方法及常用纤维在不同溶液和不同温度下的溶解性能。

5) 药品着色法

药品着色法鉴别纤维的原理是利用不同纤维化学组成的不同或结构上的差异,在相同着色剂作用下呈现出不同的着色性能,从而区别出不同的纤维。这种方法适宜于鉴别未染色的纤维及其产品。

药品着色法鉴别纤维的基本步骤是取少量纤维置于适当的容器中,滴入着色剂,在规定的纤维质量(g)与着色剂体积(mL)之比的条件下,试样按要求处理一定时间后取出并充分洗涤,干燥后观察试样上色情况,对比着色性能表,鉴别是何种纤维。国家标准 GB/T 13787 规定了采用着色剂法鉴别纺织纤维的方法。

(1) HI-1 纤维鉴别着色剂法。纤维鉴别着色剂 HI-1 是含有多种染料及助剂的混合试剂,由于各种纤维的化学结构及超分子结构不同,各种染料对它们具有不同的染色性能,故染色后显现出不同的颜色,根据颜色的差别来鉴别纤维。表 9-3 所示是常见纤维在 HI-1 着色剂染色后的颜色情况。

表 9-3　常见纤维着色性能

纤维	棉	苎麻	黏胶纤维	羊毛	兔毛	山羊绒	蚕丝
颜色	灰 N	深紫 5B	绿 3B	桃红 5B	紫 B	紫 4R	紫 3R
纤维	涤纶	腈纶	锦纶	维纶	丙纶	氨纶	醋纤
颜色	黄 R	艳桃红 4B	深棕 3RB	桃红 3B	黄 4G	红棕 2R	艳橙 3R

(2) 碘-碘化钾液着色法。表 9-4 给出了几种纤维的碘-碘化钾溶液着色反映,碘-碘化钾溶液滴在纤维上,根据表9-5中的反映可以区别纤维的种类。

表 9-4　几种纤维的着色反映

纤维	棉、麻	毛、丝	黏胶纤维	醋酯纤维	维纶	锦纶	腈纶	涤纶	丙纶
颜色	不着色	淡黄色	黑蓝青	黄褐	淡蓝色	黑褐色	褐色	不着色	不着色

6) 熔点法

合成纤维在高温作用下,大分子间键接结构发生变化,由固态转变为液态,通过目测和光电检测外观形态的变化测试出纤维的熔融温度。不同的合成纤维熔点不同,通过熔点仪测试纤维的熔点可以判别是何种合成纤维。中国纺织行业标准 FZ/T 01057.6 规定了采用熔点法鉴别纺织纤维的方法。

常见合成纤维的熔点见表 9-5 所示。

表 9-5　常见合成纤维的熔点

纤维名称	熔点范围/℃	纤维名称	熔点范围/℃
醋纤	255～260	三醋纤	280～300
涤纶	255～260	氨纶	228～234
腈纶	不明显	乙纶	130～132
锦纶 6	215～224	丙纶	160～175
锦纶 66	250～258	聚四氟乙烯纤维	329～333
维纶	224～239	腈氯纶	188
氯纶	202～210	维氯纶	200～231
聚乳酸纤维	175～178	聚对苯二甲酸丙二醇酯纤维（PTT）	228
聚对苯二甲酸丁二醇纤维(PBT)	226		

7) 密度梯度法

各种纤维密度不同,通过测定未知纤维的密度,将其与已知的纤维密度比较,来鉴别未知纤维的类别。通过配置梯度密度液,测定未知纤维的密度。中国纺织行业标准 FZ/T 01057.7 规定了采用密度梯度法鉴别纺织纤维的方法。

常见纤维的密度见表 9-6 所示。

表 9-6　常见合纤维的密度

纤维名称	密度值/(g·cm^{-3})	纤维名称	密度值/(g·cm^{-3})
棉	1.54	锦纶	1.14
苎麻	1.51	维纶	1.24
亚麻	1.5	偏氯纶	1.70
蚕丝	1.36	氨纶	1.23
羊毛	1.32	乙纶	0.96
黏胶纤维	1.51	丙纶	0.91
铜氨纤维	1.52	石棉纤维	2.10
醋纤	1.32	玻璃纤维	2.46
涤纶	1.38	酚醛纤维	1.31
腈纶	1.18	聚砜酰胺纤维	1.37
变性腈纶	1.28	氯纶	1.38
芳纶 1414	1.46	牛奶蛋白改性聚丙烯腈纤维	1.26
莫代尔纤维	1.52	大豆蛋白纤维	1.29
莱赛尔纤维	1.52	聚乳酸纤维	1.27

8) 仪器分析法

（1）光谱分析法。光谱分析法有红外光谱分析法、紫外光谱分析法等。不同的化合物分别吸收特定波长的红外线和紫外线，形成独特的吸收光谱，将测得的未知纤维光谱与标准的光谱进行比对，就可以鉴别不同的纤维。这种方法不仅可以鉴别不同类别的纤维，还可以在同一类中鉴别出不同的品种。

红外光谱法测试原理是将一束红外光照射试样，试样的分子将吸收一部分光能并转化为分子的振动能和转动能。利用红外光谱仪，可以测出不同波长下的红外吸收量，红外光谱中的每一个特征吸收谱带都包含了试样分子中基团和化学键的信息，不同物质有不同的红外光谱，将试样的红外光谱与已知物质的红外光谱进行比较鉴别纤维属于哪种类型。中国纺织行业标准 FZ/T 01057.8 规定了采用红外光谱法鉴别纺织纤维的方法。

图 9-1～图 9-7 为常见纤维的红外光谱。从图中可以看出不同纤维的红外光谱有很大的区别，同一种纤维对不同波长的红外线吸收率也不相同。

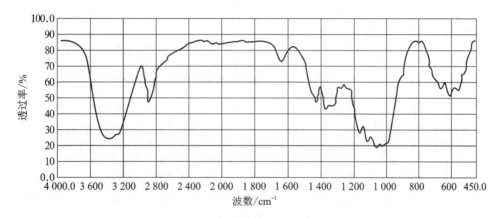

图 9-1　棉纤维红外光谱

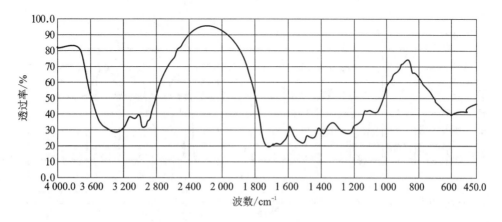

图 9-2　羊毛红外光谱

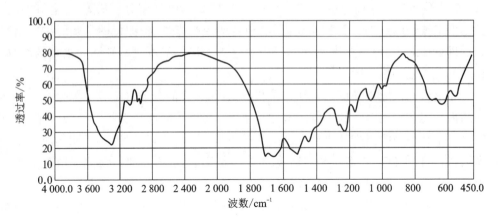

图 9-3　桑蚕丝红外光谱

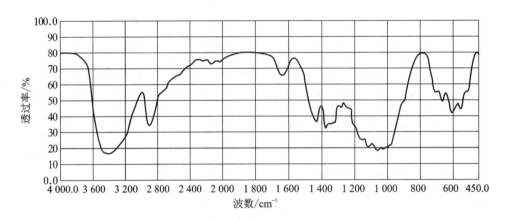

图 9-4　苎麻红外光谱

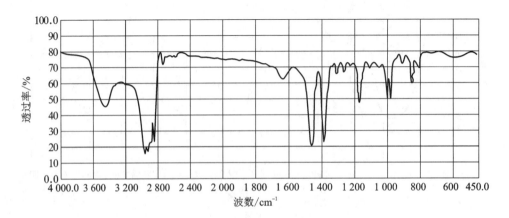

图 9-5　丙纶红外光谱

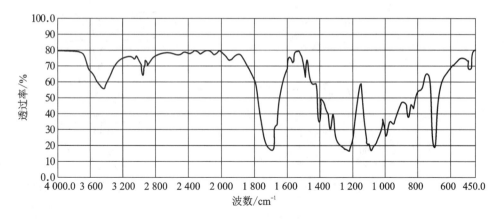

图 9-6　涤纶红外光谱

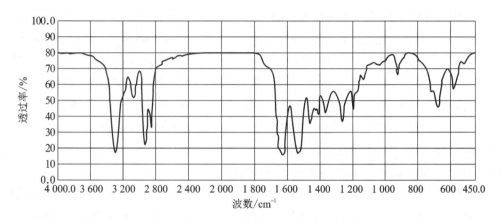

图 9-7　锦纶 66 红外光谱

（2）热差分析法（DTA）。热差分析法也称为 DTA 分析法,其原理是以某种在一定实验温度下不发生任何化学反应和物理变化的稳定物质（参比物）与等量的未知物在相同环境中等速变温的情况下相比较,未知物的任何化学和物理上的变化,与和它处于同一环境中的标准物的温度相比较,都要出现暂时的增高或降低。降低表现为吸热反应,增高表现为放热反应。当给予被测物和参比物同等热量时,因二者对热的性质不同,其升温情况必然不同,通过测定二者的温度差来达到分析目的。以参比物与样品间温度差为纵坐标,以温度（或时间）为横坐标所得的曲线,称为 DTA 曲线。物质随着温度的变化,产生物理状态（熔融、凝固、气化等）和化学结构（分解、氧化、还原等）的变化。不同物质的变化过程是不同的,将试样和参照物的差别记录下来,显示出不同的 DTA 曲线形态,所以可以用其鉴别不同的物质。将测得的未知纤维的 DTA 曲线与已知纤维的 DTA 曲线进行比对,就可以鉴别不同的纤维。这种方法不仅可以鉴别不同类别的纤维,还可以在同一类别中鉴别出不同的品种。图 9-8、图 9-9 是几种纤维的 DTA 曲线。

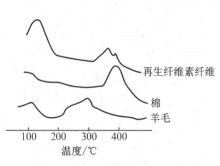
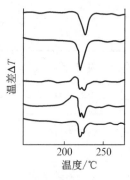

图 9-8　几种纤维的 DTA 曲线　　　　图 9-9　不同厂家锦纶的 DTA 曲线

（3）差式扫描量热法（DSC）。差式扫描量热法也称为 DSC 法，其基本原理是以某种在一定实验温度下不发生任何化学反应和物理变化的稳定物质（参比物）与等量的未知物在相同环境中等速变温的情况下相比较，保持参比物与测试样之间温差为零，通过程序控制温度的变化，在温度变化的同时，测量试样和参比物的功率差（热流率）与温度的关系。以参比物与试样间的功率差为纵坐标，以温度（或时间）为横坐标所得的曲线，称为 DSC 曲线。DSC 克服了 DTA 的缺点，试样和参比物之间无温差，无热交换，测量精度和灵敏度大幅度提高。由 DSC 对物质能进行定量的热分析，灵敏度高，应用领域很广，涉及热效应的物理变化或化学变化过程均可以采用 DSC 进行测量。DSC 曲线中峰的位置、形状、峰的数目与物质的性能有关，因此可以用来定性的表征和鉴定物质。将测得的未知纤维的 DSC 曲线与已知纤维的 DSC 曲线进行比对，就可以鉴别不同的纤维。

（4）双折射率法。纤维具有双折射性质，通过偏振光显微镜可以分别测定平面偏振光振动方向平行于纤维长轴方向的折射率和垂直于纤维长轴方向的折射率，二者相减就是双折射率。根据不同纤维的双折射率不同，可以依次鉴别纤维的类别。中国纺织行业标准 FZ/T 01057.9 规定了采用双折射法鉴别纺织纤维的方法。

常见纤维的双折射率见表 9-7 所示。

表 9-7　常见纤维的双折射率

纤维名称	平行折射率	垂直折射率	双折射率
棉	1.576	1.526	0.050
麻	1.568～1.588	1.526	0.042～0.062
桑蚕丝	1.591	1.538	0.053
柞蚕丝	1.572	1.528	0.044
羊毛	1.549	1.541	0.008
黏胶纤维	1.540	1.510	0.030
富强纤维	1.551	1.510	0.041
铜氨纤维	1.552	1.521	0.031

纤维名称	平行折射率	垂直折射率	双折射率
醋酯纤维	1.478	1.473	0.005
涤纶	1.725	1.537	0.188
腈纶	1.510~1.516	1.510~1.516	0.000
改性腈纶	1.535	1.532	0.003
锦纶	1.573	1.521	0.052
维纶	1.547	1.522	0.025
氯纶	1.548	1.527	0.021
乙纶	1.570	1.522	0.048
丙纶	1.523	1.491	0.032
酚醛纤维	1.643	1.630	0.013
玻璃纤维	1.547	1.547	0.000
木棉	1.528	1.528	0.000

（5）X 射线衍射法。由于各种纤维具有不同的结构，当 X 射线照射到纤维的结晶区时，有些被晶体的原子平面所衍射，其衍射角度决定于 X 射线的波长和晶体中原子平面之间的距离。由于各种纤维晶体的晶格大小不同，X 射线的衍射图就具有特征性。拍摄未知纤维的衍射图，与标准的纤维衍射图相对照，可以鉴别未知纤维。

9) 荧光法

利用紫外线荧光灯照射纤维，根据各种纤维发光的性质不同，纤维的荧光颜色也不同的特点可以来鉴别纤维。常见纤维的荧光颜色显示如下：

（1）棉、羊毛纤维：淡黄色。

（2）丝光棉纤维：淡红色。

（3）黄麻（生）纤维：紫褐色。

（4）黄麻、丝、锦纶纤维：淡蓝色。

（5）涤纶纤维：白光发青，很亮。

（6）维纶有光纤维：淡黄色紫阴影。

9.3 纤网生产方法的鉴别

非织造材料按成网方式分为干法成网、湿法成网和聚合物直接成网三大类型，成网是非织造材料生产中必不可少的一个重要过程，它与非织造材料中纤维的排列及分布等有直接关系，对材料的最终性能有重大影响。不同的成网方式得到的非织造材料具有不同的外观、手感、结构及性能。因此，正确鉴别非织造材料的成网形式对非织造材料生产和开发具有重要意义。成网方式的鉴别就是利用各种成网方式形成的纤维网的不同特征(外观特征、克重大小、加固方式)来进行辨别。

9.3.1　主要成网方法及特点

1) 干法成网

干法成网采用短纤维经梳理机梳理后利用机械或气流成网。

(1) 梳理机下机纤维网,指梳理机道夫输出的纤维网。这种纤维网中,纤维大多沿纵向排列,纵横向强力比值较大,一般在 10:1～5:1。带杂乱装置的梳理机可改善纤维网纵横向强力比,所输出的纤维网加固后获得的最佳纵横强力比可在 3:1～4:1。梳理机下机纤维网由于定量很轻,一般都要经过铺网工序再制作各类产品。梳理所用的纤维原料是短纤维,其长度在 30 mm 以上,一般大于 50 mm。

(2) 气流成网。气流成网是指对纤维进行一定的梳理后,采用气流输送纤维,形成杂乱排列的纤网。它是利用气流将锡林或道夫上的单根状纤维吹(或吸)到成网帘(或尘笼)上形成纤维网,其中的纤维呈三维杂乱分布,纵横向强力差异小。这种成网方式适合的产品定量一般在 30～180 g/m²,太薄或太厚都容易产生明显的不匀。纤维在网中呈三维杂乱分布效果较好,产品纵横向强力差异小。气流成网所用的纤维原料是短纤维,与梳理成网相比纤维长度要更短一些,过长的纤维会使得气流控制困难,成网不匀严重。

(3) 机械铺网。机械铺网是指把梳理机输出的纤维网通过一定机械机构铺成一定厚度的纤网,再进行加固。机械铺网的方式有平行式铺网、交叉式铺网、组合式铺网、垂直式铺网和机械杂乱式铺网等形式。机械铺网主要用于生产厚型产品。克重一般在 100 g/m² 以上。机械铺网可以提高纤网的均匀性,特别是纤维网经过交叉铺网、适当牵伸后,会明显改善纤维网的纵横强力,可达到 3:1～1:1。

2) 湿法成网

湿法成网的原理与传统造纸工艺原理相近,将纤维均匀分散在水中,形成均匀稳定的纤维悬浮液,然后进行脱水形成纤网。其特点是纤网中的纤维杂乱分布,各向同性性能较好。湿法成网所用纤维很短,一般在 30 mm 以下,通常为 5～10 mm,纤网加固以化学黏合加固为主。

3) 聚合物直接成网

聚合物直接成网法应用最广泛的是纺黏法和熔喷法。

(1) 纺黏法直接成网是聚合物从喷丝板输出的长丝束经过牵伸后按一定方式铺放到运动的凝网帘上。

通过纺丝形成的纤维经充分拉伸,其纤维大分子沿纤维轴向的取向度高,因此纤维的断裂强度较高,延伸度下降,耐磨性和耐疲劳性也较高。

纤维拉伸后再经过分丝工艺,使长丝分开,然后铺网。目前较常用的喷射式铺网、流道式铺网方法能得到无并丝、无云斑的均匀纤网。

纺黏法直接成网的特点是纤网中的长丝呈杂乱分布,各向同性好,经加固后具有较高的断裂强力和断裂伸长率;从外观上看可以观察到长丝的存在;纺黏法产品的定量范围较大,既适合生产薄型产品,又可以生产厚型产品;纤网加固可采用热黏合、机械加固等不同的加固方式。

(2) 熔喷法成网原理是利用高速热空气对模头喷丝孔挤出的聚合物熔体细流进行牵伸,由此形成超细纤维并凝聚在凝网帘或滚筒上,依靠自身黏合或其他加固方法成为熔喷非织造材料。其特点是所纺出的纤维直径一般在 $1\sim4\ \mu m$,通常小于 $10\ \mu m$,属于超细纤维,手感柔软;在成形过程中纤维得到的取向度很低,所以纤维的强力也较低。

9.3.2　纤网生产方法的鉴别

不同的成网方法所适用的纤维种类及规格、制得的纤网克重范围、及纤维在纤网中的分布形式和产品的最终性能都各有差异。对产品成网方法的鉴别可以根据这些特点加以分析判断。

1) 依据产品的外观特征
主要根据产品纤维的长短和粗细、纤维的分布形式、手感等来区分产品的加工方式。

(1) 用手扯可分离出长丝,则是纺黏法成网。

(2) 纤维极短且表面细密,一般是湿法成网。

(3) 手感柔软且纤维极细或很难看出纤维的形状,是熔喷法。

2) 依据产品克重范围
(1) 薄型纤网的成网方式:一般采用梳理成网、湿法成网、聚合物直接成网、气流成网方式。

(2) 中厚型纤网成网方式:常采用气流成网、机械铺网方式。

(3) 厚型纤网成网方式:一般采用机械铺网方式。

3) 依据纤网加固方法
(1) 针刺法:一般用来加固机械铺网、聚合物直接成网的纤维网。

(2) 热轧法:一般用来加固梳理成网、气流成网、聚合物直接成网方式形成的纤维网。

(3) 黏合法:各种成网方式都可以用黏合法加固,一般气流成网、机械铺网常用黏合加固。

9.4　纤网加固方法的鉴别

纤维网加固方法的鉴别主要依据不同的加固方式形成的非织造材料的特征进行。

9.4.1　不同加固方法形成的产品的特点

1) 针刺法加固的特征
针刺法是一种机械加固方法,依靠纤维本身相互缠结使纤网得以加固。适合于厚型产品生产,一般达 $100\sim1\,500\ g/m^2$ 或更高。采用针刺法生产的产品具有表面绒毛多,纤维易于从网中分离出来,具有较明显的针迹等特点。

2) 化学黏合法加固特征

化学黏合法是在纤网上施加化学黏合剂,使纤维相互黏合在一起,适合于各种克重范围纤网的加固。采用黏合剂加固的产品一般具有强度高、变形小的特点。在显微镜下观察,可以看到黏合剂微小薄膜的存在。此外手感也较硬,布面平整。

3) 热黏合法加固特征

热黏合加固的产品纤维中必须含有热塑性纤维,利用纤维的热塑性,通过加热使其熔融,冷却后纤维相互之间黏合在一起。热黏合法加固只适合于热塑性纤维或含有黏结纤维的纤网。

热轧黏合加固可以是点黏合热轧、面黏合热轧或表面黏合热轧,在显微镜下可以观察到有些纤维的交叉点处有被挤压变形的情况。

热熔黏合的产品一般具有高度的蓬松性和弹性,手感柔软,克重范围也较大。在显微镜下可以观察到有纤维熔融后相互黏合的形态。

4) 水刺法加固特征

水刺法也是一种机械加固方法,是近年来发展迅速的一种方法。水刺法加固的产品手感、悬垂性明显优于其他加固方法,其外观与性能更接近纺织品。可根据使用要求,在产品表面形成不同的外观效果。

9.4.2　纤网加固方法的鉴别

纤维网的加固方式较多。各种加固方式一般都有适合的纤维类别、成网方式和一定的纤网克重范围。

(1) 热黏合适合于具有热塑性纤维的产品加固。

(2) 特别短的纤维不宜采用针刺加固(如湿法成网不能采用针刺加固)。

(3) 气流成网一般采用化学黏合加固或热轧黏合。

(4) 纺黏法薄型产品适合采用热轧黏合,厚型产品采用针刺加固等。

(5) 热风黏合加固适合于蓬松性絮片加固,也可以加固各类厚度的纤网。

9.5　黏合剂的鉴别

黏合剂是非织造材料涂层、复合、化学黏合加固等后整理加工工序的重要材料,对产品质量有着重要影响。对黏合剂进行鉴别,是来样分析和来样加工的重要内容之一,为产品的试制和加工提供依据。

黏合剂一般由多种成分组成,主体材料高聚物,另外还含有其他一些助剂,如交联剂、固化剂、增塑剂等,比较复杂。因此对黏结剂进行鉴别时,一般需要对各组分进行分离,再进行鉴别。黏合剂鉴别的方法很多,可根据其外观、溶解性、燃烧性及产生的气味、显色性、热分解性对黏合剂的大致类别和组成进行初步判断,也可以采用化学试剂进行鉴别,还可利用测试仪器如红外光谱仪、紫外光谱仪等进行准确分析。

1）黏合剂的初步鉴别

（1）燃烧法。由于黏合剂的结构和化学组成不同，黏合剂燃烧时表现出来的现象也不一样，往往具有不同的气味、火焰颜色、燃烧速度等特性，因此可以利用燃烧方法初步鉴定黏合剂的主要成分。基本的操作过程：用玻璃棒挑取一些黏合剂在酒精灯上点燃，观察其燃烧性、自熄性、火焰特征和气味，进行分析和判断，以判别其类型。

热固性黏合剂受热时会变脆、发焦，不软化，而热塑性黏合剂受热时则发软，甚至变成流体；有机硅、酚醛树脂不燃烧或难燃烧；聚氯乙烯、氯化橡胶等黏合剂在火焰中燃烧，离开火焰即熄灭；聚苯乙烯、丁苯橡胶黏合剂则在火焰中燃烧，离开火焰后仍继续燃烧，并冒出浓烟；聚酯、聚丙烯、聚乙烯、聚醋酸乙烯酯、聚甲基丙烯酸酯、聚丙烯酸酯、环氧树脂等黏合剂在火焰中燃烧，离开后仍可燃烧；而在火焰中猛烈燃烧的可能是纤维素硝酸酯。

非织造材料常用黏合剂的燃烧性能见表9-8所示。

表9-8 常用黏合剂燃烧特性

黏合剂名称	火焰颜色	特征
丙烯酸树脂	黄色，边缘蓝色	果香味，易燃，黑烟
聚甲基丙烯酸酯	心蓝，焰黄	甲基丙烯酸酯味
酚醛树脂	黄色，火花	苯酚和甲醛气味，极难燃，龟裂，色变深
不饱和聚酯	黄色	苯乙烯单体气味，易燃，稍膨胀，偶有开裂
聚乙烯醇缩丁醛	—	刺激性臭味，易燃，黑烟，边滴边燃
环氧树脂	黑烟	有苯酚刺激性气味，缓慢燃烧
天然橡胶	暗黄色	易燃，黑烟，软化，橡胶气味
异戊二烯合成橡胶	暗黄色	易燃，黑烟，软化，橡胶气味
丁腈橡胶	暗黄色	易燃，黑烟，软化，橡胶气味
丁二烯橡胶	黄色	易燃，黑烟，刺激性甜味
氯丁橡胶	橙黄色	难燃，自熄，黑烟，软化，氯化氢气味
丁基橡胶	蜡烛状	易燃，无烟，熔融，微甜味
丙烯酸酯橡胶	—	易燃，软化，酯味
聚氨酯橡胶	橙黄色	易燃，无烟，熔融，微甜味
聚氨酯	心蓝，焰黄	苦味
氟橡胶	橙黄色	自熄，无烟，软化，有毒气体，稍有不快气味
聚硫橡胶	紫色	易燃，无烟，有二氧化硫的刺激性味道
氯磺化聚乙烯	橙黄色	自熄，黑烟，软化，氯化氢气味
聚异丁烯	黄色	易燃，黑烟，轻微甜味
硅树脂	鲜艳黄白色	无味，灰分白色
硅橡胶	明亮黄色	易燃，白色，软化，白灰，无味

（2）热分解法。热分解法的基本原理是将少量试样放到试管中，试管口处放一块润湿的 pH 试纸，对试管加热，观察试样的变化和 pH 试纸的反应。由于黏合剂单体的不同，其热分解产物具有一定的 pH 值范围，可以根据黏合剂分解物的 pH 值和残留物的性状，判别黏合剂的种类和组成。

常见黏合剂的热分解特性：

a. 三聚氰胺树脂、聚酰胺、胺固化的环氧树脂会产生碱性气体。

b. 聚丙烯酸酯，聚氨酯或聚酯会放出酸性气体。

c. 聚氯乙烯、氯化橡胶和纤维素硝酸酯会放出盐酸、硝酸等强酸气体。

d. 聚苯乙烯、聚甲酯丙烯酸酯会生成挥发性裂解物。

e. 酚醛树脂或有机硅树脂会产生成较多炭黑残渣。

2）黏合剂的试剂鉴别方法

黏合剂中在加入某种特定的化学试剂后，有些会出现特有的变色反应，根据变色反应可以区分黏合剂的种类。

常见黏合剂的变色反应特性：

（1）聚醋酸乙烯：加入碘溶液，呈现红色。

（2）聚乙烯醇类：试样用水适当稀释，取 5 mL，放入试管中，加入硼酸水溶液 2 mL 和碘溶液 0.5 mL，呈现蓝色（完全皂化）或红褐色（部分皂化）。

（3）聚甲基丙烯酸酯：0.5 g 干燥试样放入试管中，加热使其解聚，冷却后加入几毫升浓硝酸，在小火上加热，溶液呈黄色后再使其冷却，加入少量水和锌粉，如果试样中有甲基丙烯酸甲酯，则溶液呈蓝色。

（4）环氧树脂：试样在硫酸中溶解，再加入浓硝酸，然后倒入适量的氢氧化钠溶液，若是环氧树脂溶液，则呈橘黄色。

（5）橡胶型黏合剂一般是溶液型或乳液型，应先使其干燥凝固成固体，再与三氯乙酸一起加热。此时会发生如下的颜色反应：

a. 天然橡胶：呈橘黄色。

b. 丁腈橡胶：呈黄色。

c. 丁苯橡胶：呈红褐色。

d. 氯丁橡胶：开始呈蓝色，后变为无色，再呈红黑色。

3）仪器分析

如果用上述方法仍不能准确判定黏合剂的品种，可以采用仪器测试以便进一步分析确认。可以使用的仪器较多，主要有红外光谱法、紫外光谱法、核磁共振法、气相色谱法等等。

参考文献

［1］FZ/T 01057.2—2007：纺织纤维鉴别试验方法　燃烧法［S］.

［2］FZ/T 01057.3—2007：纺织纤维鉴别试验方法　显微镜法［S］.

［3］GB/T 13787—1992：纺织纤维鉴别试验方法　着色剂法［S］.

［4］郭秉臣.非织造布的性能与测试［M］.北京：中国纺织出版社，1997.

[5] FZ/T 01057.6—2007:纺织纤维鉴别试验方法　熔点法[S].

[6] FZ/T 01057.7—2007:纺织纤维鉴别试验方法　密度梯度法[S].

[7] FZ/T 01057.8—2007:纺织纤维鉴别试验方法　红外光谱法[S].

[8] FZ/T 01057.9—2007:纺织纤维鉴别试验方法　双折射率法[S].

[9] 程博闻.非织造布用黏合剂[M].北京:中国纺织出版社,2007.